鉄道技術
140年のあゆみ

持永　芳文　　宮本　昌幸
　　　　　編著
油谷　浩助　　小野田　滋
小山　　徹　　島田健夫三
白土　義男　　堤　　一郎
三浦　　梓
　　　　　共著

コロナ社

はじめに

　1872年（明治5年）に新橋～横浜間に鉄道が走り始めてから今年が140周年にあたる。この間に鉄道は蒸気運転からディーゼル運転，さらに電気運転へ著しい進化を遂げ，海外にも技術輸出を行うなど，わが国は世界有数の技術力を持つに至っている。

　鉄道は一般に知られる車両のほか，変電所や電車線などの電力設備，および列車を安全に運行する信号保安設備，さらに列車をガイドする線路や構造物などの技術から成り立っており，安全性・快適性に関する技術や，パワーエレクトロニクスおよび情報制御技術など高度の技術が取り入れられ，まさに日進月歩である。それとともに過去の技術開発や経験の蓄積があり，技術のあゆみを残しておくことは，さらなる技術開発を進めるうえでも重要である。

　鉄道は初期には英国をはじめとした欧州や米国など海外から技術が輸入されたが，ユーザやメーカの努力により，日本の国情に合うように改良され発展した。本書は鉄道が今日に至った歴史について，蒸気機関車から電気機関車へ移行した技術や，とりわけ，電気車および電気関係を中心に，線路や構造物を含めて長年にわたり鉄道の各分野に携わってきた専門家が豊富な経験に基づいて執筆しており，技術の歴史のみでなく技術的な経緯がわかるように述べている。さらに，電気鉄道の技術的な内容を学ばれたい読者は，電気学会　電気鉄道における教育調査専門委員会編『最新　電気鉄道工学（改訂版）』（コロナ社，2012年発行）などを参照していただきたい。

　本書が鉄道の技術の歴史に関するご興味と，鉄道技術の発展に役立てば幸いである。また，本書をまとめるにあたり，巻末に掲げる多くの文献を参考にさせていただいたことに感謝する。

2012年6月

執筆者を代表して　持永芳文

本書の執筆分担

1 章	小野田　滋
2.1〜2.3 節	持永　芳文
2.2, 2.3 節	三浦　　梓
2.4.1 項	島田健夫三
2.4.2 項	小山　　徹
3.1, 3.2 節	堤　　一郎
3.3, 3.4 節	油谷　浩助
3.5, 3.6 節	宮本　昌幸
4 章	白土　義男
5 章	小野田　滋

（扉写真・左から）
タンク式 160 形蒸気機関車
直流 EF66 形電気機関車
300 系新幹線電車

目　　　次

1　鉄道の歴史

1.1　鉄道のはじまり（～明治時代）……………………………………… *1*
1.2　鉄道の展開（大正時代～昭和戦前）………………………………… *5*
1.3　戦後の再出発………………………………………………………… *11*
1.4　高度成長時代から21世紀へ………………………………………… *16*

2　電気鉄道と電力供給の変遷

2.1　エネルギーの有効利用と電気運転…………………………………… *23*
　2.1.1　運転方式とエネルギー………………………………………… *23*
　2.1.2　電気車における省エネルギー………………………………… *25*
　2.1.3　わが国の鉄道の電気方式……………………………………… *26*
2.2　直流電気鉄道………………………………………………………… *28*
　2.2.1　初期の直流電気鉄道…………………………………………… *28*
　2.2.2　直流電気方式の発展…………………………………………… *31*
　2.2.3　電力制御技術の直流き電回路への適用……………………… *43*
2.3　交流電気鉄道………………………………………………………… *47*
　2.3.1　直流電気方式から交流電気方式へ…………………………… *47*
　2.3.2　高速化に適したき電方式の開発……………………………… *52*
　2.3.3　電力制御技術の交流き電回路への適用……………………… *57*
2.4　電車線路……………………………………………………………… *64*
　2.4.1　架空集電方式…………………………………………………… *65*
　2.4.2　第三軌条と剛体電車線方式…………………………………… *73*

3 鉄道車両の変遷

- 3.1 車両の概説と技術的な変遷 ………………………………………… *83*
  - 3.1.1 鉄道車両の国内製造と標準化 ……………………………… *83*
  - 3.1.2 広軌化への技術展開と高速化に向けた技術開発 ………… *86*
  - 3.1.3 高度成長期およびJR発足後の車両技術 ………………… *90*
- 3.2 機関車，内燃動車と客車の歴史 …………………………………… *91*
  - 3.2.1 蒸 気 機 関 車 ……………………………………………… *91*
  - 3.2.2 電 気 機 関 車 ……………………………………………… *100*
  - 3.2.3 内燃機関車と内燃動車 ……………………………………… *109*
  - 3.2.4 客　　　　　車 ……………………………………………… *117*
  - 3.2.5 貨　　　　　車 ……………………………………………… *120*
- 3.3 電 車 の 歴 史 ………………………………………………………… *122*
  - 3.3.1 普通鉄道および地下鉄の電車 ……………………………… *122*
  - 3.3.2 新 幹 線 電 車 ……………………………………………… *135*
- 3.4 電気車の速度制御方式の変遷 ……………………………………… *139*
  - 3.4.1 電車・新幹線電車の動力方式 ……………………………… *139*
  - 3.4.2 電気機関車の動力方式 ……………………………………… *148*
  - 3.4.3 ブ レ ー キ 方 式 …………………………………………… *155*
- 3.5 台 車 の 変 遷 ………………………………………………………… *160*
  - 3.5.1 台 車 の 役 割 ……………………………………………… *160*
  - 3.5.2 2 軸 車 両 ………………………………………………… *162*
  - 3.5.3 2軸ボギー台車の進展 ……………………………………… *164*
  - 3.5.4 知 能 化 台 車 ……………………………………………… *175*
- 3.6 車 体 の 変 遷 ………………………………………………………… *182*
  - 3.6.1 木材から鋼製へ ……………………………………………… *182*
  - 3.6.2 軽 量 客 車 ………………………………………………… *183*
  - 3.6.3 新 幹 線 車 体 ……………………………………………… *184*
  - 3.6.4 ステンレス車体 ……………………………………………… *187*
  - 3.6.5 アルミニウム車体 …………………………………………… *188*

4 列車の安全運行を目指して

4.1 信号保安装置の変遷 ··· *190*
   4.1.1 鉄道黎明期の信号保安（人力による保安）··························· *190*
   4.1.2 輸入技術に依存した時代（人力から機械へ）························· *195*
   4.1.3 国産技術開発の時代（機械から電気へ）····························· *199*
   4.1.4 信号システムの多様化 ··· *202*
   4.1.5 信号の背景となる技術の変遷 ·· *204*
4.2 列車の運行管理 ·· *205*
   4.2.1 車内警報装置とATS（自動列車停止装置）··························· *206*
   4.2.2 ATC（自動列車制御装置）··· *210*
   4.2.3 ATO（自動列車運転装置）··· *213*
   4.2.4 総合運行管理 ·· *215*
   4.2.5 列車ダイヤ ··· *218*

5 進化する鉄道施設

5.1 線路のあゆみ ·· *221*
   5.1.1 軌道構造の発達 ·· *221*
   5.1.2 分岐器の発達 ·· *230*
   5.1.3 軌道検測車の発達 ··· *233*
5.2 構造物のあゆみ ·· *236*
   5.2.1 鋼鉄道橋の発達 ·· *236*
   5.2.2 鉄筋コンクリート橋梁の発達 ······································· *241*
   5.2.3 山岳トンネルの発達 ·· *243*
   5.2.4 シールドトンネルの発達 ·· *251*

付　　録 ··· *255*
参考文献 ··· *266*
索　　引 ··· *269*

1 鉄道の歴史

1.1 鉄道のはじまり（〜明治時代）

（1） **鉄道の導入**　わが国の鉄道は，1872年（明治5年）10月14日に開業した新橋〜横浜間の鉄道をもって始まった。鉄道の開業式典は明治天皇をはじめとして，各国大使，政府高官が出席して盛大に挙行され，人々は陸 蒸 気（おかじょうき）をひと目見ようと鉄道の沿線に集まった。鉄道は，それまでの馬や籠（かご）に代わる新しい交通機関として文明開化の象徴となった。鉄道は，運賃さえ払えばだれもが利用することができる公共交通機関として発達し，利用者が平等にその恩恵にあずかることができた（図1.1）。このほか，時間を決めて運行される定時運行制は，利用者に「時刻」という概念を与えるなど，その存在は日本人の

図1.1　鉄道の開業「東京名所之内新橋ステンション蒸気車鉄道」

生活習慣を変えるほどの影響力があった。

　鉄道は同時に，西洋の科学技術を日本にもたらすこととなった。線路を敷設するための測量技術，トンネルを掘ったり橋を架けるための土木工事の技術，機関車を組み立てたり運転するための車両の技術，電信の技術，セメントや煉瓦，鉄などの材料を生産する技術など，多くの技術が鉄道とともにもたらされ，わが国に定着した。これらの技術は，英国人技師を主体とするお雇い外国人たちによって日本に伝えられたが，初期の頃の路線の選定や構造物の設計，工事の監督や列車の運転などは，ほとんど彼らの技術に頼っていた。新橋〜横浜間に続いて，1874年（明治7年）に大阪〜神戸間，1877年（明治10年）には大阪〜京都間の鉄道がそれぞれ開業したが，これは世界最初の公共鉄道が英国で開業してから約半世紀ほど遅れていた。

（2）**鉄道技術の自立**　明治時代初期のわが国の鉄道は，明治政府が計画を推進していたが，実務的にはお雇い外国人が大きな役割を果たしていた。しかし，工事が進むにつれ，ある程度のことはわが国の技術でも十分こなせることが理解できるようになり，お雇い外国人も鉄道技術の自立を促した。特に初代建築師長であったエドモンド・モレルは，技術系組織の独立と高等教育機関の必要性を進言し，日本側の最高責任者であった鉄道頭・井上勝もその実現に努力した。さらに，明治10年代になるとお雇い外国人に対する高額な報酬が明治政府の財政を圧迫するようになり，その一方で，鉄道の整備が中央集権国家の確立に不可欠であるとの認識が深まるようになると，鉄道技術の自立にさらに積極的に取り組むこととなった。

　1877年（明治10年）に大阪駅構内に工技生養成所が開設され，専門の高等教育が鉄道部内で行われるようになった。教官には，お雇い外国人や日本人の留学経験者があたり，現場から選ばれた技術者の卵たちがここに集った。その卒業生は，東海道線や北陸線の建設現場へ即戦力として配属され，現場経験を積みながら鉄道技術の習得や指導にあたった。

　特にトンネル技術は早い段階で国産化され，1880年（明治13年）に逢坂山トンネルが日本人のみの手で完成し，続いて1884年（明治17年）に完成した

1.1 鉄道のはじまり（～明治時代）

柳ケ瀬トンネルが延長1キロメートルの壁を突破した（1 352 m）。また，橋梁の架設技術や機関車の運転技術，客貨車の組立技術，電信技術なども明治10年代には日本人のみの手で行えるようになったが，橋梁や蒸気機関車の設計・製作技術，レールの製造技術など，鉄製品を使用する技術は外国に頼らざるを得ず，その国産化のめどが立つのは明治末まで待たなければならなかった。

（3） 私設鉄道の発達　初期の鉄道は，国営事業として明治政府がそのすべてを管理していたが，鉄道の利便性が人々に認識され，鉄道事業が多くの利益を生むようになると，民間の資本家の間からもこの事業に参画しようとする動きが高まった。1881年（明治14年）に請願された日本鉄道は，こうした背景により誕生した，わが国最初の私設鉄道で，1883年（明治16年）に開業した上野～熊谷間を皮切りとして，現在の高崎線，山手線，東北線，常磐線などの鉄道網を次々と完成させた。

これに続いて，阪堺鉄道（現・南海電鉄），伊予鉄道などの設立が相次ぎ，政府では1887年（明治20年）に私設鉄道条例を公布して，その許認可のための手続きを具体的に定めた。これをきっかけとして明治20年代に入ると，全国各地で私設鉄道を設立する動きが活発となり，山陽鉄道（現・山陽線ほか），関西鉄道（現・関西線ほか），九州鉄道（現・鹿児島線ほか），北海道炭礦鉄道（現・室蘭線ほか）など，今日の主要幹線網のほとんどが私設鉄道によって建設されるに至った。私設鉄道の発展は，民間資本を利用したインフラ整備の先がけとして最大限の投資効果を発揮し，国の事業として行われた官設鉄道とともにわが国の鉄道網の骨格を形成した。

一方，各地に私設鉄道が設立されたことによって，政府は鉄道建設を計画的に行う必要性を感じ，1892年（明治25年）に鉄道敷設法を公布して，将来の鉄道建設の具体的計画を法律として示した。また，鉄道計画を諮問する機関として政府に鉄道会議が設置され，その審議を通じて，路線の建設順位や経由地などの鉄道政策を監理する仕組みが確立した。

（4） 都市鉄道の黎明　官設鉄道と私設鉄道が全国の都市を結び始めた頃，もうひとつの新しい交通手段が都市内に登場した。馬を動力とした馬車鉄

道である。馬車鉄道は，1882年（明治15年）に開業した新橋〜日本橋間の東京馬車鉄道がその嚆矢（こうし）（物事の始まり）であったが，ごく一部の地方都市を除いて普及せず，ほどなく路面電車などへと移行した。政府ではこうした道路上に敷設される都市内の鉄道に対して，1890年（明治23年）に軌道条例を公布し，その普及を促した。

　電気動力による電車は，1890年（明治23年）に上野公園で開催された第3回内国勧業博覧会で，米国製の電車が試験的に公開されたのが始まりで，次いで1895年（明治28年）に京都電気鉄道が開業して新たな公共交通機関として注目を集めた。続いて名古屋市，川崎市で路面電車が開業し，1903年（明治36年）には大阪と東京（東京は馬車鉄道を電車化）でも路面電車が走り始めた。電気鉄道は，ほどなく都市内ばかりでなく近郊の都市間を結ぶようになり，1904年（明治37年）に京浜間を結んだ京浜電気鉄道（現・京浜急行電鉄），翌年には阪神間を結んだ阪神電気鉄道などがその先がけとなった。

　こうした電気鉄道の発展は，同時期に普及した人力車や乗合馬車（のちに乗合自動車）などとともに，都市の活性化を促す交通機関となった。

（5）　**鉄道の国有化**　　明治期における鉄道政策の総仕上げともいうべき作業は，鉄道の国有化であった。民間活力の導入によって明治30年代には日本列島の背骨にあたる幹線鉄道がほぼ完成し，鉄道を用いれば北海道から九州に至る全国各地に物資を輸送する体制が整った。このことは，軍事的にも大きな意義を持ち，特に1894年（明治27年）の日清戦争では，東京の青山練兵場から広島の宇品港の間で軍隊輸送が行われ，鉄道輸送が兵力の迅速な集結・輸送に威力を発揮することが示され，さらに，1904年（明治37年）の日露戦争でも鉄道による軍隊の輸送は重要な役割を担った。

　しかし，私設鉄道の発達とともに，並行する官設鉄道の路線との間での過当競争が繰り広げられ，地域輸送を独占するなどの弊害も目立つようになった。また，国家的見地から全国の鉄道網を統一することによって，より効率的な輸送体制を整えるべきであるとの主張もなされるようになった。

　こうした鉄道国有化の要求は私設鉄道の発足当時から根強くあったが，特に

陸軍は軍事輸送を重視して鉄道国有化の必要性を強く主張するに至り，1906年（明治39年）に鉄道国有法が成立して全国の主要幹線を形成していた私設鉄道各社は，国に買収されることとなった（東武鉄道や南海鉄道のように買収されなかった私設鉄道も一部あった）。買収は翌年にかけて順次行われたが，買収直前における路線長は，官設鉄道の2411 kmに対して，私設鉄道は5288 kmに及んでいた（**図1.2**）。そして全国の鉄道網を一元管理する組織として帝国鉄道庁（のちに鉄道院，その後，鉄道省）が発足し，鉄道の国家管理が本格的に行われるようになった。

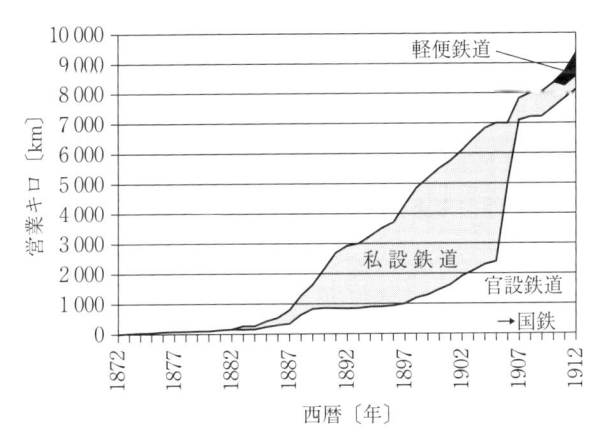

図1.2 明治時代における鉄道の営業キロの変遷

1.2 鉄道の展開（大正時代～昭和戦前）

（1）**鉄道院の発足** 鉄道国有法により，それまでの鉄道作業局（官設鉄道）と17社の私設鉄道が合体して1907年（明治40年）に帝国鉄道庁が成立し，鉄道の国家管理が本格的に開始された（以降，本書ではJRに移行するまでのさまざまな組織名を国有鉄道または国鉄と称する）。帝国鉄道庁はさらに翌年，鉄道院に改組し初代総裁として後藤新平が就任したが，後藤は国有化されたばかりの鉄道を大家族主義によって一致団結させ，強力なリーダーシップ

でこれを率いて，より巨大な組織へと発展させた。

　鉄道の国有化はまた，統一されていなかった全国の技術基準を一元化し，標準規格や設計基準を整備する機会でもあった．特に，国有化以前の鉄道車両やレールの断面，橋梁の設計などは，ごく一部を除いて鉄道会社ごとに独自の設計を行っていたため，発足したばかりの鉄道院ではその実態を把握し，海外の最新技術などを取り入れながら，わが国の実状に即した標準設計を確立した．そして，ほとんどが輸入品に頼っていた蒸気機関車や橋梁は，これを機会に国産標準形ともいうべきタイプが次々と設計され，前者では8620形，9600形といった大正期を代表する蒸気機関車が量産され，全国津々浦々の路線で使われるようになった．また，車両の連結器は，従来の手間がかかり，危険性の高いねじ式連結器に代わって，1925年（大正14年）に安全性の高い自動連結器への一斉取替えが実施され，鉄道国有化後の大事業として注目された．

　（2）　広軌改築問題の末路と改正鉄道敷設法　その後，鉄道院の予算規模や業務量は増加の一途をたどったため，1920年（大正9年）には鉄道省に昇格することとなり，名実ともに国家の中枢を担う組織として位置付けられるに至った．全国の幹線鉄道網がほぼ整備されつつあった大正期になると，鉄道の将来を二分する大きな課題として，広軌改築問題が浮上した．

　わが国の鉄道は，新橋〜横浜間の鉄道開業以来，3フィート6インチ（1 067 mm）のレール幅を持つ狭軌鉄道として発達し（英国の植民地鉄道に起源を持つといわれる），欧米の標準であった4フィート8½インチ（1 435 mm）のレール幅（標準軌または広軌）は，ごく一部の私設鉄道で用いられているにすぎなかった．広軌は狭軌に比べて，けん引力，運転速度，輸送力といった点で勝っていたが，コストの面では狭軌に分があった．わが国の鉄道が短期間に鉄道網を発展させることができた背景には，狭軌の選択がその一因として作用していたが，これに対して鉄道のさらなる発展を促すためには，これを欧米なみの広軌に改築し，輸送力の増強を図るべきであるとするのが広軌派の主張であった．

　こうした広軌改築論は，明治中期から特に軍部を中心に展開されていたが，初代鉄道院総裁の後藤新平は，鉄道国有化を千載一遇の好機ととらえ，これを

実行に移すべく1911年（明治44年）に広軌鉄道改築準備委員会を発足させ，具体的な検討作業を開始した。一方，広軌改集論（改主建従政策）に対して，日本の鉄道路線網はまだ不完全であり，さらに鉄道建設を推進してネットワークを整備することを優先した狭軌派（建主改従政策）の意見にも根強いものがあり，両者は対立したまま浮沈を繰り返した。そして，それぞれの主張には，広軌派を支持する憲政会と狭軌派を支持する政友会という当時の二大政党が後ろ盾となり，広軌・狭軌論は技術論争から政治論争へと発展してしまった。結局，1919年（大正8年）に狭軌派の床次竹次郎が鉄道院総裁に就任して広軌改築計画の中止が決定され，後藤が鉄道を離れてしまったことや，関東大震災の影響などで論争そのものも下火となって決着した。

また，この時期になると1892年（明治25年）に成立した鉄道敷設法で計画された路線がほぼ完成に近づいたため，さらに鉄道網の拡充を目指した鉄道敷設法の改定が行われ，1922年（大正11年）に鉄道敷設法を公布して旧法を廃止した（このため，改正鉄道敷設法などと呼ばれる）。この改正により，地方路線を主体とした149路線が新たに定められたが，その大半は，のちに地方交通線として国鉄の経営を圧迫することとなった。

（3） 都市鉄道の発達　　鉄道院の発足によって幹線網のほとんどが国有化されたものの，幹線輸送を補完するため，地方交通や都市内輸送には引き続き一部の私鉄が残された。政府は1910年（明治43年），地域輸送におけるこれらの私鉄の発展を促すため，従来の私設鉄道法とは別に軽便鉄道法を公布し，設立のための手続きや技術基準を簡略化してその起業を支援した。軽便鉄道法による規制緩和策によって，大正期には第二次私鉄ブームが到来し，全国各地に地域輸送を目的とした中小規模の私鉄が相次いで開業した。さらに，私設鉄道法と軽便鉄道法は1919年（大正8年）に統合され，地方鉄道法となった（以降，本書では民営鉄道と称する）。

こうした私鉄の発展は，特に大都市の近郊において活性化の起爆剤となり，沿線開発として住宅地や遊園地，娯楽施設，ターミナルデパートの建設を手がけるなど，鉄道側の主導による積極的な事業展開が行われた。

1. 鉄道の歴史

英国のハワードによって提案された田園都市の思想は民鉄沿線の住宅地開発を促し、さらに、学校や病院、軍事施設などの非生産施設が都心から郊外へ移転したため、都市のスプロール化が顕著となり（特に東京周辺では関東大震災の被害によってその傾向に拍車がかけられた）、通勤・通学輸送という新たな輸送需要を喚起することとなった。また、鉄道のターミナルは交通の結節点として機能し、池袋、新宿、渋谷などが新興の繁華街として繁栄した。鉄道そのものも、それまでの蒸気鉄道から電車を頻繁に走らせる都市形の電気鉄道へと大きく変貌を遂げ、米国で発達していたインターアーバン（都市間電気鉄道）などの都市鉄道をモデルとして、現在の大都市、近郊における鉄道網の骨格がこの時代に形成された（図1.3）。

図1.3 都市間を高速で結んだ京浜電気鉄道

一方、鉄道の建設が山岳部にも及ぶようになると、温泉保養地への小旅行や、登山、キャンプ、海水浴、スキー、スケート、ゴルフなどのスポーツや観光がさかんとなり、鉄道会社の主導によってレジャーとしてしだいに大衆化し、人々のライフスタイルも大きく変化することとなった。

この時期に産声をあげた都市鉄道として地下鉄がある。わが国最初の地下鉄は1927年（昭和2年）、東京地下鉄道によって上野〜浅草間が開業してスタートし、その後1934年（昭和9年）、大阪市も都市計画道路である御堂筋の開削

に合わせて，梅田〜難波間の地下鉄を開業させたが，一般的な交通機関としての地位を占めるまでには至らず，都市内の鉄道は引続き路面電車が独占していた。また，鉄道を補完する交通機関として自動車交通が普及し，乗合バスや宅扱便などの荷物輸送に用いられた。

（4）外地の鉄道と国際運輸　戦前の鉄道を語るうえで忘れてはならない存在として，外地における鉄道の発展がある。日清・日露戦争，第一次世界大戦などをきっかけとして大陸に進出した日本は，その結果，南満洲鉄道，朝鮮総督府鉄道部，台湾総督府鉄道部，樺太鉄道庁など外地の鉄道を次々とその手中に収め，さらに盧溝橋事件を経て1939（昭和14）年には華北交通，華中鉄道を大陸に設立するに至った。特に南満洲鉄道（以下，満鉄と称する）は，鉄道事業以外にも資源の開発や農地の開拓を促進し，地域の社会・経済を独占する巨大企業として大陸に君臨するとともに，満州における日本の権益を強化するという国策的な意義を持った存在であった。

　満鉄の設立によって，日本を起点とした本格的な国際連絡運輸が可能となり，ロシア側との交渉を開始したが，日本の勢力拡大が懸念されたことなどにより難航した。そして，1910年（明治43年）には満鉄と東清鉄道の間で連絡運輸が開始され，さらに翌年に開催された国際会議でシベリア鉄道を経由して欧州諸国に至る周遊券の発売が決定し，ウラジオストック経由のルートも確保された。

　また，鴨緑江の架橋工事と，これに接続する安奉線の改良工事が1912年（明治45年）に完成し，朝鮮半島を経由した大陸への連絡運輸が可能となった。交渉は，辛亥革命後の中華民国政府との間で継続して進められ，1913年（大正2年）から連絡運輸が開始され，翌年より日支周遊券も発売され，朝鮮半島を経由した国際連絡運輸が開始された。

　シベリア鉄道経由の欧亜連絡ルートは，ロシア革命によっていったん途絶するが，1927年（昭和2年）には日ソ国交樹立を機会に復活し，1941年（昭和16年）の独ソ開戦まで続いた。こうした交通運輸の国際化に呼応して，鉄道院では1912年（明治45年）に，ジャパンツーリストビューロー（現在のJTB

10   1. 鉄 道 の 歴 史

の前身）を設立し，本格的に旅行業に進出した。

　こうした大陸への進出とともに，技術面でも国内の狭軌鉄道では成し得なかったような新技術が生み出されるようになり，1934年（昭和9年）に登場した満鉄の特急「あじあ」号は，流線形の蒸気機関車が全編成冷房装置付きの客車をけん引する豪華列車として知られた。大陸における鉄道の経営は，鉄道の存在が戦略的にも大きな意味を持っていたことの証しでもあり，このことは同時に，鉄道そのものがいやおうなしに国家の争いに巻き込まれることを意味していた。1928年（昭和3年），奉天（現・瀋陽）付近で張作霖の乗った特別列車が爆破された事件は，その始まりを予見させる出来事となり，やがて時代は泥沼の日中戦争へと向かうこととなった。

（5）　**発展する鉄道**　　関東大震災や金融恐慌，不安定な大陸の動静など，鉄道を取り巻く情勢は波乱に満ちていたが，陸上輸送における鉄道の独占的地位はその絶頂期を迎え，鉄道技術もそれぞれの分野をリードする存在となった。

　土木技術では，長大トンネルを掘削する技術や鉄道橋の設計・架設技術が長足の進歩を遂げ，1931年（昭和6年）に延長9 702 mの上越線・清水トンネルが，1934年（昭和9年）に延長7 804 mの東海道線丹那トンネルが相次いで完成し，世界的にも注目を集めた（図1.4）。また，車両技術の分野でも，狭軌鉄道としては最大級のC53形，C51形，D50形といった蒸気機関車が次々

図1.4　丹那トンネルをくぐる特急「つばめ」

と登場し，客車の車体も木製から鋼製へと改良され，一部の車両には冷房装置やシャワー室が設置されるなど，その水準も欧米と比べて遜色ないまでに発展した．

戦前における鉄道輸送のハイライトは，1930年（昭和5年）に登場した超特急「燕」で，丹那トンネルの開通によって，従来の御殿場経由から熱海経由に短絡されると，東京〜大阪間を8時間，表定速度約70 km/hで結び，同区間における戦前の最速記録を達成した．

しかし，1931年（昭和6年）に勃発した満州事変，1937年（昭和12年）の日中戦争などを経て，1941年（昭和16年）にはついに太平洋戦争へと突入し，時代の春を謳歌していた鉄道の将来にも暗雲が低く垂れこめた．

1.3 戦後の再出発

（1） **戦時下の鉄道**　1941年（昭和16年），真珠湾攻撃をきっかけとして日本は太平洋戦争へと突入し，鉄道もその渦中に巻き込まれることとなった．当時の鉄道は，物資や兵員の輸送に不可欠な交通手段として，軍事的にも兵器に準じるものとして位置付けられ，鉄道輸送は軍事目的の輸送を最優先とする体制へと移行した．すでに1938年（昭和13年）には陸上交通事業調整法が成立し，特に大都市とその周辺における交通機関の統制が強化され，競合関係にある民鉄の合併が促進された．また，1941年（昭和16年）以降は，軍事的に重要な一部の地方民鉄の国有化も行われ，27社に及ぶ民鉄が国に買収されて国鉄線に編入され，鉄道業界の再編は戦後へと継承された．

戦争の激化とともに，不要不急な輸送の拒絶，特急列車の廃止，男性の応召に伴う女性職員や退職者の雇用など，戦時輸送体制の強化が行われ，本土空襲の本格化に伴って，鉄道による学童の疎開輸送も開始された．こうした情勢にあって，本州と九州を結ぶ関門トンネルは，大陸への生命線として戦時中にもかかわらず工事が進められた．工事は，シールド工法，圧気工法などを併用して1942年（昭和17年）に完成し，世界最初の海底トンネル（水底トンネルは

いくつかの事例があった）となった．しかし，新たな技術開発は戦争のためにほとんど中断され，代用材や代用燃料の研究など，戦争遂行に必要なものに限られた．

（2）**戦災からの復興**　終戦後，まず鉄道が取り組まなければならなかったのは，空襲などで破壊された鉄道施設や車両の早期復旧であった．これに加えて，生活物資をはじめ疎開学童や大陸からの引揚者を大量に輸送する必要が生じ，さらに追い打ちをかけるようにインフレの波と動力資源の欠乏が鉄道輸送を圧迫することとなった．

一方，鉄道行政は敗戦とともに日本に進駐した連合国最高司令官総司令部（GHQ）のもとで第三鉄道輸送司令部がこれを掌握し，ここを窓口として鉄道に対する連合軍側の施策が日本側に伝達された．1948年（昭和23年）9月のマッカーサー書簡に端を発する国有鉄道の公共企業体化は，ただちに至上命令として実行に移され，翌年6月1日には，公共企業体として新たに日本国有鉄道が発足した．

当時，国鉄では満鉄などの大陸からの引揚者や旧軍人を大量に受け入れたため，人員合理化をめぐって先鋭化した労働組合と深刻な対立を迎え，発足直後に発生した下山事件，三鷹事件，松川事件は，労使の間に深い溝を残し，それ以後の鉄道経営にも影を落とすこととなった．

このように，戦後の鉄道は荒廃と混乱の時代であったが，関係者は不眠不休の努力を続け，輸送力の確保に全力を傾けて，この難局を乗り切った．

（3）**新技術への挑戦**　戦争によってほとんど途絶していた新技術への挑戦も，戦災復興が一段落した昭和20年代後半から復活の兆しを見せ，長かったブランクをいち早く埋めるべく努力がなされた．特に，軍部の意向（給電（き電）設備に万一のことがあると列車の運転が不可能になるというもの）などにより，大都市近郊や山岳路線以外に普及しなかった電気鉄道は，1947年（昭和22年）の上越線電化を皮切りとして徐々に伸展し，1956年（昭和31年）には待望の東海道線全線電化が完成した．さらに，欧州で実用化が開始されたばかりの商用周波数による交流電化も導入され，仙山線における試験を経て，

1957年（昭和32年）には仙山線および北陸線で初めて実用化された．交流電化は大出力の列車を効率よく運転できる電化方式としてその後も改良が続けられ，新幹線の実現へとつながった．

また，鉄道電化の伸展とともに長距離を走破する電車列車が登場し，非電化区間で活躍を開始した気動車列車とともに，いわゆる動力分散方式（動力が先頭の機関車のみに集中するのではなく，各車両に分散する方式）が普及しはじめた．これに伴って，列車のスピードアップも図られ，1958年（昭和33年）に登場したビジネス特急「こだま」は東京〜大阪間を6時間50分で走破したほか，1960年（昭和35年）にはクモヤ93形試験電車が175 km/hの狭軌世界最高速度（当時）を樹立した．従来の蒸気動力から，電気動力や内燃動力への転換は，動力近代化と呼ばれ，蒸気機関車は1950年代から1960年代にかけて急速に姿を消した．

一方，土木技術の発達も著しく，進駐軍の払い下げなどによって工事用の機械が普及し，ブルドーザやダンプトラックなどを用いた機械化施工が一般化した．特にトンネルでは，1950年代になると地下鉄工事でシールド工法が実用化されたほか，山岳トンネルの分野では，わが国で初めて延長10 kmを突破した北陸トンネルが1962年（昭和37年）に完成し，長大トンネル時代の端緒を開いた．また，プレストレストコンクリート（PC：prestressed concrete）技術もこの頃に実用化され，1954年（昭和29年）に信楽線の第一大戸川橋梁で用いられて以来，新しいコンクリート構造として橋梁やまくらぎ，鉄道建築などに用いられた．

しかし，こうした華々しい技術開発の一方で，1954年（昭和29年）の洞爺丸事故や翌年の紫雲丸事故といった鉄道連絡船の海難事故をはじめ，1951年（昭和26年）の桜木町事故，1962年（昭和37年）の三河島事故，翌年の鶴見事故など，死者百名を超える重大事故が相次ぎ，鉄道の安全性に対する批判が集中した．こうした痛ましい事故をきっかけとして，ATS（automatic train stop system，自動列車停止装置）の導入をはじめとする運転保安装置の強化・改良，競合脱線現象の解明などの対策がとられ，より安全な交通機関としての

14　　1. 鉄　道　の　歴　史

鉄道の実現に努力が払われた。

（4）　**輸送サービスの向上**　　昭和20年代後半から昭和30年代の鉄道で最も大きく変化した点は，車両や施設の改良とそれに伴う輸送サービスの向上である。その背景には，車両構造の全金属化や，アルミニウムやステンレスといった新素材の導入による軽量化，動力伝達方式の改良，航空機の技術を応用した車体構造，空気ばね台車の採用など，さまざまな新技術の導入があった。

そして，ブルートレインと呼ばれた固定編成による寝台列車「あさかぜ」(1958年（昭和33年）)，東京～大阪間を新幹線開業以前の最速で結んだ特急「こだま」(1958年（昭和33年）)（**図1.5**)，気動車による長距離列車として上野～青森間に登場した特急「はつかり」(1966年（昭和41年）)，2階建て車両が評判となった近鉄「ビスタカー」(1958年（昭和33年）)，前面を展望席とした名鉄「パノラマカー」(1961年（昭和36年）)，小田急「ロマンスカー（NSE：new super express）」(1963年（昭和38年）) など，従来の鉄道車両には見られなかったスマートで明るく，洗練された車内設備を誇る新形車両が次々と登場した。

図1.5　国鉄在来線の特急「こだま」

また，通勤電車でも増大する通動・通学輸送に対応するため，高加速・高減速性能に優れた車両が開発されたほか，非電化の地方ローカル線には蒸気列車

に代わってディーゼル機関を搭載した気動車列車が普及し，より快適な鉄道輸送が実現した．さらに貨物輸送でも，1959年（昭和34年）からコンテナ輸送が本格的に開始されたほか，自動車やセメントなど，それぞれの物資に適した専用の貨車が開発された．

鉄道分野におけるコンピュータの利用は，1950年代後半に民生用としていち早く実用化され，特に指定席券の発券システムMARS（multi-access reservation system）の開発（1960年（昭和35年））や，CTC（centralized traffic control，列車集中制御）へのコンピュータの利用が図られた．

このほか，鉄道の関連事業としてターミナルビルが注目され，交通の結節点としての地の利を生かし，駅が商業施設としても利用されるようになり，1950年代から池袋駅西口，東京駅八重洲口などの再開発事業が推進された．

（5） 新幹線の開業 わが国の鉄道にとって最も輝かしい出来事は，新幹線を実現させたことであった．新幹線の原形となった弾丸列車計画は，すでに東京〜下関間を約9時間で結ぶ広軌別線として1938年（昭和13年）頃から計画され，一部のトンネル掘削と用地買収に取りかかったが，戦争のために工事は中断された．1955年（昭和30年），国鉄総裁に就任した十河信二は，逼迫する東海道線の輸送状況を打開するための検討をただちに開始し，かつての弾丸列車構想をベースとして，東京〜大阪間を約3時間で結ぶ広軌（1435 mm 標準軌）別線による東海道新幹線の実現に乗り出した．当時は欧米で自動車や航空機が著しい発達を見せ，鉄道はもはや時代遅れの交通機関であると危惧する声もあり，膨大な工事費が必要な新幹線は，むだであるとする極論まであった．

しかし十河は，増加の一途をたどる東海道線の輸送を救済するためには，新幹線の実現こそが必要であるとの信念のもとにこの計画を推進し，1959年（昭和34年），ようやく着工にこぎつけた．常用速度200 km/h以上で走る高速列車は，わが国ではもちろん世界のどの国でも未経験であったが，島秀雄技師長をはじめとする技術陣は，これまでの実績から交流電化で，動力分散による電車列車方式を採用すれば十分に実現可能であるとし，神奈川県の鴨宮付近にモデル線を建設して，実用化のためのさまざまな試験を繰り返した．

東海道新幹線は東京オリンピックの開催に合わせて1964年（昭和39年）10月1日に開業を果たし，従来の鉄道の概念をくつがえす大量・高速輸送機関として，世界から注目を集めた（図1.6）。しかし，新幹線が開業した翌年，国鉄の会計は赤字に転じ，以後その額は雪ダルマ式に増え，自動車や航空機の発達とともに国鉄の経営はしだいに苦難の時代を迎えることとなった。

図1.6　1964年（昭和39年）に開業した東海道新幹線

一方，新幹線の成功は，もはや斜陽産業と指摘されつつあった海外の鉄道にも大きな影響を与え，フランス国鉄のTGV（南東線）が1981年にパリ～リヨン間を部分新線を用いて最高速度260 km/hで登場し，1983年に最高速度270 km/hで全線開業，ドイツ国鉄のICE1が1991年に最高速度250 km/hで運転開始するなど，欧州における高速鉄道の開発を促した。また，わが国の新幹線や欧州の高速鉄道技術は，韓国や中国といったアジア地域における高速鉄道の普及にも貢献した。

1.4　高度成長時代から21世紀へ

（1）　**地下鉄の普及**　昭和30年代から昭和40年代にかけて，地下鉄は新たな公共交通機関として著しい発展を遂げた。地下鉄は，すでに昭和初期に東京と大阪で開業していたが，路線の規模も限られていた。しかし，戦後の自動

車の普及とともに，都市部では慢性的な交通渋滞が問題となり，道路交通の障害となる路面電車を撤去して渋滞を解消しようとする動きが活発となった．その代わりとなる交通機関として注目されたのが地下鉄で，道路交通を阻害する路面電車に比べて，高速かつ大量輸送が可能となることから，1954年（昭和29年）に開業した交通営団・丸ノ内線以来，東京，大阪，名古屋といった大都市で，路面電車の撤去に合わせて地下鉄の建設が急ピッチで進められ，さらに神戸，札幌，横浜など，全国の政令指定都市にも敷設された（図1.7）．

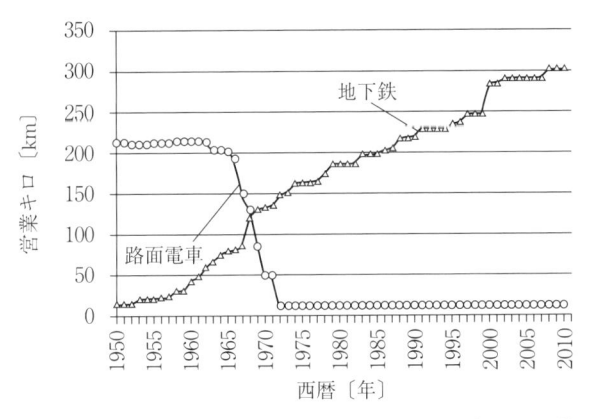

図1.7 東京都内における路面電車（東京都交通局）と地下鉄（東京都交通局と東京地下鉄）の営業キロの推移

こうした地下鉄の発達とともに，これを施工するための土木技術も発展し，特にシールド工法は地表にほとんど影響を与えることなく，都市部の軟弱な地盤の深部や河川の直下にトンネルを構築できる工法として普及し，その技術水準は世界的なレベルにまで達した．一方，地下鉄は膨大な工事費を要することから，モノレールや新交通システムといった中容量の都市交通機関も導入されるようになり，1964年（昭和39年）に開業した東京モノレールや1981年（昭和56年）に開業した神戸新交通ポートアイランド線などがその先鞭をつけた．

（2） 新幹線ネットワークの形成 東海道新幹線の成功は，その後のわが国の鉄道政策にも大きな影響を与え，1969年（昭和44年）に策定された新全総（新全国総合開発計画）の中でも，高速道路とともに日本列島を結ぶための

18　1. 鉄　道　の　歴　史

新しい交通体系の柱として位置付けられるに至った。特に，新幹線が日本万国博覧会輸送でその威力を発揮した 1970 年（昭和 45 年）に，全国新幹線鉄道整備法が成立し，東京または大阪を中心として県庁所在地のほとんどを日帰り圏におさめる新幹線ネットワーク構想が国によって立法化され，1972 年（昭和 47 年）には山陽新幹線の新大阪～岡山間が開業し，1975 年（昭和 50 年）にはさらに博多へと達した（**図 1.8**）。

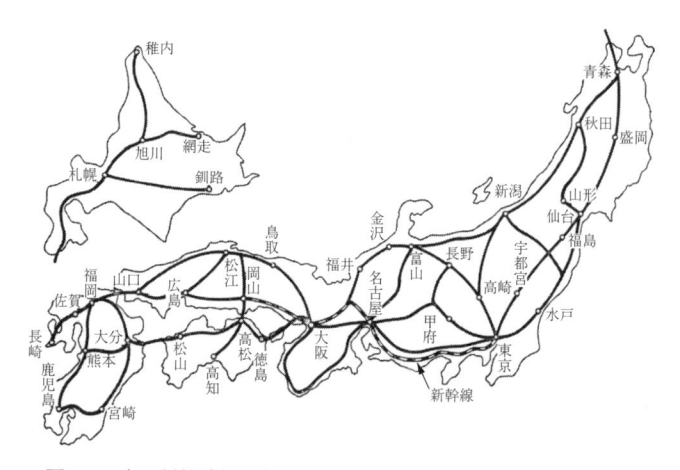

図 1.8　全国新幹線鉄道整備法で決定された新幹線のネットワーク

こうした新幹線ネットワークの拡大を通じて，長大トンネルや長大橋梁の建設技術は急速に発展した。しかし，その一方で，騒音や振動によるいわゆる新幹線公害が問題となり，その軽減に向けた技術開発や対策工事が実施された。

その後の新幹線計画は，国鉄の累積赤字が膨らむ中で，巨額の工事費やこれに対する採算性，着工順位などをめぐる議論に終始し，国鉄時代は東北新幹線の大宮～盛岡間と上越新幹線の大宮～新潟間を，1982 年（昭和 57 年）に相次いで開業させたにとどまった。

（3）　**鉄道のライバル**　　新幹線の建設が進められる一方で，高速道路の発達と自動車の普及は，それにも増してめざましいものがあった。わが国最初の高速道路は，1965 年（昭和 40 年）に全線開通した名古屋～大阪間の名神高速道路で，1969 年（昭和 44 年）には東京～名古屋間の東名高速道路が全線開通

した。その後，昭和 50 年代から 60 年代にかけて全国の高速道路網の骨格が急ピッチで完成し，到達時間でも鉄道に太刀打ちできるようになった。また，地方都市では自動車の普及と道路の整備によってマイカー通勤が一般化し，このためローカル線の打撃は深刻なものとなった。さらに，地方空港の整備とともに航空機も大型化，ジェット化が進み，運賃も鉄道と拮抗するようになったため，特に長距離列車は大きな影響を受けることとなった（図 1.9，図 1.10）。

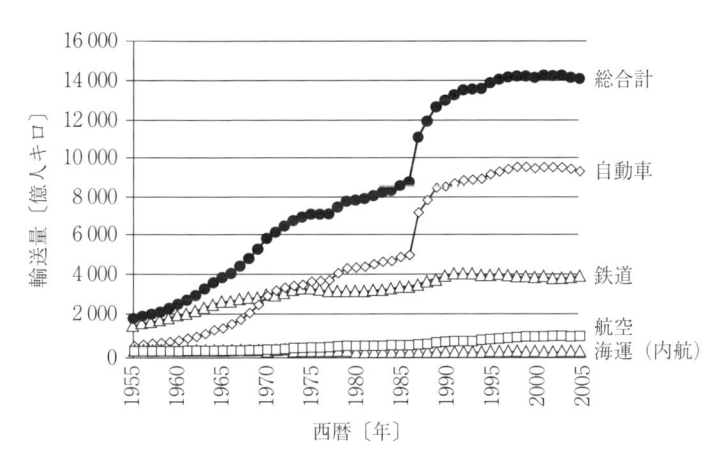

図 1.9 輸送機関別の旅客輸送の推移（1985 年以降は軽自動車を含む）

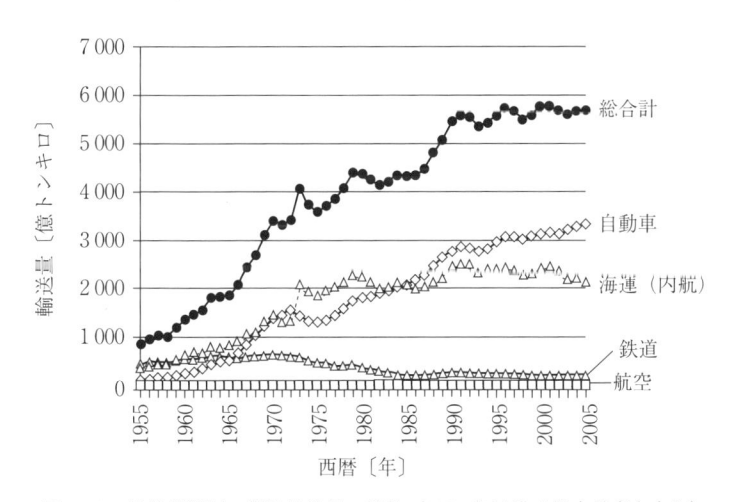

図 1.10 輸送機関別の貨物輸送量の推移（1985 年以降は軽自動車を含む）

このような鉄道以外の交通機関の著しい発達に対抗するため，複線化や電化による輸送力増強や，蒸気機関車の淘汰による動力の近代化，貨物ターミナルへの集約，赤字ローカル線の廃止などの施策が次々に実施されたが，こうした努力にもかかわらず鉄道のシェアは低下を続け，大都市圏の通勤・通学輸送と新幹線を除くと，ほとんどの路線が不採算路線へと転落していった。

こうして国鉄の累積赤字は増え続け，これに拍車をかけるように労使の対立による職場の荒廃や，硬直化した経営形態などの問題が指弾され，1983年（昭和58年）に発足した国鉄再建管理委員会は2年後に国鉄の分割・民営化を提言するに至った。そして国鉄は1987年（昭和62年）をもって6社の旅客会社と1社の貨物会社などのJRグループに分割され，37兆1千億円に及ぶ国鉄長期債務はそのほとんどを国鉄清算事業団が継承し，不要となった鉄道用地やJR株の売却などでこれを返済することとなった。

（4）**国鉄の分割・民営化と鉄道**　国鉄分割・民営化はバブル景気による追い風にも支えられて好スタートを切り，JR各社の積極的な技術開発への取組みなどによって輸送サービスは飛躍的に改善された。特に列車のスピードアップに対しては各社とも意欲的な姿勢を見せ，新幹線では1991年（平成3年）に登場したインバータ制御・誘導電動機駆動の300系「のぞみ」（本書扉，右側の写真）によって東京～新大阪間は2時間30分に短縮され，さらに1997年（平成9年）に登場した500系「のぞみ」では山陽新幹線区間においてフランスの新幹線TGVに並ぶ最高速度300 km/hの営業運転が開始されるに至った。一方，在来線でも，急曲線を高速で通過することのできる振子式車両や自己操舵式台車などが導入され，到達時分の短縮が図られた。

この間，1988年（昭和63年）に青函トンネルと瀬戸大橋が相次いで完成し，日本列島がレールによって1本につながった。また，1992年（平成4年）に開業した山形新幹線，1997年（平成9年）に開業した秋田新幹線では在来線を広軌に改築し，新幹線と在来線を直通させるという画期的な試みが行われ，新しい新幹線のあり方として注目を集めた。

一方，採算の合わない地方ローカル線の廃止も促進され，一部は第三セク

ター鉄道として再スタートすることとなったほか,並行する新幹線路線の開業に伴う在来線の第三セクター化も一部で実施された。このほか,競合する民鉄でも JR に対抗してサービスの向上が図られ,相乗効果によって鉄道の活性化がこれまでになく顕著となった。こうしたわが国における分割・民営化の成功は,経営の悪化に苦しむ世界の鉄道界からも注目を集め,(日本の方式とは多少異なるものの)ドイツや英国などでも国有鉄道の分割・民営化が実施されるといった波及効果をもたらした。

　好調な滑り出しを見せた JR 各社であったが,バブル景気の崩壊とその後の長期化する経済不況により,他の産業と同様に経営環境は厳しさを増しつつある。特に,少子化による通勤・通学客の減少,若年労働力の不足,情報・通信ネットワークの発達による物流の効率化などによって,その前途は予断を許さない情勢にある。また,多くの人手と設備を必要とする鉄道にとって,人件費や施設の維持費は大きな負担となっており,これまで以上にコストダウンへの努力が求められている。

　この時代は,パソコンやインターネット,携帯電話などの普及によって情報伝達手段が著しく進化し,鉄道分野でもプリペイドカードや非接触式 IC (integrated circuit) カード乗車券の普及,インターネットによる座席予約など,ICT (information and communication technology) を活用することによってその利便性が高まりつつある。

　また,新幹線に代わる新たな高速輸送手段として,国鉄時代から磁気浮上式鉄道の研究開発が進められた。国鉄では,鉄道技術研究所(東京都国分寺市)の構内における試験を経て,1977 年(昭和 52 年)に宮崎県日向市に磁気浮上式鉄道の試験線を開設し,超電導方式による浮上式列車の走行試験を行った。磁気浮上式鉄道の開発は JR グループの発足後も継承され,1996 年(平成 8 年)には磁気浮上式鉄道山梨実験センターが開設され,翌年 12 月には最高速度 550 km/h を達成して実験段階から実用化段階へと進みつつある。

　整備新幹線も 1997 年(平成 9 年)に開業した長野新幹線をはじめ,東北(盛岡以遠),九州,北陸といった路線で工事が進められ,すでに東北新幹線と

九州新幹線鹿児島ルートが全線開通した．このほか，都市交通では，かつて自動車の発達によって廃止に追い込まれた路面電車が LRT（light rail transit）として復活しつつあり，環境や人にやさしい交通機関として，海外でも積極的に導入が進められている．

このように鉄道をとりまく情勢は厳しいが，安全性が高く，省エネルギー性に優れ，環境への負荷が少ない高速・大量輸送機関として，鉄道への期待はこれまで以上に高まりつつあり，公共交通機関として果たすべき役割はますます重要になっている．

2

電気鉄道と電力供給の変遷

2.1 エネルギーの有効利用と電気運転

2.1.1 運転方式とエネルギー

鉄道の動力は，1825年9月に英国のストックトン～ダーリントン～ウィットンパーク炭鉱間および支線を結ぶ鉄道（44.3 km）におけるジョージ・スティーブンソンの蒸気機関車に始まっている。

わが国においても，1872年（明治5年）の新橋～横浜間の鉄道は蒸気機関車で開通し，その後，日本各地に広がった。太平洋戦争の終戦直後は，国鉄では蒸気機関車は5899両，電気機関車は296両，ディーゼル機関車はわずか9両と，蒸気機関車が主流であった。蒸気機関車の迫力や勇ましく邁進する姿は人間的な郷愁を感じるが，エネルギーの利用度は低く，さらに勾配区間におけるけん引力は極端に弱く，重連でなければ勾配区間を登れなかった。

図 2.1 は機関車種別による貨物列車のけん引特性を示したものであり，連続10‰[†]の上り勾配を，けん引トン数1000トンの貨車をけん引するときの均衡速度は，蒸気機関車は20 km/h，ディーゼル機関車は25 km/hと低速であるのに対して，電気機関車の場合は50～55 km/hと2倍以上の速度で力行でき，勾配線にも有利であるといえる[1]。

図 2.2 は，機関車けん引によるエネルギー効率の比較であり，蒸気機関車運

---

† ‰はパーミル（千分率）の単位。

2. 電気鉄道と電力供給の変遷

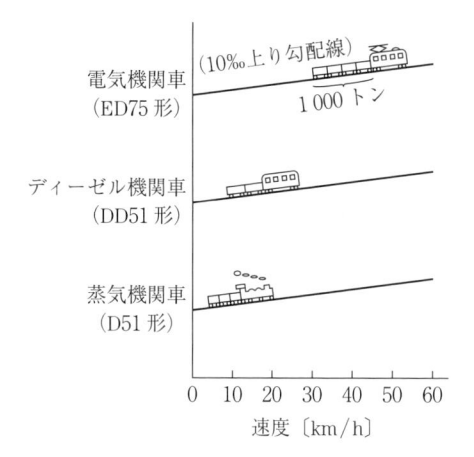

図 2.1 勾配 10‰ における機関車種別均衡速度（貨車 1 000 トンをけん引）

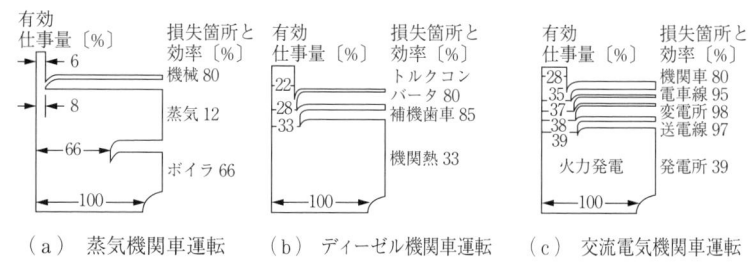

図 2.2 運転種別エネルギー効率（1975 年頃の比較）

(a) 蒸気機関車運転：有効仕事量 6%、機械 80、蒸気 12、ボイラ 66

(b) ディーゼル機関車運転：有効仕事量 22%、トルクコンバータ 80、補機歯車 85、機関熱 33

(c) 交流電気機関車運転：有効仕事量 28%、機関車 80、電車線 95、変電所 98、送電線 97、火力発電 発電所 39

転は石炭が持つエネルギーのわずか 5～6% しかけん引に利用できず，しかも石炭や水を積み込んで走るため，時々補給を受けなければならない。

ディーゼル機関車運転の有効仕事量は約 22% であり，蒸気機関車運転に比較すると格段に効率が高いが，燃料として軽油を補給する必要がある。これに対し電気機関車運転は，例えば火力発電では有効仕事量は 28% 程度であり，効率が高い。

しかし，電気運転は地上電気設備の投資が必要であるため，当該線区の輸送量によって有利性が異なり，わが国では 1 日の通過列車回数が 50～100 回を境にして，これ以上になると電気運転が有利であり，それ以下の線区ではディーゼル運転が有利であるといわれている。

さらに，電力のもととなる一次エネルギーにさかのぼって考えると，電気運

転は水力や火力および原子力など多様なエネルギー源からなっており，CO_2 をはじめとする環境負荷軽減からも意義があるといえる。

国鉄では1958年（昭和33年）に動力近代化委員会を設け，1960年から主要幹線の約5000kmの電化を積極的に行い，残りの線区はディーゼル化することとして，1970年代半ばまでに蒸気運転はほぼ全廃されている。

2005年（平成17年）の電気運転とディーゼル運転のエネルギー分担率は**表 2.1**のようであり，現在では，鉄道の消費エネルギーのほとんどを電気運転が占めている。

表2.1　運転種別によるエネルギー分担率（2005年度）

運転種別	使用量	発熱量	分担率
電気鉄道	189億kWh	1844億MJ	95.1%
ディーゼル	248千 l	95億MJ	4.9%

注）　1 kWh = 9.76 MJ（メガジュール），
　　　1 kl = 38 200 MJ

2.1.2　電気車における省エネルギー

現在，鉄道で使用する電力量は約200億kWhであり，この値はわが国の総発電電力量（例えば，2009年度で9565億kWh）の約2%に相当し，電気車の省エネルギーは運転コストの低減のみならず，環境負荷の軽減にも資することになる。電気鉄道の使用エネルギーについては，このほかに車両の軽量化，走行抵抗の削減，誘導電動機と電力回生ブレーキの採用などによってさらに軽減している。

表2.2はJR在来線の直流電気車における制御方式別の消費エネルギーの比

表2.2　直流電気車における消費エネルギーの比較（出典：JR東日本パンフレット）

車両	制御方式	製造初年〔年〕	編成質量〔トン〕	消費エネルギー〔%〕
103系	直並列・抵抗	1964	363	100
205系（山手線）	界磁添加励磁	1985	295	66
209系（京浜東北線）	VVVFインバータ	1991	241	47
E231系（中央・総武線）	VVVFインバータ	2000	255	47

注）　VVVF（可変電圧可変周波数制御）

表 2.3 新幹線電車における消費エネルギーの比較（出典：2010 年 JR 東海環境白書）

車両	制御形式	製造初年〔年〕	編成（定員）質量〔トン〕	消費エネルギー〔%〕 220 km/h	270 km/h
0 系	低圧タップ切換	1964	970	100	—
100 系	サイリスタ位相	1985	925	79	—
300 系	PWM (GTO)	1990	711	73	91
700 系	PWM (IGBT)	1997	708	66	84
N700 系	PWM (IGBT)	2005	715	51	68

注）PWM（パルス幅変調），GTO（ゲートターンオフサイリスタ），IGBT（絶縁ゲート形バイポーラトランジスタ）

較．表 2.3 は東海道新幹線の下り線走行における消費エネルギーの比較であり，軽量化や走行抵抗の軽減により，消費エネルギーも低減している．

2.1.3　わが国の鉄道の電気方式

（1）**国鉄・JR グループ**　1906 年（明治 39 年）に，当時の逓信省が甲武鉄道を買収して初めての直流電化となっている．国鉄は国家的見地からの経済発展や国民生活の安定を目的とする，国内幹線の整備に重点を置き，長距離・大量輸送を主としている．

太平洋戦争中は国の施策もあって電化は進まなかったが，戦後は積極的に電化が行われた．商用周波数の交流電化は 1957 年（昭和 32 年）に，仙山線および北陸線で行われ，1964 年（昭和 39 年）の東海道新幹線へと進展している．

図 2.3 は国鉄・JR グループの 2010 年度末までの電化キロの状況であり，在来線は，関東甲信越・東海・関西・中国および四国地方が直流 1 500 V 方式であり，北海道・東北・北陸・九州地方が交流 20 kV 方式である．

2010 年度末の JR 在来線の営業キロは 17 563.7 km であり，電化率は 55.5% である．同様に新幹線の営業キロは 2 620.2 km であり，電化率は 100% である．

（2）**公営・民営鉄道**　公営および民営鉄道は，都市内や都市間の通勤・通学輸送などに重点が置かれ，主として中短距離の電車輸送が発達してきており，電化キロは 1920 年代に急速に増加し，例えば 1930 年度（昭和 5 年度）で，地方鉄道が電化キロ 3 800 km（電化率 55%），軌道（軌道法の適用を受

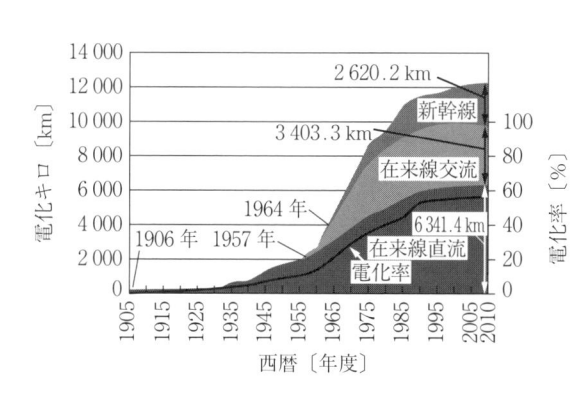

2.1 エネルギーの有効利用と電気運転

在来線電化キロと電化率

年度	電化キロ [km]			電化率 [%]
	直流	交流	計	
1906	12.1	—	12.1	0.2
1912	60.4	—	60.4	0.7
1916	84.4	—	84.4	0.9
1921	94.1	—	94.1	0.9
1926	177.6	—	177.6	1.4
1930	234.9	—	234.9	1.6
1935	582.3	—	582.3	3.4
1940	724.1	—	724.1	4.0
1945	1 315.8	—	1 315.8	6.6
1950	1 658.6	—	1 658.6	8.4
1955	1 961.2	—	1 961.2	9.8
1960	2 440.1	258.7	2 698.8	13.2
1965	3 122.3	1 105.9	4 228.2	20.4
1970	3 799.7	2 220.8	6 020.5	28.8
1975	4 592.0	3 036.1	7 628.1	35.9
1980	4 944.0	3 469.5	8 413.5	39.5
1985	5 564.3	3 545.1	9 109.4	43.8
1990	5 935.3	3 684.4	9 619.7	52.8
1995	6 215.0	3 682.3	9 897.3	54.7
2000	6 194.2	3 710.1	9 904.3	55.1
2005	6 310.9	3 550.8	9 861.7	55.8
2008	6 343.2	3 506.8	9 850.0	55.8

図 2.3 国鉄・JR グループの電化キロの変遷

け，道路交通を補助する路面電車などである）が電化キロ 2 060 km（電化率 78%）など，電化率は高かった．図 2.4 は公・民鉄の電化キロの変遷である．

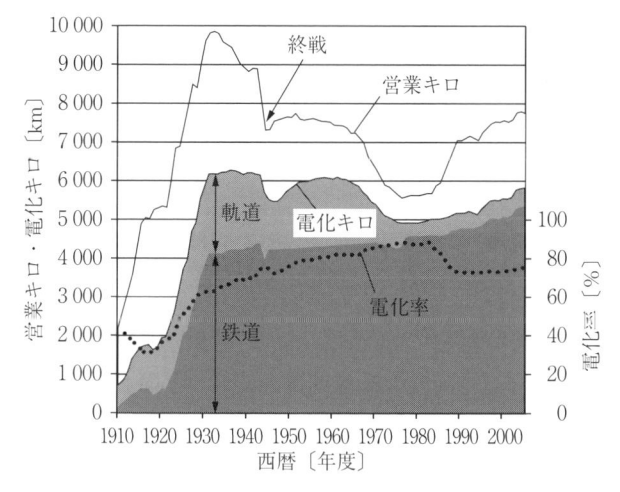

図 2.4 公・民鉄の電化キロの変遷（出典：鉄道電化と電気鉄道の歩み，ほかに基づき作成）

公・民鉄の列車運行を行う事業者(第1種・第2種事業者)数は,約185社で,2009年度末の電化キロは**表2.4**のようである[2]。普通鉄道(路面電車を含む)および地下鉄は鉄車輪で,モノレール,新交通システム,トロリバスなどはゴムタイヤ方式である。電気方式別には直流1 500 Vが最も多く,直流600 Vや直流750 V方式は地下鉄や地方交通線,路面電車,新交通システムなどに用いられている。交流20 kV方式はJRの交流区間に乗り入れる線区や,整備新幹線の開業により並行するJR在来線が第3セクター化された路線に用いられている。公営・民営鉄道の営業キロは7 487.6 km,電化キロは5 867.1 kmで,電化率は78.4%である。

表2.4 公・民鉄の電化キロ(2009年度末)

電気方式など	電化キロ〔km〕						
	直流 1.5 kV	直流 750 V	直流 600 V (440 V)	交流 20 kV 50/60 Hz	三相 交流 600 V	鋼索 鉄道	合 計
普通鉄道	4 074.8	105.7	413.7	304.4	−	−	4 898.6
地 下 鉄	452.9	132.5	94.7	−	−	−	680.1
ゴムタイヤなど	126.2	68.0	10.1 (1.3)	−	60.3	22.5	288.4
合 計	4 653.9	306.2	518.5 (1.3)	304.4	60.3	22.5	5 867.1

2.2 直流電気鉄道

2.2.1 初期の直流電気鉄道

(1) **海外での発展** 電気鉄道の歴史は,1835年に米国でトーマス・ダベンポート(T. Davenport)がボルタ電池を用いた電車の模型を製作し,一般の観覧に供したことに始まる。さらに,ジーメンス・ハルスケ(Siemens und Halske)社が1879年にベルリン勧業博覧会において**図2.5**に示すように,直流150 V・第三軌条・2.2 kW・2極直流電動機による機関車で6人乗りで3両の客車をけん引して,300 mの円形軌道を速度12 km/hで運転している。

電気鉄道が実用化されたのは,1881年にジーメンス・ハルスケ社がドイツのリヒテルフェルデに直流180 V・レール給電方式の電気鉄道を敷設し,一般

2.2 直流電気鉄道

図 2.5 ベルリン勧業博覧会の電気機関車[3]

旅客の輸送を開始したのが最初である。同じ頃,米国でも電気鉄道が相次いで開業している(3.3.1 項(2)参照)。

その後,電気鉄道は都市交通の主役となり,蒸気機関車けん引でスタートしたロンドン地下鉄でも,1890 年に初の電気機関車による電気運転が開始された。

(2) わが国の鉄道と電気事業[1),3),4)]　わが国最初の電力会社は 1883 年(明治 16 年)に設立された東京電燈であり,1887 年(明治 20 年)に日本橋の火力発電所から日本郵船と東京郵便局に直流 210 V を供給している。わが国で最初に電車が走ったのは,1890 年(明治 23 年)に上野公園で開催された第 3 回内国勧業博覧会で,東京電燈の技師長であった藤岡市助による直流 500 V の米国製電車の走行であった。

当時は電力会社が電燈主体で貧弱であったことから,鉄道会社も自営発電所を設置して電気鉄道を運行するとともに,電力供給事業を営んでいた。

わが国で最初に営業を開始した京都電気鉄道(のちの京都市電)では,京都市が琵琶湖の疎水工事の一環として 1891 年(明治 24 年)に蹴上水力発電所を竣工し,その発電所に設置した直流発電機で 1895 年(明治 28 年)に 500 V の電車(**図 2.6**)を運行している。続いて 1898 年(明治 31 年)に名古屋電気鉄道が専用の直流火力発電所で運行している。

関東の私設鉄道では,大師電気鉄道(現・京浜急行電鉄)が 1899 年(明治 32 年)に六郷川に自営の直流 550 V の火力発電所を建設し,六郷橋〜大師間

図 2.6　鴨川をわたる京都電気鉄道の電車[5]　図 2.7　買収後の甲武鉄道の電車[3]（形式デ 963）

2 km を直流 500 V 方式で開業している。その後，1901 年（明治 34 年）に大森延長に伴い，川崎発電所の増設のほか，閑散運転時における余剰電力の吸収のため，今日でいう電力貯蔵装置として，400 Ah の蓄電池による配電所を大森に設置している。1941 年（昭和 16 年）当時，関東では京成電気軌道，東京横浜電鉄などが，関西では南海電鉄，阪神電気鉄道，京阪電気鉄道などが電気事業を営んでいたが，1939 年（昭和 14 年）の日本発送電株式会社の創立と，1942 年（昭和 17 年）の九つの配電会社への配電統合により，鉄道会社の電力事業は消滅していった。

一方，国有鉄道としては 1904 年（明治 37 年）8 月に甲武鉄道が飯田町〜中野間を直流 600 V で電化を行い，同年 12 月に御茶ノ水まで電化を延伸し，1906 年（明治 39 年）に逓信省が買収したのが初めての電気鉄道であり（図 2.7），柏木火力発電所（現・東中野付近）の電源を用いている。当時は回転変流機を用いており，整流能力を考慮して周波数は 25 Hz としていた。

その後，鉄道省では 1915 年（大正 4 年）の京浜線電化の際に，六郷川近辺の矢口に火力発電所（25 Hz）を建設し，10 kV の送電線で各変電所に送電して，山手，京浜，東海道の各線へ供給している。さらに 1920 年（大正 9 年）に，鉄道省が電燈事業への進出を図ろうと法案を提出したが，電気事業各社の反対により廃案になっている。

また，1920 年（大正 9 年）に商用周波数（50 Hz）対応の回転変流機が開発されて，東京電燈から電力の購入が行われた。

2.2 直流電気鉄道　31

　第一次世界大戦後，国内輸送の増加に対応して鉄道電化の議論が盛んになり，そのなかで重要な課題として電化用の自営電源が取り上げられている。1919年（大正8年）の鉄道電化により，石炭の節約を図る一方，これに必要な水力発電所を開発する主旨の「国有鉄道運輸ニ関シ石炭ノ節約ヲ図ルノ件」が閣議決定され，国鉄幹線電化と運転用電気を自営電力に求める方針が樹立された。これにより1921年（大正10年）に，信濃川水力発電所建設の第1期工事が着手された。

　しかし，水力開発は工事に長期間を要すること，また，当時，東海道線（東京～国府津）の電化や中央線（八王子～甲府）の電化など大きな電力需要のため，東京付近に工期の短い火力発電所を建設する必要が生じ，1923年（大正12年）に赤羽火力発電所を，1930年（昭和5年）に川崎火力発電所を建設した。その後，赤羽発電所は任務を終え廃止されたが，現在，東日本旅客鉄道が所有している千手、小千谷の信濃川水力発電所，川崎火力発電所は東日本旅客鉄道の電車運転電力の約58%を供給している。

2.2.2　直流電気方式の発展

（1）電力供給方式の概要　　移動する電気車へ電力を供給することを饋電という（以降，本書では「き電」と表記）。直流き電回路は，当初は発電所に直流発電機を設備して直接電力を供給していたが，その後，図2.8に示すように変電所で三相電力系統から受電し，変成機器で適切な直流電圧に変換して電気車に電力を供給している。

　き電電圧は，わが国で最初に上野公園の第3回内国勧業博覧会で走った電車が直流500Vであり，最初に営業開始した京都電気鉄道も直流500Vであった。その後，欧米で600Vが用いられるようになり，わが国でも輸入機械の関係から直流600Vが一般に用いられるようになった。

　欧米では次第に高い電圧が用いられるようになり，わが国でも輸送量の増加に伴って1914年（大正3年）の京浜線の電化で，品川～横浜間の電圧を直流1200Vにしている。このときすでに東京～横浜間は600Vで電化されていた

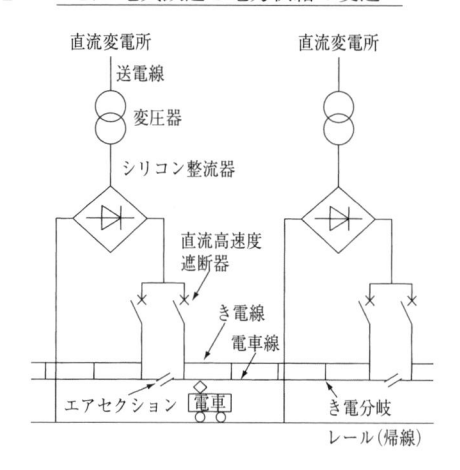

図2.8 直流き電回路の構成

が，電車は電動機を直・並列にして，両区間に使用できるようにしている。

さらに，1923年（大正12年）に大阪鉄道（現・近畿日本鉄道）大阪天王寺（現・大阪阿部野橋）～布忍間が初の1 500 V電化になり，次いで1925年（大正14年）に東海道線が横浜～国府津間48.9 kmの電化を1 500 V方式で完成し，東京～国府津間を初めて電気機関車けん引で運転している。これを契機に国鉄では直流1 500 Vに昇圧することが決定され，昭和初期にかけて昇圧されている。

海外では1915年に米国のミルウォーキー（Milwaukee）鉄道で直流3 000 Vの電化が実用化され，以後ロシア，欧州諸国でも3 000 Vが主流となった。

わが国においても輸送力増強の観点から，1975年（昭和50年）頃から3 000 V化の検討も行われたが，わが国は電車方式であるため絶縁離隔が厳しいことや，改造する車両数や電力設備がばく大なことなどにより見送られている。

交流電力を直流電力に変換する機器としては，電動発電機，回転変流機，および水銀整流器が使用されてきたが，これらは技術の進展とともに次第に姿を消し，今日ではシリコンダイオード整流器が用いられている。

直流電気車は，古くから起動トルクが大きく速度制御が容易な直流直巻電動機が用いられていたが，戦後の半導体素子およびエレクトロニクス技術の進歩により，サイリスタ素子や自己消弧形のGTOサイリスタ（gate turn-off

2.2 直流電気鉄道

thyristor)や IGBT (insulated gate bipolar transistor, 絶縁ゲート形バイポーラトランジスタ)が採用されるようになり，制御性が良く回生ブレーキ付きのチョッパ制御や，さらに VVVF (variable voltage variable frequency, 可変電圧可変周波数制御)インバータ制御が採用された．今日では，近郊鉄道も直流電動機駆動から三相誘導電動機駆動へと進展し，ブレーキ時の機械エネルギーを電気エネルギーに変換して架線に戻す電力回生ブレーキ車が主になっている．そこで，回生エネルギーを有効に利用するため，地上側設備にはサイリスタ整流器や回生インバータ，さらに PWM (pulse width modulation, パルス幅変調)整流器が出現している．

き電側には直流高速度遮断器が用いられ，電気車へのき電や事故時または作業時のき電区分を行うことができる．複線区間では変電所間隔が長い場合は，電圧降下救済のため，き電区分所あるいはき電タイポストを設けて，上下線を結ぶ場合がある．

変電所間隔は各種の条件で異なるが，例えば1 500 V方式の場合は，都市圏の幹線で5 km程度，亜幹線で10 km程度である．

(2) 変成機器[3), 5)]

a. 回転機　初期の直流電気鉄道用変成器は，交流電動機で直流発電機を駆動する電動発電機方式であったが，大形で効率が低く実用的ではなかった．そこで，交流電動機と直流発電機の回転子を共用した回転変流機が開発・使用されるようになった．わが国で初めて回転変流機を採用したのは，1900年(明治33年)に小田原電気鉄道(現・箱根登山鉄道)であり，交流 350 V／直流500 V・100 kWの外国製であった．その後，同社で1907年(明治40年)に30 Hz，150 kWの国産第一号の回転変流機を設置している．

図 2.9 は回転変流機の基本構造，**図 2.10** はその外観であり，電機子巻線には電動機電流と発電機電流が流れて，たがいに打ち消しあうので，銅損や電機子反作用が小さくなり，電圧降下も小さい．

相数は一般に6相が用いられ，回転変流機用の変圧器は，一次側は星形結線または三角結線で，二次側は6相対角形接続や二重星形結線が用いられる．

(a) 構造　　　(b) 電機子結線

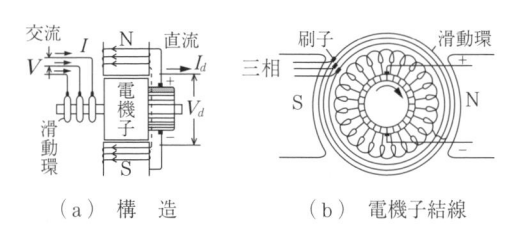

図 2.9　回転変流機の基本構造

図 2.10　回転変流機の外観
（東中野変電所）

負荷の急変に対して整流悪化が発生するため，高電圧のものは困難であり，標準電圧は直流 600 V または 750 V としており，直流 1 500 V 用には 750 V 用を 2 台直列にして使用される．

また，1912 年（明治 45 年）の信越線碓氷峠の直流 600 V 電化や，1915 年（大正 4 年）の京浜線の 1 200 V 電化では回転変流機が用いられており，電気車の負荷変動に対応するため，蓄電池を補助に設けて負荷を救済する方式が 1926 年（大正 15 年）頃まで用いられた．

b. 水銀整流器

（i）　**水銀整流器の原理**　　水銀整流器は水銀アークの整流作用を利用して交流を直流に変換するものであり，米国の Cooper Hewitt が 1902 年に水銀蒸気アークが電流に対して弁作用があることを発見して，ガラス製水銀整流器を発明し，さらに 1910 年（明治 43 年）に鉄製水銀整流器を製作したことに始まる．

図 2.11 は水銀整流器（単相）の原理であり，陽極をカーボン，陰極を水銀としている．最初にアークを発生させるには，点弧極を用いて全体を傾けて水銀で陰極と短絡させるか，電磁石で点弧子と陰極を短絡させて起動する．水銀整流器には，小容量のガラス製水銀整流器と大容量の鉄製水銀整流器がある．

わが国では 1926 年（大正 15 年）頃より鉄製水銀整流器が徐々に輸入され始めた．1929 年（昭和 4 年）から日本の重電機メーカも水銀整流器の製作を開始している．**図 2.12** は，わが国で初めての電気鉄道用鉄製水銀整流器（直流 600 V・300 kW）であり，1927 年（昭和 2 年）に盛岡電灯（後の花巻温泉電鉄）に設置され，その後本格的に導入された．また，鉄製は真空維持のための排気

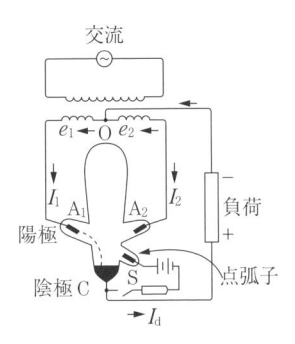

図 2.11 水銀整流器の原理

図 2.12 多極鉄製水冷式水銀整流器
（東芝科学館，600 V・300 kW）

装置と発熱が大きく，冷却装置が必要なため，軽負荷用としてガラス製水銀整流器（直流 600 V・180 kW）が 1936 年（昭和 11 年）にわが国で初めて江ノ島電気鉄道に設置された。

水銀整流器は，古くは多極水冷式であったが，戦後めざましい進歩を遂げ，多極から高効率で小型軽量な単極へ，さらに排気装置が不要な封じ切りへと進歩し，1955 年（昭和 30 年）頃に単極風冷式封切り形（**図 2.13**）が実用化された。その後，1967 年（昭和 42 年）頃に製造は打ち切られた。

（ii）**水銀整流器用変圧器の結線**　電気鉄道用水銀整流器は一般に，6 相が用いられ，変圧器の結線は**図 2.14** に示す二重星形結線が多く用いられる。

図 2.13 単極封切り水銀整流器
（日立製作所，1 500 V・3 000 kW・F 種定格）

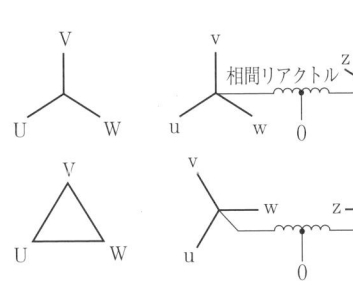

図 2.14 相間リアクトル付き二重星形結線

二重星形結線には2組の三相整流器を並列に運転したように動作させるため，中間に相間リアクトルを設けている。

c. シリコンダイオード整流器

（ⅰ）**シリコンダイオード整流器の原理**　金属整流器のはしりはセレン整流器であり，1957年（昭和32年）に西日本鉄道に600 V・400 kWのセレン整流器が設置された。その後，シリコンダイオード整流器（以下，シリコン整流器）が1959年（昭和34年）に南海電鉄，東京都交通局（路面電車），阪急電鉄で600 V・500～1 000 kWが実用化された。その翌年の1960年（昭和35年）に近鉄に1 500 V・3 000 kWが設置された。

電力用シリコンダイオードは，p形半導体とn形半導体の2層を接合して，電流に対して整流作用を持たせた素子であり，陽極（anode）から陰極（cathode）の方向にのみ電流が流れる。

初期のシリコン整流素子の形状はスタッド形であったが，1965年（昭和40年）頃に平形素子が開発された。スタッド形は図2.15に示すように接続用のリード線がついており，電流容量は300 A程度である。平形素子の断面は図2.16に示すように円盤形の形状で両面が電極になっており，両面を冷却することができるので電流容量を大きくできる。

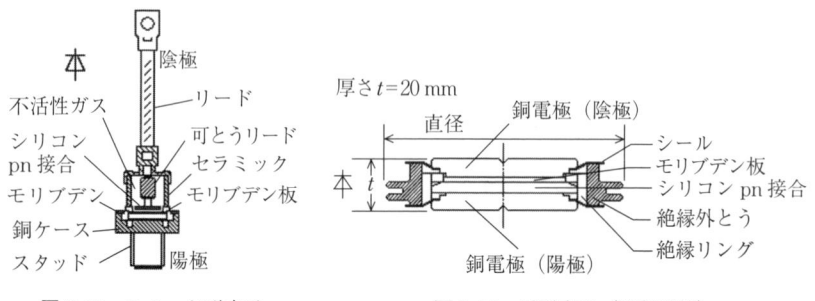

図2.15　スタッド形素子　　図2.16　平形素子（円盤形状）

図2.17はシリコン整流素子の変遷であり，現在では，平形で逆耐圧5 000 V・電流容量3 500 Aの素子が開発されている。

半導体を使用した整流器は効率が高く，小型軽量であり，保守や運転操作も

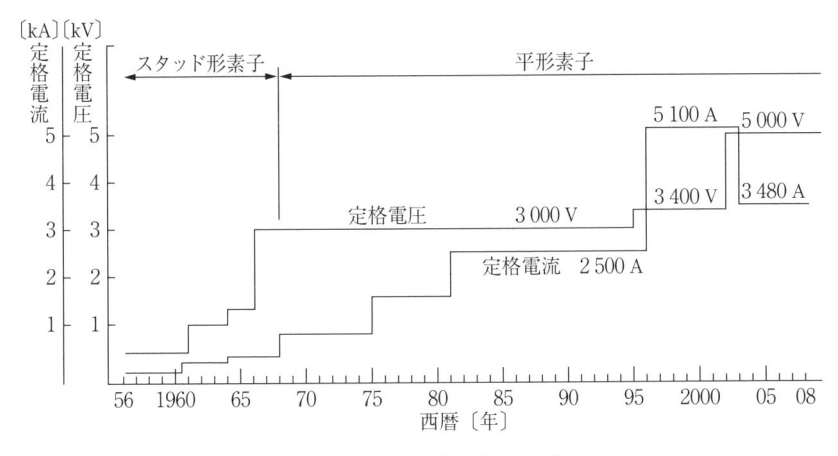

図2.17 シリコン整流素子の変遷

簡単であるなど優れた性能がある。

(ii) **シリコン整流器の構成**　半導体技術の進歩に伴い1960年（昭和35年）代の前半から，直流電気鉄道でシリコン整流器が用いられるようになった。電気鉄道用シリコン整流器の結線は，当初，半波整流である相間リアクトル付き二重星形結線と，6パルス変換器である三相ブリッジ結線が用いられた。両者を比較すると，三相ブリッジ結線変圧器は利用率が高く容量が小さくてよいが，常時の動作状態での逆電圧が二重星形の2分の1であり，電圧が高い場合に有利となるが，電流は2倍となり並列個数が多くなる。このため，直流電圧が750V以下では二重星形が，1500Vでは三相ブリッジが一般に採用された。また，水銀整流器のシリコン整流器への取替えの場合は二重星形が用いられた。

一方，半導体機器の進展に伴い，電力系統に発生する高調波電流が増加するようになった。そこで，高調波環境レベルを2010年（平成22年）まで維持する目的で，1994年（平成6年）10月に通産省資源エネルギー庁（当時）から「高調波抑制対策ガイドライン」が通達され，契約電力当りの流出電流の上限値が示されるとともに，これを超える場合には対策が必要になった。

これにより，受電電流の高調波低減対策のため，30°位相差の2組の6パル

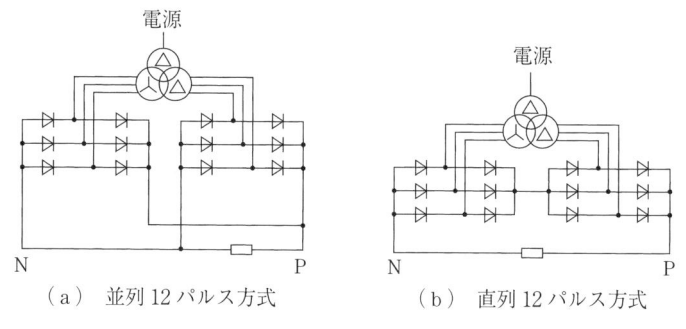

(a) 並列12パルス方式 (b) 直列12パルス方式

図2.18 12パルス変換器の結線

ス変換器を組み合わせた12パルス変換器が用いられるようになった。**図2.18**は，12パルス変換器の結線であり，並列方式と直列方式がある。

シリコン整流器の素子の直列枚数は，遮断器の開閉サージ電圧など外部から侵入する過電圧により決定され，並列枚数は運転電流と短絡耐量で決定される。初期のスタッド形では1 500 V・3 000 kWの風冷式で，6S（直列）−12P（並列）−6A（アーム）=432個（6パルス変換器）など直並列数が多かったが，最近では高逆耐圧，大容量のシリコン整流素子が用いられるようになり，例えば1 500 V・6 000 kWで1S−1P−12A=12個（12パルス変換器）など，素子容量の増大に伴い直並列枚数は少なくなっている。また，素子の高信頼度化に伴い，予備を設けない例が多くなっている。

（ⅲ）**シリコン整流器の定格と素子の冷却**　シリコン整流器はJEC2410-1998（半導体電力変換装置）により，**表2.5**のように定格が定められている。

素子の冷却は，乾式キュービクル形の自冷式，油入タンク形の自冷式または送油自冷式，蒸発潜熱による沸騰冷却形自冷式へと変遷してきた。すなわち，スタッド形素子に代わる平形素子の導入により，劣化素子検出装置が廃止さ

表2.5 シリコン整流器の定格

定格	負荷条件
D種	定格電流で連続使用。その後150%で2時間，さらに300%で1分間
E種	定格電流で連続使用。その後120%で2時間，さらに300%で1分間
S種	D種，E種以外の特殊定格

れ，密閉形の液冷式シリコン整流器に代わっていった．

　沸騰冷却方式は，密閉タンクに封入された冷却媒体に素子を浸漬し，気化した冷媒が上部の凝縮器で冷却，液化することで自冷を実現したものである．冷媒としては当初1970年（昭和45年）代後半から1980年（昭和55年）代までフロンを用いていたが，オゾン層保護の観点から，1980年（昭和55年）代後半から1990年（平成2年）代まではパーフルオロカーボンが用いられた．2000年（平成12年）代に入り，最近では地球環境（温暖化防止）に配慮して，純水を用いた沸騰冷却方式やヒートパイプ冷却方式が用いられている．純水は低温で沸騰するように減圧して封入されている．

　（iv）　**整流器の冷却方式と外観の変遷**　図 2.19 にスタッド形素子を用いた油浸自冷式6パルス整流器の，図 2.20 に平形素子を用いた純水ヒートパイプ自冷式の12パルス整流器の内部構造を示す．

図 2.19　油浸自冷式6パルス整流器の内部構造（1 500 V・3 000 kW）

図 2.20　純水ヒートパイプ自冷式並列12パルス整流器の内部構造（1 500 V・6 000 kW）

（3）　**高速度遮断器**

a.　**直流高速度気中遮断器**

　（i）　**回転変流機と高速度遮断器**　直流高速度遮断器（high speed circuit breaker）は，開極時に接触子間で発生するアークをアークシュートに導いて

引き伸ばすことでアーク電圧を高くしていき，アーク電圧が回路電圧より高くなることで直流電流を減衰・消滅させる方式である．もともと，直流高速度遮断器は回転変流機の整流子がフラッシオーバ（せん絡）したときの保護用に開発されたもので，回転変流機の発達とともに進歩してきた．また，直流高速度遮断器の発達によって商用周波数による回転変流機も発展し，それが直流電気鉄道発達の原動力となってきた．

故障発生から電流が減少し始めるまでの時間は 8 ～ 10 ms 程度で，遮断が完了するまでの時間は 50 Hz 地区では約 20 ms 以内，60 Hz 地域では約 16 ms 以内である．接触子を投入状態に保持する方式により，電磁保持式と機械保持式がある．**図 2.21** に電磁保持式高速度遮断器の構造を示す．

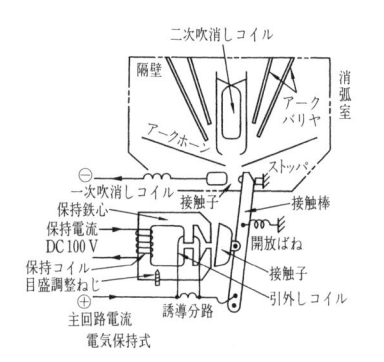

図 2.21　電磁保持式高速度遮断器の構造

機械保持式は設定された電流目盛以上の電流，または事故電流が流れた場合に爪部が外れて接触子が開放されるが，選択特性は有していない．

（ⅱ）　**事故検出能力**　　回転変流機の短絡電流（10 ～ 15 kA）をよりすみやかに遮断する手段として，単に電流整定値（目盛電流値）で遮断するのではなく，引外しコイル（インダクタンスが小，抵抗が中）に並列に誘導分路（インダクタンスが大，抵抗が小）を設け，常時の運転電流では抵抗比に従って主回路電流が分流されるが，立上りが急峻な事故電流が流れた場合，誘導分路のインダクタンスが大きいため，引外しコイルに大きな電流が流れ，電流整定値より少ない電流で動作値を下げて開路する機構（選択特性）が米国で考案された．

この選択特性は，き電回路に使用すると運転電流と事故電流とが選別でき，

2.2 直流電気鉄道

き電回路保護上有利であると提案され，1926年（大正15年）に米国シカゴ市内の鉄道に最初に使用された．わが国には1920年代後半に導入されている．

1940年代後半（太平洋戦争後）から，電鉄変電所の変換装置は回転変流機から水銀整流器へと移行したが，直流高速度遮断器の早切り機構は，水銀整流器の逆弧事故時に並列整流器からの逆流防止用としても使用された．その後，シリコン整流器の時代になってからは過負荷遮断用として用いられている．

（iii）**き電回路の保護方式の見直し**　直流高速度遮断器は，選択特性により自身で事故電流を検出する能力があるため，1951年（昭和26年）に発生した桜木町駅構内での電車火災事故までは，き電回路の保護といえば「高速度遮断器の選択特性の役目」という概念があったが，高速度遮断器の選択特性のみでは，き電回路の事故検出はできないことが明らかにされ，両者を分離して考えるようになった．

すなわち，この事故を契機に，ΔI形故障選択装置のようなき電回路の故障検出装置が開発され，また，き電回路の両端の高速度遮断器を連動して遮断する連絡遮断装置を設けることが義務付けられた．そして，き電回路の保護検出は故障選択装置にまかせ，高速度遮断器は遮断指令を受けて安全・確実に事故電流を遮断し，高速度遮断器の選択特性は，事故電流を少しでも電流が小さいうちに遮断するという考え方に変更された．

（iv）**高速度遮断器と主回路構成**　1960年代後半（昭和40年代）頃から，輸送力の増大に伴い電気車の運転電流が大きくなり，直流電気鉄道用変電所の設備容量も大きくなったので，直流母線短絡電流が過大となって高速度遮断器の遮断能力を超えるおそれがある箇所では，直流母線を分離することで短絡電流の抑制を行うようになった．

直流き電方式では一般的に，図2.8に示したように上下線別で方面別の4回線，π形き電が用いられているが，近年，回生ブレーキを持つ電気車の増大による回生電力の有効利用と，き電電圧変動の抑制から上下一括で方面別の2回線き電方式や変電所間隔が短い区間では，T形き電も用いられるようになった．

表2.6は，高速度遮断器の遮断性能の変遷である．

表2.6 高速度遮断器の遮断性能の変遷

項　目	定格遮断容量〔A〕	規定回路条件		遮断電流最大値〔A〕	アーク電圧最大値〔V〕	遮断時間〔ms〕
		推定短絡電流最大値〔A〕	突進率〔A/s〕			
1951年	10 000	10 000以上	1.5×10^6	—	—	18
1959年	50 000	50 000以上	3×10^6	25 000	4 000	—
1991年	100 000	100 000	10×10^6	55 000	4 000	—

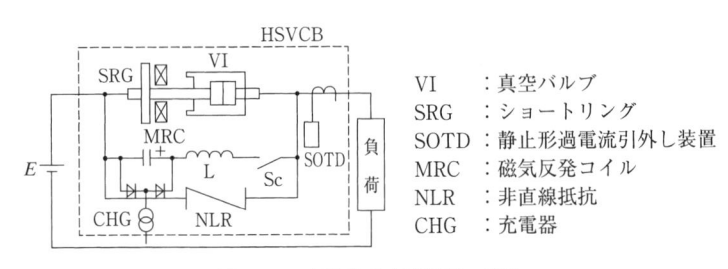

b. 高速度真空遮断器　高速度真空遮断器（high speed vacuum circuit breaker，HSVCB）は，騒音が小さく，気中アークを発生しない遮断器として開発され，1988年（昭和63年）に直流1 500 V・連続電流4 kA・遮断電流50 kAの装置が相模鉄道で採用された。その後，東京急行電鉄など民鉄を中心に採用が広がっている。

　高速度真空遮断器は常時コンデンサを充電しておき，異常電流を検出したら，転流回路によりコンデンサから真空バルブに約1～2 kHzの高周波電流を供給して電流零点を発生させて電流を遮断する方式である。インダクタンスに蓄積されたエネルギーは，酸化亜鉛非直線抵抗に消費される。図2.22に高速度真空遮断器の構造を示す。開極時間が約1 msと非常に短いため，高突進率の事故電流の遮断が可能である。

VI　：真空バルブ
SRG　：ショートリング
SOTD　：静止形過電流引外し装置
MRC　：磁気反発コイル
NLR　：非直線抵抗
CHG　：充電器

図2.22　高速度真空遮断器の構造

c. ターンオフサイリスタ遮断器　直流高速度遮断器の静止化について，直流1 500 V用のサイリスタ遮断器が1978年（昭和53年）に開発され，国鉄福塩線上戸手変電所で1年間の実地試験が行われた。

　サイリスタは直流電流遮断のために大容量の転流回路が必要になることか

ら，その後，遮断部に自己消弧形半導体素子としてGTOサイリスタを用いた静止形半導体遮断器の開発が行われた。

GTOサイリスタ遮断器は，遮断時間が1 ms以内で非常に短く，大きな推定短絡電流の遮断が可能である。気中式に比べて，無アーク，低騒音，小限流値，省保守である。素子の保護および通電時の損失に留意が必要である。

1986年（昭和61年）に直流1 500 V，連続1 800 A，20秒4 500 Aの装置が札幌市交通局東豊線で導入された。その後，一部の公・民鉄で採用されている。

2.2.3 電力制御技術の直流き電回路への適用[6]

（1） 回生電力の消費と吸収装置　電力回生ブレーキを持つ車両は，連続急勾配抑速用としての歴史は古いが，その後，チョッパ制御やVVVFインバータ制御の普及に伴って車両の軽量化や省エネルギーのため，大都市の高密度輸送線区での採用が顕著になった。

電力回生が最初に行われたのは，1928年（昭和3年）に高野山電気鉄道（直流1 500 V）の電車であり，50‰前後の急勾配対策として用いられた。

国有鉄道における直流電気機関車による電力回生運転は，1935年（昭和10年）中央線笹子トンネルを分水嶺とする連続勾配区間において，EF11形により行われていた。当時，変電所は回転変流機であったため回生運転が可能であった。本格的な回生運転としては33‰の勾配が連続する奥羽線福島～米沢間で，1951年（昭和26年）に庭坂などの3か所の変電所に制御格子付きの水銀整流器が逆変換装置（回生インバータ）として設置され，下り勾配をEF16形電気機関車による回生ブレーキを使用した抑速運転が行われた。当初，同区間の下り勾配は主として空気ブレーキ方式によって運転されており，車輪，制輪子およびブレーキ装置の異常摩耗や故障が多く発生していたが，これによりブレーキの信頼度が向上した（同区間は1968年（昭和43年）に交流電化に変更されている）。

また，上越線水上～石打間の約41 kmの急勾配区間においても，1955年（昭和30年）にEF16形電気機関車による電力回生を用いた抑速運転が実施され

ており，これに対応する地上設備としては，水上，越後湯沢の両変電所の回転変流機で対処していた。しかし，1974年（昭和49年）に越後湯沢変電所がシリコン整流器に更新されるのに伴い，回生電力を熱として抵抗で消費させるサイリスタチョッパ抵抗式回生電力吸収装置が同変電所に設備された。

さらに，半導体素子としてGTOサイリスタを用いたGTOサイリスタチョッパ抵抗式回生電力吸収装置が，1986年（昭和61年）に京阪電気鉄道京津線（直流750V）で実用化されている。これらの装置は電力の有効利用にはならないが，設備が簡単で経済性に優れているので，その後おもに関西地区の公・民鉄で勾配が多く列車頻度の少ない箇所などで実用化されている。

このように変電所の直流変換装置が回転変流機の時代は，回生電流を受け入れる機能があった。しかし，1930年（昭和5年）代に直流変換装置が水銀整流器，さらにシリコン整流器に変わってからは回生電力は電源へ戻らず，近くを走る力行車が消費することになるが，回生電力に見合った負荷がないと回生は失効する。また，負荷が遠方の場合は，き電回路の電圧降下のため，回生車の電圧が著しく高くなり，回生電流を絞り込む必要が生じる。

回生失効を防止するために，上下線のき電回路を線路側で並列に接続して，変電所から一括してき電する「一括き電方式」の採用や，変電所に半導体電力変換装置を用いた余剰電力の吸収設備などを設置することがある。

また，近年は電車の自動運転やホームドアが設置されるようになり，定点停止対策として回生失効防止のため，回生電力吸収装置が用いられることがある。

表2.7は回生車に対応した直流き電システムの例である。

電力用半導体素子の進歩によりサイリスタが開発され，1976年（昭和51年）6月開業の札幌市交通局東西線では，シリコン整流器に加えて電力回生用サイリスタインバータが設備され，回生電力を駅舎に供給している。その後サイリスタインバータは，おもに第三セクターを含む公・民鉄に導入されている。

サイリスタ整流器は，電圧変動率を小さくして軽負荷時の電圧上昇を抑えることができる。国鉄では1981年（昭和56年）に電圧降下対策として1500V・6000kWのサイリスタ整流器を山手線の2か所の変電所に設備して

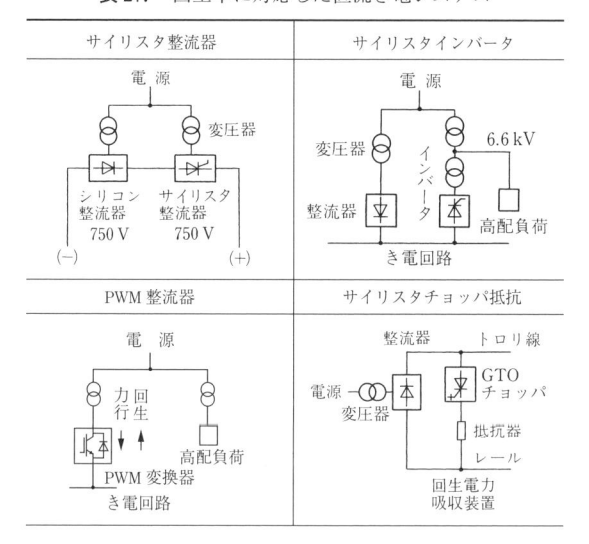

表2.7 回生車に対応した直流き電システム

サイリスタ整流器	サイリスタインバータ
電源／変圧器／シリコン整流器 750 V (−)／サイリスタ整流器 750 V (+)	電源／変圧器／整流器／インバータ 6.6 kV／高配負荷／き電回路
PWM 整流器	サイリスタチョッパ抵抗
電源／力行・回生／高配負荷／PWM 変換器／き電回路	整流器／トロリ線／電源／変圧器／GTO チョッパ／抵抗器／レール／回生電力吸収装置

いる。また，札幌市交通局は 1982 年（昭和 57 年）の東西線延長以降，サイリスタ整流器を用いて出力電圧を一定に制御し，サイリスタインバータ電圧を下げて回生効率を高めている。阪急電鉄では 1988 年（昭和 63 年）以降に回生電力を力行車へ届きやすくするために，サイリスタ整流器を設備して電圧一定制御を行っている。

PWM 整流器は整流器と電力回生インバータの機能を兼ねたものであり，IGBT などを用いて制御を行っている。2005 年（平成 17 年）8 月に開業したつくばエクスプレスで採用されている。つくばエクスプレスは柿岡に地磁気観測所があり，35 km 圏内は直流電流が観測に影響するとされている。このため，秋葉原 - 守谷間は直流電気鉄道として PWM 整流器を用いて精度の高い電圧一定制御を行い，レールからの遊流を抑えている。高力率で交流を直流に順変換するとともに，回生電力も高力率で交流に逆変換して駅負荷などで有効に利用している。

（2） **電力貯蔵による電圧降下と回生電力対策** 電力変換装置の技術進歩や電力貯蔵媒体の進歩により，回生電力吸収による回生失効の防止や省エネル

2. 電気鉄道と電力供給の変遷

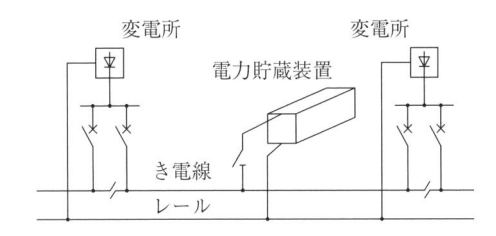

図2.23 電力貯蔵装置による回生電力吸収・電圧降下対策

ギー対策，および電圧降下対策として，図2.23に示す電力貯蔵装置が注目されている。

電力貯蔵媒体として鉛蓄電池を使用して列車負荷の平準化を行った例は古く，回転変流機とあわせて設置された時期があった。

その後，1979年（昭和54年）〜1983年（昭和58年）にかけて，広島県・国鉄可部線でサイリスタチョッパと鉛蓄電池を組み合わせたバッテリーポストの試験が行われたが，当時は半導体電力変換装置の技術が緒に就いたばかりで，高調波ノイズの課題や蓄電池の問題があり，実用化には至らなかった。

同時期の1979年（昭和54年）に，京浜急行電鉄で船舶振興会の補助事業費を受け，瀬戸変電所で縦軸のフライホイール装置と電動発電機で電気エネルギーを機械エネルギーに変えて貯蔵する実験が行われ，良好な結果を得ている。次いで1988年（昭和63年）に，電圧降下対策として逗子フライホイールポストで横軸機が実用化された。しかし，機械的な損失があるため，その後の発展は見られていない。

一方，電気自動車で急速充放電が可能な電気二重層キャパシタや，リチウムイオン電池およびニッケル水素電池などの二次電池の開発と実用化が行われるようになり，電圧降下対策および回生電力の吸収対策として電気鉄道への応用が検討された。

電気二重層キャパシタは1素子の電圧が2V程度であるが，鉄道は電圧が高いため直列技術を考慮した積層形を用いて，IGBTチョッパと組み合わせた装置の開発が鉄道総合技術研究所で行われ，2007年（平成19年）に西武鉄道秩父線の正丸峠で，インバータ制御電車の回生電力吸収用として用いられた。

また，リチウムイオン電池とIGBTチョッパを組み合わせた装置が，2006年（平成18年）にJR西日本北陸線が米原から敦賀まで直流化された変電所で実用化され，その後，神戸市交通局や鹿児島市交通局などで採用されている。さらに，架線レス路面電車などへの採用が検討されている．大容量のニッケル水素電池による電力貯蔵装置の開発が進み，ニッケル水素電池をき電回路に直接接続する方式が2011年（平成23年）に大阪市交通局（750 V）で実用化されるなど，電力貯蔵装置による電圧降下対策と回生電力対策が行われている。

2.3 交流電気鉄道

2.3.1 直流電気方式から交流電気方式へ[7]

（1） **交流電気鉄道の必要性**　太平洋戦争後（1945年代後半以降），わが国の電化は急速に進められ，上越線，奥羽線，高崎線，東海道線の電化が次々と完成していった。これらはすべて直流1500 V方式であるが，急速な復興に伴って輸送量は激増し，かつ長大編成車両の出現の機運が高まってきた。このため，電気車電流の増加は地上電気設備容量の不足を招き，既設変電所の中間に変電所の新設や，電圧降下対策として，き電線の増設などが必要となり，また，負荷電流の増大は事故時の選択保護をしだいに困難にするなど，直流き電方式による高速・大出力電気車の運転は，電気的にも経済的にも限界に達してきた。このような情勢から，わが国においても交流電気鉄道の優位性に着目し，1950年（昭和25年）頃より検討が始められていた。

（2） **海外の交流電気鉄道の歴史**　現在，交流電気鉄道というと商用周波数による交流電気鉄道を連想される読者が多いと思うが，海外の交流電気鉄道の歴史は非常に古く，かつ方式も多岐にわたっている。

いまから120年も前の1890年代から欧州各国で交流電気鉄道の研究が行われるようになり，1898年にスイスのユングフラウ線で40 Hz・650 V（最初は，38 Hz・500 V）[8]で，三相12極非同期電動機（巻線形誘導電動機：電機子に接続された抵抗で速度制御）を用いた三相2線式交流方式が開発されている。三

相交流き電方式は三相電動機が使用できる利点はあるが,トロリ線が2本で構造が複雑なうえ(三相縦形配置のものもあった)電動機の速度制御も当時の技術では容易ではなかった。開発は早かったものの,世界に普及しなかったのは架空電車線の複雑さによる。

次に登場したのが低周波交流き電方式である。1907年(明治40年)にスイスでは単相交流15 Hz・15 kVで,スウェーデンでは15 Hz・16 kVで整流子電動機方式の開発を手がけたが,1910年(明治43年)11月にスイスのBLS鉄道(Bem-Lötschberg-Simplonbahn)が行った単相交流$16^2/_3$ Hz・15 kV方式の開発により本格的な実用の時代に入る($16^2/_3$ Hzの呼称は,2004年改訂の欧州規格(EN50163)以降は16.7 Hzという)。

交流整流子電動機は直流直巻電動機と特性が類似しており,駆動用電動機としては適しているが,商用周波数では整流が困難という欠点がある。このため,商用周波数の1/2(25 Hz)または1/3($16^2/_3$ Hz)の低周波とし,き電電圧を高くして変電所間隔を延ばし,交流電化の利点を発揮しようとした。この方式は交流電化としてのメリットは多く,現在でもドイツ,スウェーデンをはじめ広範囲に実用されているものの,鉄道独自の低周波電源を持たなくてはならないという不利な面がある。

そこで,一般の電力網で使用されている商用周波数の電力を直接利用する交流電化の研究が行われるようになった。まず,ハンガリーが1932年(昭和7年),ブタペスト近郊にて50 Hz・16 kVの電化で開業したが,使用した機関車は,回転式相変換機により単相を三相に変換し,三相誘導電動機を駆動する特殊な構造で,経済的に見合うものではなかった。

今日でいう商用周波数による本格的な電気鉄道に取り組んだのはドイツであり,第二次世界大戦前の1935年,交流整流子電動機式機関車,および直流電動機を用いた水銀整流器式機関車を試作し,フランスとスイスの国境に近いヘレンタール線の一部を試験線として交流50 Hz・20 kVの研究を始めたが,第二次世界大戦が勃発し実用に至らなかった。しかし,商用周波単相交流き電方式の基盤を構築した。

終戦後，研究開発を行ってきたドイツ国鉄はフランス国鉄の管轄下に置かれた。電化技術と技術者を獲得したフランス国鉄は，スイス国境に近い山岳線であるサボア線の一部（78 km）を 50 Hz・20 kV で電化して交流整流子電動機式と水銀整流器式の機関車を試作し，1948～1951 年の間，商用周波単相交流き電方式の調査・研究を行い，成功を収めた（同線はその後，標準電圧の 25 kV に変更されている）。

（3） わが国における交流電気鉄道の導入

a．導入の契機　フランスは，前述のサボア線での研究成果をまとめ，1951 年 10 月に各国の関係者をアヌシー（Annecy）に集めて報告を行った。この研究結果（アヌシー報告書）はわが国で交流方式を導入するきっかけともなっている。

1953 年（昭和 28 年），国鉄総裁の長崎惣之助は欧米視察の際，フランスに赴き，フランス国鉄総裁のルイ・アルマンと会談し，商用周波数による交流電化の有用性について説明を受け，深い感銘を受けて帰国し，すぐに国鉄に交流電化調査委員会を発足させた。

b．交流電化調査委員会と仙山線試験　交流電化調査委員会は，国鉄が中心となって大学，各種研究機関など産学協同体制で交流電化の研究に取り組んだ。1954 年（昭和 29 年）の中間報告では「交流電化はわが国においても経済的に有利と考えるが，つぎの問題の解決が必要である」ことが指摘された。すなわち以下のようである。

① 近接する通信線路その他の施設に対する誘導障害
② 三相電力網に対する電力不平衡
③ 特別高圧電車線路の構造と給電方式
④ 交流電気機関車の製造
⑤ 既設電化方式との接続

そこで理論検討とあわせ，上記に関する技術的可能性と経済性とをわが国の実情に即して解決するため，仙山線の北仙台～作並間（23.9 km）に交流電化設備を設置して試験を行うこととなった。変電所は北仙台に単相変圧器が置かれた。

き電方式としては,当時最大の関心事であった通信誘導障害軽減のため,スウェーデンで実績がある吸上変圧器(boosting transformer, BT)き電方式を適用した。

き電電圧は常規使用電圧を 20 kV と定めた。当時 IEC(国際電気標準会議)などでは交流 25 kV を標準電圧としていたが,わが国の地理的条件を考えると必ずしもこの決定に束縛される必要のないこと,わが国では当時 20 kV(線間)が一般電力系統において標準とされていること,また,わが国の鉄道が狭軌で,かつ,ずい道などの支障物を考慮するとき,25 kV の採用には多少の無理があると考えられたことなどによる。

電気機関車は,整流子電動機による交流式(ED 44 形)と,イグナイトロンによる直流変換式(ED 45 形)の各 1 両を国産で試作した。

試験は 1954 年(昭和 29 年)9 月〜1956 年(昭和 31 年)3 月までの 1 年半にわたり実施し,上述の ①〜⑤ の問題をすべて解決するとともに数多くの成果を挙げた。

すなわち,前述のようにフランスにおける商用周波単相交流電化方式の成果や,スウェーデンでの $16^2/_3$ Hz・15 kV 吸上変圧器(BT)き電方式の実績などは参考にしたものの,き電電圧の決定,電圧不平衡率の決定,単相き電回路の絶縁設計,通信誘導障害予測計算方法の確立,商用周波交流電化での BT の採用および BT 間隔の決定などの地上設備関係のほか,交流機関車の製作も含め,実質的には,わが国の技術で解決したといえる。特に,三相電力網から受電することから,単相負荷の許容限度について,単相受電,T 結線,および V 結線について検討し,おおむね 2 時間の最大負荷に対し,電圧不平衡率を 3% に抑制することを目標として差し支えないとし,通商産業省・電気工作物規程(昭和 40 年・電気設備技術基準)にも反映された。

図 2.24 は,仙山線作並駅にある交流電化発祥地記念碑である。仙山線での試験の成功により,当時直流電化の予定で変電所建屋,電柱など一部の設備が工事中であった北陸線米原〜敦賀間は,急きょ交流方式で電化を行うことに決定された。

2.3 交流電気鉄道

図 2.24 交流電化発祥地記念碑

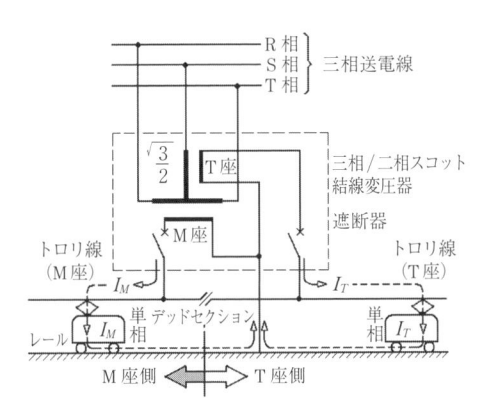

図 2.25 スコット結線変圧器

かくして 1957 年（昭和 32 年）9 月，仙山線仙台〜作並間 28.7 km，および同 10 月，北陸線田村〜敦賀間 41.1 km が，わが国初の交流電化により開業した．米原〜田村間は，直流区間（東海道線）と交流区間の接続のため，蒸気運転とした．北陸線の変電所は電化線区の両端の米原と敦賀に置かれ，いずれも単相である．

c．交流電化の普及 引き続き 1959 年（昭和 34 年）に東北線黒磯〜白河間，1960 年（昭和 35 年）に白河〜福島間，1961 年（昭和 36 年）に福島〜仙台間，常磐線取手〜勝田間，鹿児島線門司港〜久留米間などが，相次いで交流電化で開業した．

不平衡の問題がなくても，電力事業者にとっては，三相平衡負荷を目的とした設備に単相負荷をかければ設備利用率が低下するという考え方で，単相電力を考慮した需要料金（基本料金）を設定していることがある．そこで，電圧不平衡の軽減と三相受電のため，東北線の電化以降，66〜154 kV の特別高圧から受電し，変圧器は三相を 2 組の単相に変換して電気車にき電する**図 2.25** のＴ形結線（スコット（Scott）結線）変圧器が採用されることになった．

同時期に電力用シリコンダイオード整流器が開発され，動力集中方式の機関車けん引による客車から，動力分散方式の電車運転へ大きく転換している．

商用周波単相交流方式は，直流方式に比べて変電所および電車線設備が簡素化され経済的でもあり，また，仙山線の試験およびその後の実績も良好であったため，図 2.26 に示す「負き電線と吸上変圧器を有する BT き電方式」は，当時わが国の交流電化の標準方式となった。JR 在来線の BT き電回路の変電所間隔は 30 〜 50 km であり，変電所の中間のき電区分所で異電源を区分している。

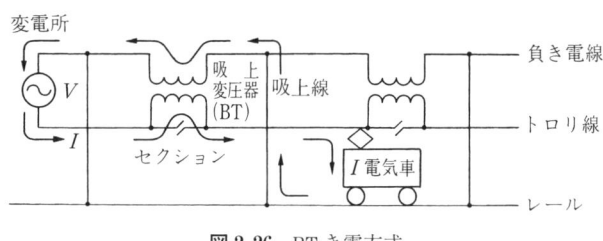

図 2.26 BT き電方式

2.3.2 高速化に適したき電方式の開発[7]

(1) 東海道新幹線の開業

a. 建設の必要性　戦後 10 年を経過した 1955 年（昭和 30 年）に入ると，わが国の経済も成長期に入り，鉄道の需要も急増した。特に東海道線の輸送量は著しく，全国鉄の輸送量の 4 分の 1 を東海道線が負担し，列車本数は複線区間で片道 200 本に達し，しかも，特急，急行，準急，普通，さらに貨物列車と，速度の異なる列車の混合運行のため線路容量は限度に達した。このため東海道線の輸送力増強が大きな課題となり，1956 年（昭和 31 年）5 月，国鉄本社内に「東海道線増強調査会」を設けて本格的な対策の検討に入った。

折しも 1957 年（昭和 32 年）5 月，東京銀座ヤマハホールで開かれた国鉄鉄道技術研究所主催の講演会で，"東京〜大阪間に広軌電車による新幹線を建設し，最高時速 250 km/h 運転で両都市間を 3 時間で結ぶことが技術的に可能である" との提言が行われた。

当時の国鉄総裁十河信二も広軌の新幹線案を強く主張し，国鉄部内でも新幹線建設に向かっての検討が本格化した。軌道は標準軌（1 435 mm），電気方式は交流 25 kV，最高時速 250 km/h を目標とし，工事期間は 1959 年（昭和 34

年)4月～1964年(昭和39年)10月とされた。これは東京オリンピックに間に合わせるためであった。

b. 電力供給システム　　き電方式については,トロリ線とレールより構成される直接き電方式は,構造は簡単であるが通信誘導特性が悪く,後述のATき電方式は回路解析が不十分(当時は機械式計算機の時代)のうえ,初めての200 km/h以上の高速運転に対するき電方式としては,未経験の方式よりも実績のある方式にすべきであるとの見解から,BTき電方式の採用が決定された。

つぎに,供給電力の周波数の決定が大きな問題であった。すなわち,わが国では富士川を挟んで東側が50 Hz,西側が60 Hzの地域に分かれている。わが国のように二つの周波数が使用されている国はまれである。その起源は,明治時代に東京電力の前身の東京電燈がドイツAEG (Allgemeine Elektrizitäts-Gesellschaft) 社製の50 Hzの交流発電機を,関西電力の前身の大阪電燈が米国GE (General Electric) 社製の60 Hzの発電機を採用したことに端を発している。

そこで,50/60 Hz両用車両の製作と周波数統一方式の二つの案の技術的・経済的な検討・比較が行われた。前者は車両搭載電気機器の質量が60 Hz専用車両に比べ増加するので,初めての210 km/hの高速走行を確実に成功させるためには少しでも軽量化を図りたいという強い要望があった。一方,周波数統一方式は,地上電気設備費の増大を招くが,回転機による50/60 Hz周波数変換装置技術は十分対応できることが想定されたため,後者の周波数統一方式が選択された。

そこで,50 Hz区間の2か所に周波数変換変電所を設け対処することとなった。周波数変換装置は三相50 Hz・50 MW同期電動機(10極)と三相60 Hz・60 MV・Aの同期発電機(12極)を直結し,毎分600回転で周波数変換している。

東海道新幹線がBTき電方式によって,着々と工事が進行していた1961年(昭和36年)5月に,東北線越河〜貝田間のBTセクション部が,貨物列車通過時に直列コンデンサに起因する過大アークにより,吊架線(CdCu, 60 mm²)の素線切れおよびトロリ線の焼鈍事故が発生した。新幹線の場合は負荷電流が

54   2. 電気鉄道と電力供給の変遷

大きいため，セクション部においてはさらに大きい電流遮断が要求され，1962年（昭和37年）に完成された新幹線の鴨宮モデル線（各種試験を行うための約30 kmの先行工事区間）で，開業までの2年半，徹底的に原因究明と対策試験が行われた。

この結果，パンタグラフを1個ずつ区分して，パンタグラフが遮断する電流を小さくする抵抗セクションと呼ばれる方式が開発され，開業に事なきを得た。図2.27は240 kV·AのBTと10 Ωの消弧抵抗である。

図2.27　東海道新幹線のBTと消弧抵抗

このほか，変電所間の並列き電，上下線別異相き電，き電回路高調波解析，変電所・車両間の保護協調など，さまざまな問題が解決された。

特に変電所前の異相区分は約1 000 mの切替セクションを設けて，切替開閉器によりわずか300 msの停電で電源の切替えが行われ，電車は力行のままで通過ができるようにしている。この技術は，わが国特有のものである。

　c. 栄えある開業　　幾多の新技術の採用，諸問題の解決など，関係者の多大な努力により，東海道新幹線は1964年（昭和39年）10月1日に予定どおり無事開業した。新幹線の成功は世界を驚嘆させるとともに，鉄道に対する認識を改めさせ，本格的な輸送機関としての高速鉄道網発展への 礎 となっている。

　（2）　**ATき電方式の開発と山陽新幹線の開業**

　a. BTき電方式の課題　　東海道新幹線は無事開業されたが，大容量負荷のため，BTき電方式のブースタセクションと電源の電圧変動問題は解決すべき重要課題となった。そこで，これらの問題点を基本的に解決するため，BT

セクションのような，き電回路の弱点を持たない電回路構成と，大容量負荷に対する電力の安定供給のため，超高圧からの受電方式も含めて AT き電方式の開発に取り組んだ．

b．AT き電方式の開発と新幹線への適用　AT き電方式は，1911 年（明治 44 年）に米国のスコット（Charles F. Scott）博士により 25 Hz・2×11 kV・three-wire system として開発されたものであるが，これを参考に商用周波き電方式としての研究を進め，幾多の試験を経て 1970 年（昭和 45 年）に鹿児島線八代〜西鹿児島間で実用された．これは世界で初の商用周波数による AT 電化区間である．図 2.28 は AT き電回路であり，約 10 km 間隔で単巻変圧器（autotransformer，AT）を配置して，変電所から電車線路の 2 倍の電圧でき電する．

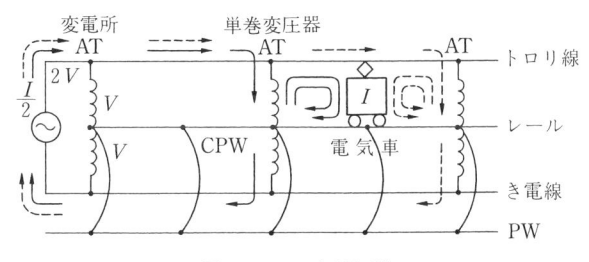

図 2.28　AT き電回路

山陽新幹線で AT き電方式を採用するにあたり，新幹線は負荷容量が大きく，AT き電方式は，変電所からき電する距離が約 30 km と長くなり負荷が増加するため，強力な電源から受電が必要であった．このため，受電電圧 220 kV または 275 kV の超高圧電源より，1 段落として直接 60 kV（標準電圧 50 kV）をき電する方式が研究され，変圧器結線として図 2.29 に示すように，一次側中性点が直接接地可能な変形ウッドブリッジ結線変圧器が開発され，1972 年（昭和 47 年）3 月に山陽新幹線新大阪〜岡山間に適用された．超高圧電源は従来の鉄道電化で受電していた 77 〜 154 kV に比較して電源容量が格段に大きいため，安定電源が確保でき，電圧変動の問題も同時に解決された．

AT き電方式は，車両への供給電圧が 25 kV であるが，電力供給面からは 50 kV の実力があるので大電力の供給に適するほか，BT セクションのような

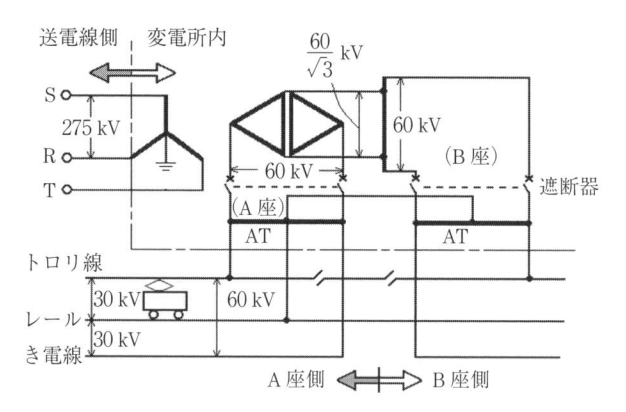

図 2.29 変形ウッドブリッジ結線変圧器と AT き電

き電回路の弱点箇所もなく，変電所間隔は BT き電方式の場合の約 3 倍で，しかも通信誘導軽減特性もほぼ BT き電方式なみと優れているため，BT き電方式に代わり，わが国の標準き電方式として，その後の JR 在来線や，新幹線に適用されている。

変電所間隔は JR の在来線が 90 km 程度，新幹線が 50 〜 60 km 程度であり，変電所の中間のき電区分所で異電源を区分している。

図 2.30 は山陽新幹線で用いられた単巻変圧器の外観である。単巻変圧器の中性点インピーダンスは通信誘導などを考慮して $Z = 0.45\ \Omega$ 以下程度と小さくしている。さらに，変形ウッドブリッジ結線変圧器は複雑なため簡素化の研究が行われ，図 2.31 のルーフ・デルタ結線変圧器が開発され，2010 年（平成 22 年）開業の東北新幹線新七戸変電所，2011 年（平成 23 年）開業の九州新幹

図 2.30 初期の新幹線用単巻変圧器
(60 kV/30 kV・10 MV・A (自己容量))

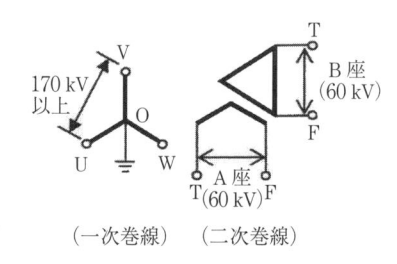

図 2.31 ルーフ・デルタ結線変圧器

線の2か所の変電所などで適用されている。

初めはBTき電方式であった東海道新幹線もBTセクションを解消するため，1984年（昭和59年）～1991年（平成3年）にかけATき電方式に変更された。

また，東京地区は用地が狭いため，き電用の30 kV同軸電力ケーブルと電車線路を並列に接続した**図2.32**の同軸ケーブルき電方式が開発され，1987年（昭和62年）3月に東京（浜松町）～大崎間に適用された。同軸ケーブルき電方式は，その後，東北新幹線の東京～田端間にも適用されている。

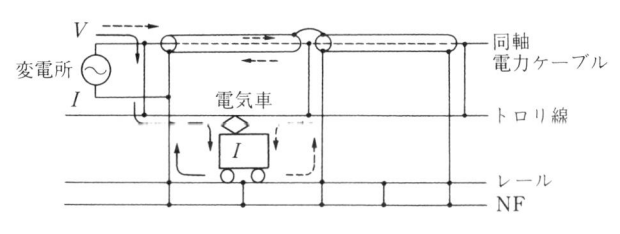

図2.32 同軸ケーブルき電方式

これらにより，新幹線電車のパンタグラフを特別高圧母線で接続して前後2個に削減することが可能になり，パンタグラフの離線が低減して最高速度300 km/hを目指す電車の高速運転に寄与することになった。さらに，海外でも商用周波ATき電方式の電力供給性能および変電所間隔が延ばせる長所に着目し，世界の主要国20か国で広く実用されている。

2.3.3 電力制御技術の交流き電回路への適用

（1） 電力回生（交流回生）とき電方式　奥羽線福島～米沢間は，1968年（昭和43年）9月に直流き電方式から交流き電方式に変更された。この区間の急勾配の抑速運転用に，サイリスタ位相制御方式のED 94形電気機関車による電力回生（交流回生）ブレーキが行われた。

その後，交流回生ブレーキは，在来線では1984年（昭和59年）に長崎線に投入された713系近郊電車に使用され，さらに783系特急電車に使用されるなど進展している。また，1988年（昭和63年）に開業した津軽海峡線（青函ト

ンネル）において，連続勾配の抑速運転用に ED 79 形電気機関車にも採用された。サイリスタ制御車は力率角が力行時に 40°，回生時に 115°程度であり無効電力が多く発生する。

一方，新幹線では北陸（長野）新幹線の横川～軽井沢間の 30‰ の急勾配抑速運転用に回生ブレーキ方式の検討および 50/60 Hz 異周波電源対策の検討が行われたが，サイリスタ位相制御車は回生ブレーキ力が小さいため，1984 年（昭和 59 年）頃から回生ブレーキ力が大きく車両を軽量化できる，GTO サイリスタを用いて力率 1 で運転を行う PWM 自励式コンバータ（整流器）＋VVVF インバータ方式で誘導電動機駆動による交流回生車の開発が行われた。

PWM 制御車は 1992 年（平成 4 年）から東海道新幹線で「のぞみ」として最高時速 270 km/h 運転が開始された。その後の新幹線電車はすべて PWM 制御による誘導電動機駆動であり，交流回生車が標準である。在来線においても誘導電動機駆動が標準となっているが，交流回生は必ずしも行われていない。

また，交流回生の採用とともに電車の高速化や増発が行われ，結果的に変電所からみた負荷電流が増加することになった。このため，電圧降下対策や電源に対する不平衡・電圧変動対策が実施された。

さらに交流回生の採用により，負荷の電流方向が変化するため，力率角が広くなって，き電回路の故障を検出する保護継電器で区別すべき負荷の領域が変化し保護方式の見直しが行われた。

（2） **電力変換装置による電源対策**[9),10)]

a. 不平衡・電圧変動対策　電力会社は三相交流電源であり，大容量の単相電力を使用すると電源側に不平衡や電圧変動を生じ，発電機の過熱や回転機のトルクの減少，照明のちらつきなどを生じる。このため，電気設備技術基準では電圧不平衡を 2 時間平均負荷で 3% 以下にするように定めている。

そこで容量の大きい電源から受電するとともに，三相/二相変換変圧器を用いて不平衡を軽減している。しかし，電力回生ブレーキ付きの高速電車の導入や列車負荷の増加により，電源の不平衡や電圧変動が大きくなることがあり，電源容量の小さい変電所では静止形無効電力補償装置（static var compensator，SVC）による積極的な対策が行われている．

b．他励式 SVC による電源対策　　当初，電車はタップ制御（0 系電車）またはサイリスタ位相制御（100 系電車）で，力率が 0.8 程度であり，無効電力を補償すると電流が小さくなり電源対策として有効であった．

他励式 SVC は，サイリスタを用いて電力用コンデンサの無効電力を制御する方式である．図 2.33 に示すコンデンサに並列接続したリアクトルを位相制御する方式と，サイリスタスイッチでコンデンサを段制御する方式があるが，電源対策にはきめ細かい補償が可能な位相制御を用いている．

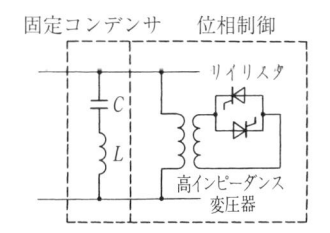

図 2.33　他励式 SVC

表 2.8 は他励式 SVC による電源対策である．単相 SVC は電圧変動を半減する効果があり，JR 在来線では青森変電所や峠変電所に，東海道新幹線では 7 か所の変電所に用いられた．変位相スコット SVC は力率角が 30°の負荷に対して平衡させる機能があり，東海道新幹線で平衡化対策として用いられた．三相 V 結線 SUC（逆相電流補償装置）は PWM 制御車（のぞみ）の増強に対する周波数変換装置の不平衡対策として，周波数変換変電所に用いられた．

c．自励式 SVC による電源対策　　誘導電動機駆動の PWM 制御車は力率 1 で運行されるため，無効電力補償では効果が少なくなり，有効電力を融通することで電力の平衡化を行うことが必要になった．このため，自己消弧形の GTO サイリスタや IGBT を用いた自励式 SVC を応用することが行われた．自励式 SVC は図 2.34 に示すように，インバータで電圧を電源より高くすることでコンデンサ，電源より低くすることでリアクトル動作になり，位相の調整により電力の融通ができる．

表 2.9 は，自励式 SVC による電源対策である．自励式三相 SVC は，関西電

2. 電気鉄道と電力供給の変遷

表2.8 他励式SVCによる電源対策

種類	単相SVC	変位相スコットSVC	三相V結線SUC
結線略図	(図)	(図)	(図)
原理	遅れ無効電力の Q_M, Q_T を補償	電力 P_M, P_T を平衡化 Q_M, Q_T を補償	電力 P_M, P_T を平衡化
補償対象	サイリスタ制御車 力行負荷	サイリスタ制御車 力行負荷	PWM制御車 力行・回生負荷
効果	小：電圧変動を半減	大：最適力率角30°	大：最適力率角0°, 180°
実用状況（箇所）	1987年東北線 1989年東海道新幹線 普通鉄道（3） 新幹線（7）	1984年中部電力 1991年東海道新幹線 新幹線（1）	1991年東海道新幹線 新幹線（3）

注）SUC：static unbalanced power compensator

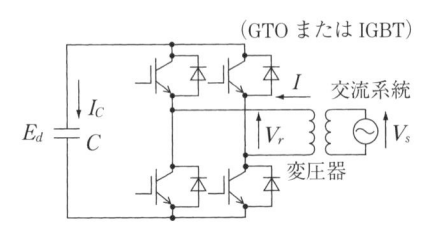

図2.34 自励式SVC

力犬山開閉所で同期調相機に代わり安定度改善のため設置されていた装置に，不平衡補償と変動負荷に対する機能が追加されて，1993年（平成5年）に東海道新幹線の変電所で実用化された。その後，き電用変圧器の二次側で補償する方式が検討され，不平衡補償単相き電装置（SFC）が1997年（平成9年）に長野車両基地で実用化された。さらに本線用として，き電側電力融通方式電

表2.9 自励式SVCによる電源対策

種類	自励式三相SVC	RPC	SFC
結線略図	(自励式三相SVC結線図)	(RPC結線図) P_T+jQ_T / P_M+jQ_M	(SFC結線図) $P+jQ$
原理	三相側で無効電力補償・有効電力融通して平衡化	き電側で無効電力補償・有効電力融通して平衡化	斜辺の負荷を均一な直角成分に変換
特徴	あらゆる負荷に対応	き電用変圧器にも効果	単相き電
実用状況(箇所)	1993年東海道新幹線 新幹線(5)	2002年 東北新幹線(2) 2008年 東海道新幹線(6) 2010年 東北線(1)	1997年北陸新幹線 新幹線(1)

(注) SFC : single phase feeding power conditioner
RPC : railway static power conditioner

圧変動補償装置（RPC）が2002年（平成14年）に東北新幹線新沼宮内変電所および新八戸変電所（154 kV受電）で実用化され，その後，東海道新幹線の6か所の変電所で設備されている。

図2.35は新沼宮内変電所のRPCのインバータ盤の外観である。

図2.35 RPCのインバータ盤(5 MV·A+5 MV·Aの2セット)

d. 電圧降下対策 ATき電回路の電圧降下対策としては，電圧調整用変圧器のタップ（0, 2 400, 4 800 V）をサイリスタで制御する，き電電圧補償装置（a.c. line voltage regulator, ACVR）が，1971年（昭和46年）に鹿児島線佐敷ATP（AT post）および阿久根き電区分所（sectioning post, SP）に採用された。それ以降，在来線において電圧降下対策として用いられている。

しかし，ACVRは力率を改善できないこと，電車線路に無加圧のセクションが必要なことから，その後，他励式SVCをき電回路末端に設備して，き電回路全体の電圧降下を補償するSP-SVCが開発された。

SP-SVCは東海道新幹線のき電区分所で，1992年（平成4年）から連続制御方式が順次実用化された。一方，列車本数が少ない線区では段制御方式が損失が少なく有利であることから，1992年（平成4年）に鹿児島線袋駅に設備され，その後，山陽新幹線，秋田新幹線などに用いられている。SP-SVCは，高力率のPWM制御電車の導入により，一部の線区で使用を停止している。

e. 静止形周波数変換装置 東海道新幹線では，50/60 Hzの周波数変換は回転形FC（rotary frequency changer, RFC）で行っていたが，回転形は機械的損失があるため，電源増強に伴いインバータを用いた60 MV・A（30 MV・A×2）の自励式三相静止形周波数変換装置（electronics frequency converter, EFC）の開発が行われ，2004年（平成16年）に周波数変換変電所で運転を開始し，回転形と並列運転が行われている。その後，単相静止形FCも開発され，2009年（平成21年）から，沼津地区でき電回路と並列に用いられている。

（3） き電回路故障に対する保護継電方式[11] き電回路で故障が発生したときは，ただちに故障を検出して故障電流を遮断する必要がある。故障の検出には変電所からインピーダンスを検出して，故障を検出する距離継電器（44F）を用いている。距離継電器は1957年（昭和32年）の交流電化当時は，電磁形を使用して**図2.36**に示すように，保護領域は円特性と直線特性を組み合わせていた。その後，1964年（昭和39年）頃からトランジスタ静止形が開発されて**図2.37**に示すように，保護領域は平行四辺形特性となり，東海道新幹線などに用いられた。さらに，1968年（昭和43年）から電化されるすべての線区

図 2.36 電磁形距離継電器　　**図 2.37** 静止形距離継電器

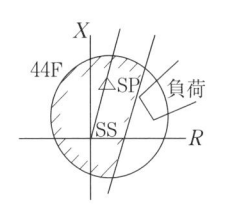

SP：き電区分所
SS：変電所
R：抵抗
X：リアクタンス
ϕ：整定角

に静止形が適用された。

　一方，負荷の増加に伴い，距離継電器の後備保護（バックアップ）として動作原理が異なる，交流 ΔI 形故障選択継電器（50F）が開発された。交流 ΔI 形継電器は故障電流の変化分は負荷電流の変化より格段に大きいことから，故障を選択検出する方式である。1977 年（昭和 52 年）に東海道新幹線で実用化されて，その後，交流区間で距離継電器とともに主保護として用いられている。

　また，交流回生車の導入に伴い，細かな保護領域の整定や負荷時に保護領域を小さく変更ができるディジタル継電器の開発が行われ，1992 年（平成 4 年）に東北線および鹿児島線に導入された。ディジタル継電器は距離継電器と交流 ΔI 形継電器のほか，不足電圧継電器や過電圧継電器などの要素が実装された交流き電線保護継電器として，現在の標準保護装置となっている。

　故障が発生したときにすみやかに故障点を標定することは，事故復旧時間を短くするために重要である。故障点標定装置（ロケータ）は，1965 年（昭和 40 年）に東北線でインピーダンスを計測して故障点を標定するインピーダンス計測方式が実用化された。しかし，インピーダンス計測方式では故障点の抵抗分による誤差が発生するため，東海道新幹線（BT き電方式）では，1970 年（昭和 45 年）から，平行四辺形特性の距離継電器を 5 個組み合わせたリアクタンス方式の 44FL が用いられた。その後，在来線の BT き電回路用に 100 段階のリアクタンス計測方式ロケータが開発され，1971 年（昭和 46 年）に奥羽線青森～秋田間に用いられ，その後の標準方式となり，標定精度が向上している。

　一方，AT き電回路では，リアクタンスが距離に比例しないため，故障点の両側の AT 中性点の電流（吸上電流）が，故障点までの距離に反比例すること

を利用した AT 吸上電流比方式ロケータが開発された。1975 年（昭和 50 年）に山陽新幹線岡山〜博多間の開業で，1979 年（昭和 54 年）に日豊線南宮崎〜隼人間で実用化され，その後の AT き電回路のロケータの標準方式となっている。

2.4　電　車　線　路

電気車の動力である電気エネルギーを電気車の外部から供給する方式が「外部電源方式」であり，外部電源方式により運転されている鉄道を「電気鉄道」と称している。最近の LRT（light rail transit）などで開発されている，蓄電池や燃料電池を車両に搭載して電気運転が行われる方式でも，このようなシステムは「電気鉄道」とは呼ばない。電気鉄道において，電気車が走行中に沿線の地上電気導体から電気エネルギーを受けることを集電という。電気鉄道では，外部電源方式のため，車両走行路のほかに，地上電気導体で構成される電気の供給路が不可欠となっている。電気車には**表 2.10** に示すような集電装置が設けられ，地上電気導体も集電装置に対応した構成の設備が設けられている。

表 2.10　接触集電方式のおもな種類

集電方式	地上電気導体	車上集電装置
転がりによる集電	① 直接吊架式電車線	トロリポール
摺動による集電	② 直接吊架式電車線	・ビューゲル ・パンタグラフ
	③ カテナリ吊架式電車線	
	④ 剛体電車線	
	⑤ 第三軌条	集電靴

最初に集電が行われたのは，1879 年にベルリン勧業博覧会で運転された電気機関車であり，300 m の円形軌道で直流 150 V の電圧を使用し，レールの中央に設置された第三軌条方式によるものである。表 2.10 は接触集電方式の種類を示しており，①〜⑤ のうち，以下，2.4.1 項では架空集電方式として分類できる ①〜③ までの集電方式を，2.4.2 項では剛体集電方式として分類できる ④ と ⑤ について述べる。

2.4.1 架空集電方式

（1） 海外における初期の架空集電方式　1879年以降の電気鉄道は，第三軌条あるいは両側のレールを＋，－で使用した集電方式であったため，感電の危険性があった。この危険性を除去するため，米国のフランク・J・スプレーグが1888年に営業したリッチモンドの路面電車で，軌道の上に架設した架空電車線に，下方の車両より，ばねの力で集電器を押し付ける図2.38に示すトロリポールを適用した。この架空電車線は，直接吊架式電車線であり，トロリポールがトロリ線にころがり接触することにより集電を行った。ころがり接触であるため大電流を流すことができず，低速小電流集電であった。そのため，ヘッドがホイールから図2.39のしゅう動式のものに変更された。路面電車ではしゅう動式が数十年にわたって使用された。近年では，正負のトロリポールを使用するトロリバスに使用されている。

図2.38　ホイール付きのトロリポール[12]

図2.39　しゅう動式のヘッド[13]

直接ちょう架式電車線は，直ちょう架線とも呼ばれており，図2.40に示すように支持点間をトロリ線だけで構成する電車線である。図に示すように弛度が大きいため高速運転には適さない。現在では，支持点においてロッドなどを

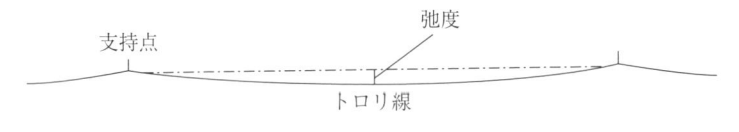

図2.40　直接ちょう架式電車線

使用してトロリ線を三角形につり上げた直接ちょう架式電車線が，日本では電流容量が小さい速度 85 km/h 以下の線区で使用されている。

その後，欧州でトロリポールの研究が行われ，1890 年にトロリ線の横方向の移動に対応できる図 2.41 のビューゲルが開発された。トロリ線とのしゅう動部分の幅が広く，トロリポールのようにトロリ線から外れる問題がなくなった。しかし，このビューゲルの構造はパンタグラフを簡略化したものであり，ビューゲル先端の高さの変化に対する押上げ力の変化が大きく，電車線の高低差が大きい場合や高速集電には不向きであり，走行方向も片方向に限られていた。このビューゲルはその後，多くの路面電車で使用されている。

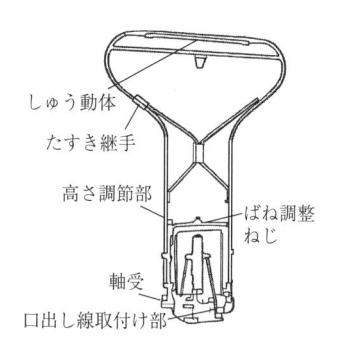

図 2.41 ビューゲル[12]

(2) 低速用の架空電車線

a. 各種電車線路　わが国における電気鉄道は，1890 年（明治 23 年），上野で開催された第 3 回内国勧業博覧会における電車運転が最初である。営業運転としては，1895 年（明治 28 年）開業の京都電気鉄道である。両方式とも直流 500 V を加圧し，トロリポールと 1 本の直接ちょう架式電車線を使用した架空単線式の集電であり，京都では直径 3 分（9.52 mm）の硬銅線をトロリ線として使用していた。

当初は，京都電気鉄道のように帰線としてレールを使用する架空単線式で建設されていたが，電食や誘導障害の発生により，1895 年（明治 28 年）7 月以降，帰線にレールを使用しない架空複線式となった。国鉄による初めての電車線は，1906 年（明治 39 年）に甲武鉄道を買収した御茶ノ水〜中野間の架空複

2.4 電車線路

線式である。正負の 2 本の直接ちょう架式電車線を架設し，車両は正負二つのトロリポールを使用した。しかし，架空複線式は建設コストが高く電車運転と保守の面でもデメリットが多いため，逓信省の架空単線式電車線と帰線回路の研究により，1911 年（明治 44 年）の電気事業法施行に伴う電気工事規程で，バラストとまくらぎを用いた専用軌道については緩和された。これにより，1911 年（明治 44 年）に南海鉄道が日本で初めて架空単線式のシンプルカテナリ式電車線を導入した。これ以降，専用軌道を持つ電気鉄道の電車線が単線式で建設されるようになった。しかし，上記以外の路面電車などでは，1945 年（昭和 20 年）頃まで複線式の電車線が用いられた。

　一般的に電車を運転するためには，トロリ線の弛度を小さくし，支持径間を大きくするため，別にちょう架線を張り，この線でハンガによりトロリ線をつるという電車線方式が考案された。このちょう架線の形状がカテナリ（懸垂曲線）をなすため，カテナリ式電車線と呼ばれている。**図 2.42** のように，各電線が 1 本ずつで構成される電車線をシンプルカテナリ式電車線という。

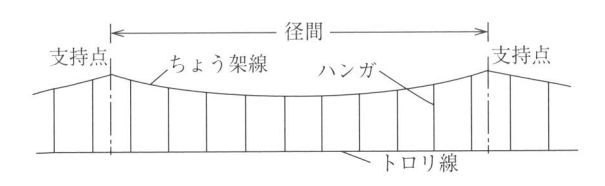

図 2.42 シンプルカテナリ式電車線

　電車線のレール面上高さは，パンタグラフの有効作動範囲などから 5 m 以上，5.4 m 以下としている。標準高さは英国の約 17 フィートから 5.2 m としていたが，現在では最低高さに電車線の弛度 0.1 m の余裕をみて 5.1 m としている。

　国鉄では，1914 年（大正 3 年）に初めてのカテナリ式電車線が京浜線の電化に導入された。東京～品川間に導入されたのがドイツ式の**図 2.43** に示すコンパウンドカテナリ式電車線で，品川～横浜間には米国式のシンプルカテナリ式電車線が架設された。コンパウンドカテナリ式電車線は，ちょう架線とトロリ線の間に補助ちょう架線を入れ，この線を使用してトロリ線の高さをより均

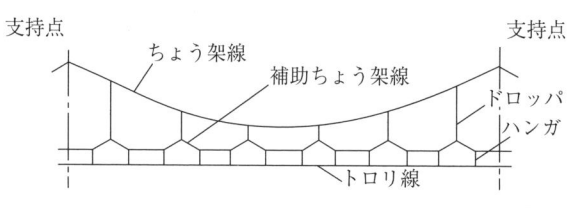

図2.43 コンパウンドカテナリ式電車線

一にし，下からトロリ線を押上げたときのばね定数を，径間内でより均一化し，速度特性を向上させた電車線である。

図2.44に示すのは変形Y形シンプルカテナリ式電車線である。この電車線も支持点近傍にY線を挿入し，支持点近傍を柔らかくすることにより，径間内のばね定数の一様化を図ったものである。この電車線も速度特性が良いが，わが国においてはY線近傍の保全が難しいことと，台風などの強風により支持点近傍のトロリ線の押上げ量が大きくなることにより，現在はほとんど使用されなくなっている。

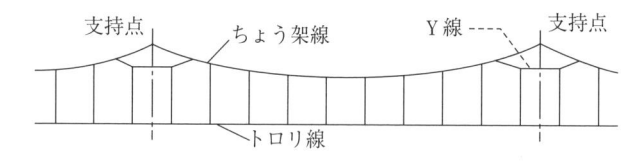

図2.44 変形Y形シンプルカテナリ式電車線

これまで紹介した電車線は，すべてちょう架線とトロリ線とのなす面が垂直であるため垂直式と呼ばれるが，この面が傾斜した斜ちょう式電車線もある。この面が斜めのため，電車線全体としてのパンタグラフが押上げる方向のばね定数が柔らかく，線路のカーブ区間でも傾斜ハンガを用いて直線区間と同様に，カーブ区間としては大きな径間とすることができ，支持物の数を節約できる。

b. パンタグラフ　　一般に使用されている各種パンタグラフの形状を図2.45に示す。1914年（大正3年）の京浜線より，わが国の電車に初めてパンタグラフが搭載された。搭載されたのは米国GE（General Electric）社製の菱形パンタグラフであり，舟体の部分がころがり接触式のローラ形舟体であっ

2.4 電車線路   69

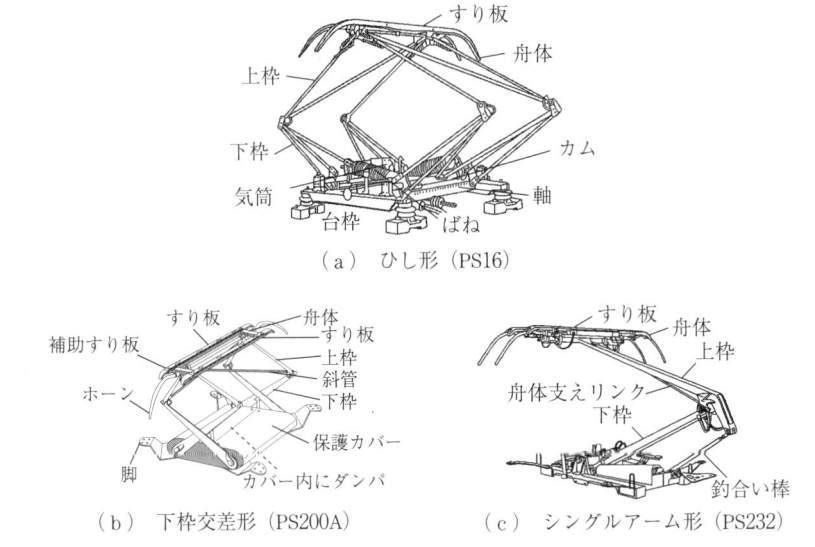

(a) ひし形 (PS16)

(b) 下枠交差形 (PS200A)　　(c) シングルアーム形 (PS232)

図 2.45　パンタグラフのおもな形状

た．しかし，このローラ形舟体は心棒や軸受の加熱による事故の発生が多く，最終的にはすり板を搭載したしゅう動方式のパンタグラフに改良された．

　当初はパンタグラフの自重をおもりでトロリ線に押上げていたが，その押上げ力にばねが使用されるようになり，図 2.46 に示すように，現在は 3 質点モデルを用いたパンタグラフが高速域で使用されており，トロリ線と接触する一

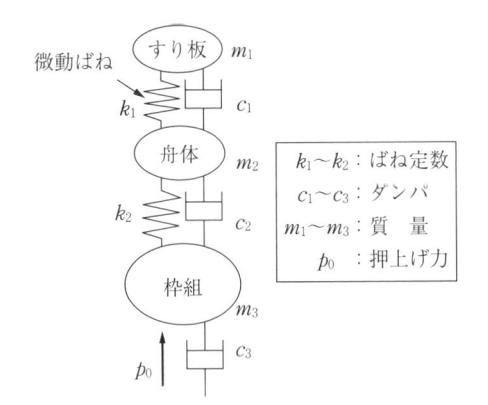

$k_1 \sim k_2$：ばね定数
$c_1 \sim c_3$：ダンパ
$m_1 \sim m_3$：質　量
p_0：押上げ力

図 2.46　パンタグラフの 3 質点モデル

番上のばね上質量（すり板）を小さくすることが，高速走行に対する必要十分条件となっている。

　下枠交差形パンタグラフは折りたたみ状態の枠組長をひし形の約2分の3に短くできる。新幹線0系電車用に開発され（図2.45(b)），その後，屋根上機器が多い電気車などに用いられている。シングルアーム形（Z形）パンタグラフは，路面電車用の簡単なものと，欧州で使用される高速大容量のものがある。わが国においても在来鉄道向けに，1990年（平成2年）頃から軽量化と保守の軽減を目的にシングルアーム形パンタグラフが開発された（図2.45(c)）。上枠と下枠が1本で構成され，雪に強い特徴がある。最近の新製車両ではシングルアーム形パンタグラフが主流になっている。

c．き電ちょう架式電車線　　1990年代に入って，部品数が少ない点に注目し，よりメンテナンスフリーで長寿命な電車線として鉄道事業者が導入しているのが，き電ちょう架式電車線[14]である。き電ちょう架線には，ちょう架線として一般的に20～30年使用されている亜鉛めっき鋼より線ではなく，電気を通しやすく50年程度以上の寿命を持つ硬銅より線などを使用している。き電ちょう架式電車線とは，**図 2.47**に示すように電車線に平行に架設されているき電線がなく，トロリ線をつっているちょう架線が，き電線を兼ねている電車線である。外観上は，ちょう架線がき電線のように太くなった電車線で，以前は，き電線を設けるスペースがない断面積の小さいトンネル内を電化すると

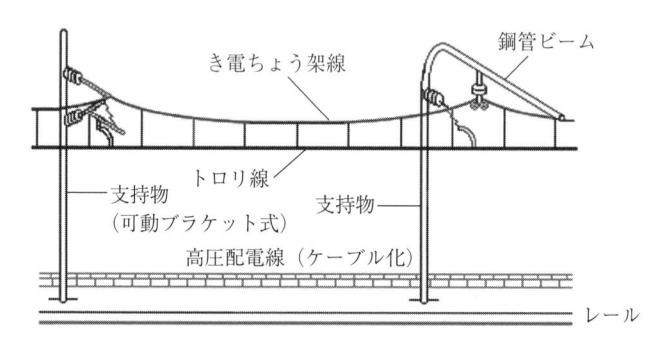

図 2.47　き電ちょう架式電車線

きに，狭い空間に電車線を設置するため，上下方向の寸法を小さくして，パンタグラフによる押上げ量を小さくする目的で使用されていた．

このき電ちょう架式電車線は，従来の電車線システムより部品点数を減らすことができる．その結果，建設コストと保全コストが安く，かつ高圧電気が流れる部分が狭くなっていることから安全性が高いという理由により，最近では各鉄道事業者でさかんに導入されつつある．さらに，最高速度160 km/hに対応したき電ちょう架コンパウンド架線が，2010年（平成22年）に成田高速鉄道アクセス線と成田空港高速鉄道線で実用化されている．

（3）**高速用電車線** 1960年（昭和35年）～1961年（昭和36年）に，東海道線藤枝～島田間と東北線宇都宮～岡本間で速度175 km/hまでの高速試験が行われた．検討対象であった4種類の電車線の現車試験の結果，**図2.48**の合成コンパウンドカテナリ式電車線が最も集電性能が良く，1964年（昭和39年）に開業した東海道新幹線の電車線として採用された．

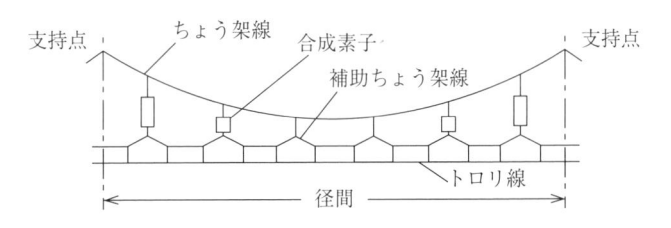

図2.48 合成コンパウンドカテナリ式電車線

合成コンパウンドカテナリ式電車線は，コンパウンドカテナリ式電車線にばねダンパ素子（合成素子）を挿入した架線構造であり，各ハンガ点のばね定数が均一になるように考案された電車線である．この合成素子のダンパは，架線振動を吸収する効果があり，多数パンタグラフの集電系に向いていたため，当初の東海道新幹線の電車線として採用された．

新幹線の電車線のレール面上の標準高さは，パンタグラフの折りたたみ高さが4.5 mに，絶縁離隔距離が0.3 mと，高低差を考慮して5 m±0.1 mとしている．

東海道新幹線の開業に合わせて開発されたパンタグラフが図2.45（b）の下

枠交差形パンタグラフである。下枠交差形のものはパンタグラフの占有スペースがひし形に比べ小さく，新幹線の電車線の高さをできるだけ均一にしてパンタグラフの追随範囲を小さくした小型で特性の良いパンタグラフに向いた構造であった。その後，新幹線の高速化が進展し，東海道新幹線の開業時に210 km/hであった最高速度が，1992年（平成4年）に270 km/hに向上した。新幹線の騒音を下げるため，より部品数の少ないパンタグラフが望まれ，それに適したシングルアーム形パンタグラフが1997年（平成9年）に開発された。現在の新幹線のすべてのパンタグラフはシングルアーム形である。

　その後，1972年（昭和47年）に開業する山陽新幹線新大阪〜岡山間の架線構造を検討するとき，東海道新幹線で合成コンパウンドカテナリ式電車線の振動変位が大きいことと，強風時には風による変位とパンタグラフによる変位が重畳することによって，押上げ量が100 mm以上になり，事故に進展しやすいことが指摘された。この欠点は，電車線の総張力（各電線の張力の和）を上げることにより解決できる。総張力を上げた場合は電車線の変位が小さくなり，合成素子の必要性がなくなる。コンパウンドカテナリ式電車線の各電線を太くし，それぞれの張力を上げたヘビーコンパウンドカテナリ式電車線が開発された。

　架線性能を向上させる有効な手法の一つは，できるだけ軽いトロリ線をできるだけ強い力で引っ張ることである。これにより，新幹線のような高速走行時に，パンタグラフがトロリ線から離れる離線を少なくすることができる。このため，最初に強硬度のトロリ線として開発されたのが，CS（copper clad steel）トロリ線である。鋼と銅を組み合わせた複合トロリ線で，中心部の鋼が強度を，周囲の銅が電流容量を負担している。このCSトロリ線を用いたCSシンプルカテナリ式電車線は，1997年（平成9年）開業の北陸（長野）新幹線に導入された。

　近年は地球温暖化やリサイクルなどの環境に対する社会的関心が高まっており，鉄道設備も環境保全や環境負荷の軽減に配慮することが必要で，電車線設備においてはトロリ線摩耗の低減による張替え周期の延伸やリサイクル性に優

れた材料の採用などが求められている。このため，高速性能のほかに，環境にやさしい電車線として開発され，2010年（平成22年）の東北新幹線八戸～新青森間に導入されたのがPHCシンプルカテナリ式電車線である。この電車線は，トロリ線として析出強化形銅合金（precipitation hardened copper alloy, PHC）トロリ線を使用している。このトロリ線はCSトロリ線と同等な機械的強度を持ち，電気的な特性が優れている。

2.4.2　第三軌条と剛体電車線方式[15)～20)]

（1）　電気鉄道は第三軌条式で誕生　最初の電気鉄道は，ドイツのジーメンスが1879年（明治12年），ベルリン勧業博覧会で軌間中央に敷設した，いわゆる第三軌条式の電車線に直流150Vを給電し，電気機関車でけん引して実現された。電車線はレール形状ではなく，図2.49に示すミュンヘンのドイツ博物館の展示からは，地上に置かれた棒状の剛体電車線ともいえるが，剛体集電であった。

図2.49　第三軌条の誕生
　　　　　（小山　徹　撮影）

　当初，第三軌条式で始まったジーメンスの電気鉄道は，露出した地表の電車線が人畜に対して危険な存在であり，それが除去されるのは1880年代後半に実用化された米国のフランク・J・スプレーグによる架空電車線式からである。
　もちろん，地表の第三軌条ないし剛体電車線を路下に埋設した暗渠に収容して，路面の溝から集電器を挿入し集電する暗渠方式も考案されていた。また，架空電車線式による集電も，当初は溝切り金属管もしくは平行金属棒2条の，

内部か上部を車両に引かれて走行する小型集電台車の自重接触による架空剛体集電とされ，電車線の支持方法や車両の運転速度などに種々の制約があった。

スプレーグは，軌道の上方に架設した電線へ，重力とは逆に下方からばねで集電装置を押し付ける方法によって上記の制約を解消したのである。

（2） 第三軌条式が確立されるまで

a. 防護板なし上面接触式第三軌条　防護板がない上面接触式第三軌条は，形材の電車線が露出した状態のまま軌道の脇ないし内側に敷設され，その形材上面を集電靴と呼ぶ集電装置が自重で押付けられてしゅう動集電する方式であり，まずロンドン地下鉄で確立された。

1863年に開通したロンドン地下鉄は，世界最古の地下鉄とされているが，郊外の既設蒸気鉄道が都市内の地下に乗入れた Metropolitan 線の一部であり，当初は蒸気機関車が客車をけん引していたが，1905年に第三軌条方式で電化された。以下，①〜④にロンドン地下鉄の各路線について紹介する。

① Sub-surface（サブ・サーフェース）と呼ばれる浅い地下鉄道は蒸気運転からの電化で，District 線とともに，都心部分で環状線を形成する Circle 線になっている。

② Tube（チューブ）と称する深い円形断面の地下鉄道は，最初，1870年に開業したケーブル式軌道で，短期間で廃業したが，テムズ川底横断を目的としていた。

③ 1890年に開業した地下鉄道は，軌間中央式の500 V 第三軌条で，電気機関車けん引であった。後に大改造され，現在，ロンドン地下鉄 Northern 線の一部分となっている。

④ 1900年開業の Central 線は，市街中央を東西に走るチューブ地下鉄であったが，やはり550 V 導電形材を軌間中央第三軌条とした電気機関車けん引で，後に電車に変更される。南北方向のチューブ地下鉄は1906年開業の Bakerloo 線である。

なお，ロンドンではチューブ形トンネルの電食防止を理由に第四軌条を敷設しており，1917年までは軌間中央が第三軌条で正，側方が第四軌条で負と，

図 2.50 ロンドン地下鉄の第三・第四軌条
（アクトン検車区・1966 年，小山 徹 撮影）

逆極性であった．**図 2.50** はロンドン地下鉄の線路と第三・第四軌条である．

かくしてロンドンの各地下鉄線が誕生し，1924 年に先述の Northern 線が再開通，1939 年に Central 線のトンネル拡大で，標準方式である第三・第四軌条化が完了した．

b. 防護板付き上面接触式第三軌条　　防護板がある上面接触式第三軌条は，ニューヨーク（1904 年），東京（1927 年／昭和 2 年），大阪（1933 年／昭和 8 年），名古屋（1957 年／昭和 32 年），札幌（1971 年／昭和 46 年），横浜（1972 年／昭和 47 年），および北欧のストックホルム（1950 年）で採用されており，防護板と第三軌条の間に集電靴を入れる構造とされた．

開通年の古いロンドン（1905 年に電化のサブ・サーフェース路線，1890 年からのチューブ路線），パリ（1900 年），米国のシカゴ（1892 年）とボストン（1897 年）などは，小断面トンネルに敷設可能で，第三軌条上面を集電靴が自重で押し付け集電する防護板なしの上面接触式のままであり，集電靴の構造はパンタグラフに似ている．

なお，わが国最初の東京地下鉄道は，1927 年（昭和 2 年）に浅草〜上野間，1934 年（昭和 9 年）には新橋まで，東京高速鉄道が 1939 年（昭和 14 年）に渋谷〜新橋間を開業したが，1941 年（昭和 16 年）に公共企業体としての帝都高速度交通営団法が設立され，両社線を吸収した．1960 年（昭和 35 年）に東京都交通局も路面電車の廃止を考慮して，都営地下鉄として参入することに

なった。2004年（平成16年）に交通営団は，国と都を株主とする特殊会社，東京地下鉄株式会社（愛称，東京メトロ）に改組されている。

図2.51は東京地下鉄の上面接触式第三軌条である。

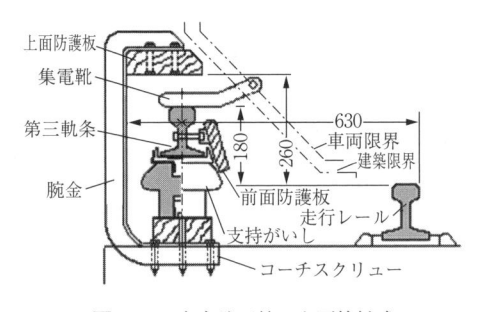

図2.51 東京地下鉄の上面接触式第三軌条〔単位：mm〕

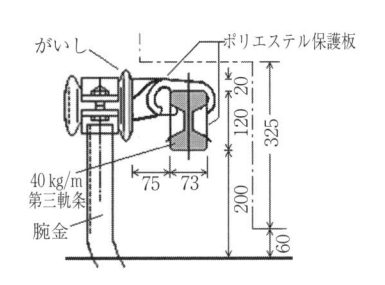

図2.52 オスロ地下鉄の下面接触式第三軌条〔単位：mm〕

c. 剛体の電車線を走行レール近傍に敷設した下面接触式第三軌条　第三軌条の下面を，架空電車線のように集電装置がしゅう動集電する方式である。支持物が若干複雑になるものの，防護板の取付けができて，人畜への感電事故のみならず，電車線しゅう動面への積雪被害も防護可能な構造にできる。

ベルリン（1902年），ハンブルク（1912年），ミュンヘン（1971年）などのドイツの地上線がある地下鉄や，北欧で冬季に湿った海風が吹くオスロ（新線1966年），ヘルシンキ（1982年），コペンハーゲン（2002年）では，ストックホルムの上面接触式に対して，下面接触式を選択している。図2.52はオスロ地下鉄の下面接触式第三軌条である。

わが国では，直流600V下面接触式の第三軌条が1912年（大正元年）〜1963年（昭和38年）まで，国鉄最初の電化区間でもある寒冷地山岳線でトンネルの多い信越本線碓氷峠のアプト式区間に使用された。

（3）　剛体集電による地下鉄路線の先駆者　1896年にハンガリーのブダペストで，第三軌条式の電気機関車によるけん引ではなく，架空電車線の市街電車形車両を使用した地下鉄3.75kmが開業した。これは電車による世界最古の地下鉄で，今日でも架空剛体電車線式による1号線として活躍している。

また，1928 年以来，図 2.53 に示す 600 mm² で小断面軌条形の T 形銅材剛体電車線をトンネルの天井に取付け，パンタグラフで剛体集電していたオスロの古い地下鉄ホルメンコル線も挙げられる．この設備は，1966 年に開業の市営地下鉄と，同一方向，同一プラットホーム乗換えの接続から相互直通乗入れに改良された時点で，後者の電車線方式である直流 750 V 下面接触式の第三軌条に変更されている．

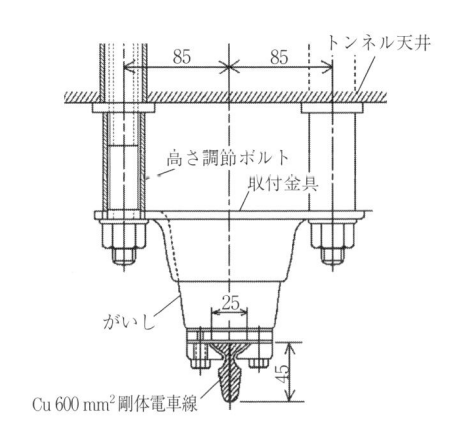

図 2.53 オスロ旧地下鉄の銅材剛体電車線〔単位：mm〕

（4） 本格的な剛体電車線の試験　剛体電車線は集電装置が接触する電車線であり，き電線でもある導電形材を地下鉄トンネル天井に碍子で支持して，パンタグラフでも集電可能にした架空第三軌条で，郊外電鉄に直通する交通営団の地下鉄日比谷線用として開発された．

a．剛体の電車線である第三軌条自体の試験　1959 年（昭和 34 年），交通営団で試験用の集電靴を高抵抗接地し，電磁オシログラムと計数管により離線時間で集電性能を計測，コイル内の鉄心の上下動をインダクタンスの変化量として集電靴の振動を記録した．第三軌条の凹凸は，2.5 m 支持で 10 mm 許容，パンタグラフの剛体集電では，5 m 支持で 5 mm の凹凸を許容して，離線率は 70 km/h で 1 ％であった．

集電装置の等価質量 M と押付け力 P の比，すなわち，集電装置の良さ (P/M) を変えた試験により，パンタグラフによる剛体集電の性能は速度 v の 2 乗分

の1になり、電車線凹凸波長λの2乗と高さaの比 (a/λ^2)、いわば、「電車線の良さ」によることを、現用の第三軌条と集電靴で実証することもできた。

　b. 試験用剛体電車線　　試験用電車線は、交通営団4号線（丸ノ内線）に仮設したL65×65×5等辺山形鋼下面に、110 mm^2 トロリ線を500 mmごとにイヤーで固定した「試-1形」と、トロリ線2条を山形鋼に1 m間隔で交互にちょう架する構造の「試-2形」であったが、パンタグラフ搭載作業車による離線率計測の結果、後者では山形鋼が支持物化して、イヤー固定点での直接ちょう架式になり、性能は低く離線率が増加した。なお、地下鉄は、建設中は東京都市計画路線網の第4号線と呼ぶが、営業すると丸ノ内線と称している。

（5）　**剛体電車線改良の実施経過**　　1961年（昭和36年）3月に部分開通した交通営団2号線（日比谷線）南千住〜仲御徒町間の剛体電車線は、試-1形の設計思想に基づいた剛体電車線「2-1形」とされた。

　第三軌条と同材質のT形鋼、T125×120×10 mm（公称断面積3 500 mm^2）にトロリ線（110 mm^2）を幅30 mmのイヤーで1 mごとに固定した構造として、250 mm懸垂がいしと取付け金具を用い、トンネル天井下面に5 m間隔で支持した。I形鋼をガス切断したT形鋼では、切断面に不整・ひずみを生じ、トロリ線と形材間に空隙ができて、電車線硬さの一様性が得られず、離線して摩耗する箇所があり、のちに改良された。

　そこで、精密な断面形状が得られ、かつ軽量で導電率の高いJIS耐食アルミ合金押出形材第7種によるT形材（180×80×8 mm）で、公称断面積が1 900 mm^2 の剛体電車線「2-2形」が1962年（昭和37年）5月開通の日比谷線仲御徒町〜人形町間から採用された。さらに、T形材側面に突起を連続して設け、突起の上斜面にイヤーの一端を載せ、イヤーのボルトを締めることでイヤーを上にずれさせ、トロリ線が引き上げられて形材に密着する構造が考案された。また、小弧面の曲率が大きいため形材との馴染みが良く、初期摩耗の少ない梯形トロリ線をしゅう動接触材に使用、⊐形断面の長さが995 mmの押出し形材で、連続的に両側から挟む長イヤー把持に改良した。この剛体電車線「2-3形」は日比谷線東銀座以遠の区間に採用された。

2.4 電車線路

剛体電車線の集電性能を向上させるということは，剛体電車線を完全な「剛体」にすることであり，より高精度の施工を可能にすることにほかならない。線材を形材にイヤーで不連続固定する初期の方式は，集電装置のしゅう動に際して線材に微小な振動が生じ，離線と局部摩耗の現象が繰り返される。形材の製作不良，溶接部のひずみ，しゅう動接触材の取付け不良などが，電車線の「硬さ」と「高さ」の一様性を阻害し，上記の現象を助長する。剛体にトロリ線を架線しただけの「剛体架線」は「剛体電車線」ではない。電車線は形材か，線材と形材の複合体であっても一体化され，ばね作用のない剛体であるのが剛体電車線である。

1964年（昭和39年）12月に部分開業した交通営団5号線（東西線）から，形材断面積を2100 mm^{2}に増し，しゅう動接触材トロリ線も110 mm^2×2条にした図2.54に示す剛体電車線「5-1形」が登場した。形材にも連続した溝を切り込んで，「長イヤー」によりトロリ線の溝とかみ合わせることで，しゅう動接触材と形材との完全連続一体化を意図している。

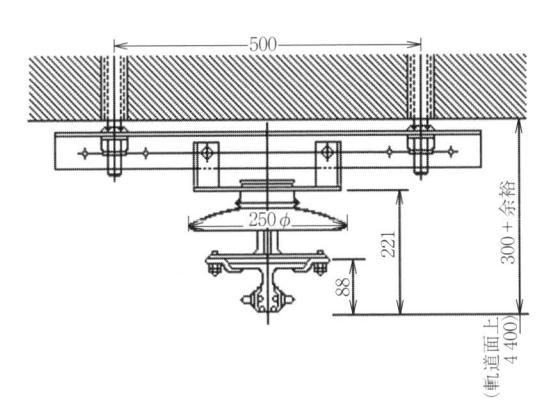

図2.54 交通営団の地下鉄の剛体電車線（5-1形）〔単位：mm〕

現在，この方式が地下鉄の標準剛体電車線とされ，東京地下鉄のほか，国内外の諸都市でも採用されている。東京地下鉄では「5号線形」と称しているが，9号線（千代田線），8号線（有楽町線），11号線（半蔵門線）にも使用している。

1991年(平成3年)11月に部分開通した7号線(南北線)からは,2100 mm^{2}でも銅換算で1100 mm^{2}と導電率が高いアルミ合金形材に変更,しゅう動接触材トロリ線も断面積170 mm^{2}の1条とした方式が登場,2003年(平成15年)3月,押上へ延伸した半蔵門線,2008年(平成20年)6月に渋谷まで開業した13号線(副都心線)にも使用され,「7号線形」と呼ばれている。

(6) **剛体電車線の集電装置** 形材の電車線では,それ自身にばね作用がないので,追随特性を集電装置に依存している。したがって,集電装置も等価質量を極力小さくした構造のパンタグラフにし,復元ばねで支えられた舟体の上に,さらに小ばねでしゅう板を弾性支持,剛体電車線の微小な高低変化に追随できる構造にしている。

すでに丸ノ内線の仮設剛体架線試験でも,XPS18Aパンタグラフは小ばね上の質量を3.4 kgにしてあり,実用のPT43Fパンタグラフでは3.0 kgにされていた。集電装置の押付け力も可及的に大きく設定することが望まれ,当初,PT44Aパンタグラフでは,**図2.55**(a)に示すように地上の架空電車線には54 N(5.5 kgf),地下の剛体電車線には98 N(10 kgf)になるように,電車線の設備高さが5200 mmから4400 mmへ変化することによって自動的に切り替える機構を装備していた。しかし,電車線しゅう動面の均斉度が向上して,しゅう板の弾性支持改良により,地上・地下とも59 N(6 kgf)の押付け力が可能となった。

すべての地下剛体電車線高さは4400 mm,日比谷線はパンタグラフ折りたたみ車両高さが4000 mmで,パンタグラフ作用の高さは400 mmであったが,東西線以降,パンタグラフ折りたたみ車両高さが4150 mmとなるものの,パンタグラフの作用高さを250 mmとすることができて,剛体電車線の高さ4400 mmは変わっていない。

(7) **日本各地での剛体電車線導入例**

a. 第三軌条鋼による剛体電車線 交通営団の日比谷線に続き,1963年(昭和38年)に完成した大阪の京阪電鉄淀屋橋地下延長線1.6 kmに,関西で

2.4 電車線路　　81

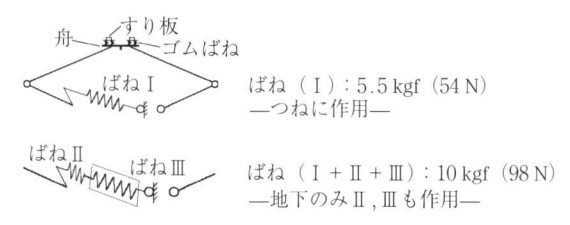

（a）PT44A 形パンタグラフの主ばねと補助ばね

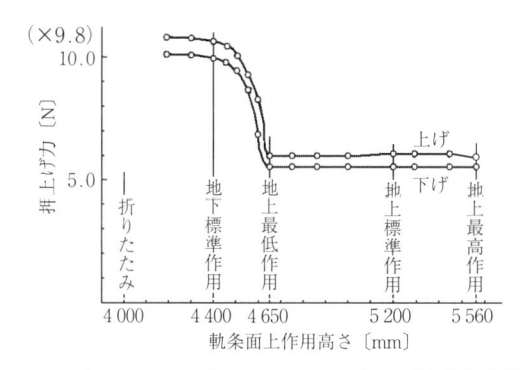

ばね（I）：5.5 kgf（54 N）
—つねに作用—

ばね（I + II + III）：10 kgf（98 N）
—地下のみ II, III も作用—

（b）PT44A 形パンタグラフの押上げ力特性曲線

図 2.55　日比谷線車両のパンタグラフ押上げ力自動変更機構

最初の鉄剛体電車線が導入された。1989 年（平成元年）開業の鴨東線 2.3 km を含む京都地下線 5.0 km と，2008 年（平成 20 年）開業の中之島高速鉄道線 3.0 km は，アルミ剛体電車線になった。

b．アルミ合金押出形材などの剛体電車線の関西での採用　　剛体電車線の関西での採用は，最初の「神戸地下鉄」ともいえる 1968 年（昭和 43 年）開業の神戸高速鉄道東西線である。「営団 5-1 形」のアルミ剛体電車線を 2 040 mm^2 にして，しゅう動接触材は 110 mm^2 硬銅トロリ線 1 条を使用，高速神戸駅と新開地駅の構内間に約 3 000 m 敷設した。1976 年（昭和 51 年）から順次開業した神戸市営地下鉄西神線と山手線および海岸線も，前二者はアルミニウム，後者は銅で，1997 年（平成 9 年）開業の JR 西日本・東西線も銅の剛体電車線を使用している。

c. 交流電化区間の剛体電車線 交流電化区間では，1968年（昭和43年）に 50 Hz・20 kV で電化された国鉄仙山線の作並～山形間（直流電化は1960年）に剛体電車線がある。狭小トンネルの高さが改修困難で，作並トンネルと大原トンネルに剛体電車線が採用された。支持物は特別注文の，高さが 400 mm，表面漏洩距離が 1 200 mm の懸垂支持がいし，交通営団形の 1 900 mm^2 アルミ合金形材としゅう動接触材の硬銅トロリ線 110 mm^2×1 条で構成された。

d. しゅう動接触材のトロリ線がない剛体電車線 1976年（昭和51年）に部分開業の札幌市営地下鉄東西線は，1971年（昭和46年）に誕生した南北線同様，ゴムタイヤ走行で他線との相互直通乗入は考慮の必要がなく，南北線の第三軌条を小型軽量化してトンネル天井につる方式で導電鋼の剛体電車線式にすることで，単一導体の剛体電車線化を目指した。しかし実際は，15 kg/m 導電鋼レールを用いた剛体電車線材の電気的断面不足を補うために，レールのウェブ両側にアルミニウムのバーを抱かせており，1988年（昭和63年）開業の東豊線でも本方式を改良して使用している。

都営地下鉄大江戸線 42.7 km は小断面トンネル，リニアモータ駆動の独立した路線で，1991年（平成3年）に部分開業した。大江戸線は地下鉄線内だけの集電装置が直接しゅう動する剛体電車線として，札幌市営地下鉄と同様に 15 kg/m の導電鋼レールを採用したが，銅バーを補助導電材としてウェブ両側に添えた複合導体になった。

欧州では，T 形断面でなくΠ（パイ）形断面のアルミ合金形材で，その脚部 2 本間に銅線を接触導体として一体にはめ込み，トロリ線は使用するものの，イヤーを不要にした剛体電車線も実現しているが，しゅう動接触材の局部摩耗箇所を補修するのに難点がある。わが国では，JR 東日本・篠ノ井線の断面が狭小な芝山トンネルで，全長 233 m が採用されているにすぎない。

3

鉄道車両の変遷

3章は日本の鉄道開業期から今日に至るまでの鉄道車両について,個々の車両の変遷,現代の主流を占める電気車の速度制御方式,そして台車と車体について技術史的視点から概説的に説明する。

3.1 車両の概説と技術的な変遷

3.1.1 鉄道車両の国内製造と標準化

現在,われわれが利用している鉄道車両のほとんどは「標準化された国産の量産車」で,その主役は電車と内燃動車(ディーゼル動車)である。標準化,国産化,電車化やディーゼル動車化はどのような背景と変遷をたどり今日に至ったのであろうか。以下にその事例を述べる。

(1) **国内製造への過程** 明治期の鉄道では,蒸気機関車が客貨車をけん引する機関車(動力集中)方式が幹線でも地方線区でも主流で,電気動力による電車は市内の路面電車か都市間連絡の電気鉄道(インターアーバン)に見られる程度であった。この時代に内燃動車はまだ登場してはいなかった。1872年(明治5年)の官設鉄道(官鉄),新橋〜横浜間開業時の車両143両(機関車10両,客車58両,貨車75両)はすべて英国製で,国内で組み立てられ,その保守作業や改造工事を通して日本人技術研修生の力量が徐々に向上していった。

明治政府が掲げた近代化政策のスローガン「富国強兵・殖産興業」の到達点は「国産化」にあり,これは鉄道車両においても同じであった。ここで「国産

化」とは，「素材などに輸入品を使っても国内において（日本人が）製品を製造すること，そしてその技術力（技術情報の習得と実務による技能体得の総合力）のこと」である．一般に，新技術を導入し，それを自国に定着させるためには段階的な過程が必要であり，蒸気機関車についてこれを記すと概してつぎの五つになる[1]．

（ⅰ）**第1段階**：新技術をシステムごと導入する段階で，日本の鉄道開業期（1870年代初期）がこれにあたる．海外の鉄道車両製造会社のカタログから機関車を半製品で輸入し，専門的知識と技術・技能を持つ外国人指導者のもとで組み立てて使用するもので，現場での組立や運転を通して日本人研修生が技術・技能を体得する技術導入の初歩段階である．機関車は運転により車体や部品の破損・摩耗が生じるため，保守・補修用部品の供給を目的に予備備品も余分に輸入する．

これ以降の段階では機関車製造にかかわる，① 製造計画，② 機構・部品設計，③ 部品製造，④ 組立・調整，の4工程で，日本人技術者がそれをどこまで担当できるかにより「国産化」の技術レベルがわかる．

（ⅱ）**第2段階**：専門的知識と技術・技能を持つ指導者のもとで機関車用機械部品の一部を国内製造し，比較的簡単な改造工事を行う段階で，これには1876年（明治9年）に行われた貨物用機関車から旅客用機関車への改造工事がある．しかし，高度な技術力を要する機関車の国内製造は，技術知識のほかに現場でのOJT（on the job training）方式による技能習得訓練と継続的研さんを積まなければ実現できなかった．

（ⅲ）**第3段階**：第2段階での経験をもとに，機関車の主要構成部品を外国製品に頼りながらも他の部品を国内製造し，それらを組み立てて完成させる段階であり，1893年（明治26年）に官鉄神戸工場で誕生した860形機関車がこの好事例である．

（ⅳ）**第4段階**：素材はもとより，部品と加工用工作機械を国内製造し，機関車を製造する段階である．主要素材としての鋼材は1904年（明治37年）以降，官営「製鉄所」で量産・安定供給され，車両台枠や走行装置に国産鋼材の

使用が広く普及した。輸入機関車の老朽化代替目的で1913年（大正2年）から量産製造された9600形，翌年から製造の8620形と6760形がこの代表的事例といえる。

（ⅴ）**第5段階**：機関車を国内製造し海外に輸出する段階である。開発と設計・製造のすべてが日本人によりなされた「国産化」の到達点で，これには1933年（昭和8年）から南満洲鉄道向けに製造されたパシナなど大型標準軌用機関車の輸出がある。

（2）**鉄道車両の標準化**　一般に鉄道車両は，使用線区と用途により基本的な機能と構造が異なり，それは機関車において象徴的である。日本の国土は山地が多く，平坦線だけではなく勾配線での列車運転も頻繁になされるため，線区に適した車両や地上設備が必要である。平坦線用の機関車は，けん引力よりも高速性能が重視され，動輪軸重を控えて動輪直径を大きくする。一方，勾配線用は，けん引力が重視されるため動輪直径を小さくし，動輪軸重と回転トルクを大きくしてけん引力を得る。

明治期では，官鉄に加えて幹線的な私設鉄道（私鉄）が鉄道網を構成し，各私鉄には車両製造と保守・補修作業を担う鉄道工場が設置された。日本鉄道の大宮と盛岡，山陽鉄道の兵庫，関西鉄道の湊町と四日市，九州鉄道の小倉と行橋，讃岐鉄道の多度津である。これらの私鉄は地理的条件に地域差があるため，機関車や客貨車が独自の設計思想で製造され，鉄道車両製造技術を学んだ欧米諸国の流儀が取り入れられていた。これは官鉄の新橋・神戸両工場でも同じであり，前者は機関車と客車，後者は機関車と貨車を担当する業務分担がなされていた。

しかし1906年（明治39年）の鉄道国有化で幹線的私鉄17社が官鉄に編入され，私鉄各社の多種多様な車両を保有した結果，これらの保守経費が大幅にかさんだ。特に蒸気機関車は輸入機が多く，部品調達にも手間がかかり，1908年（明治41年）に設立された鉄道院では，わが国の国情に合う中型のテンダ式蒸気機関車と木製ボギー式客車の標準化と国産化を開始した。これは1920年（大正9年）に設立された鉄道省にも継承され，より大型のテンダ式蒸気機

関車と鋼製ボギー式客車に発展した。これらの事例は，機関車，電車，内燃動車と客貨車の歴史として後述する。

なお鉄道車両用連結器には北海道を除き，長く明治期以来のフックリンクバッファ式（**図 3.1**）が使用されたが，増大する輸送量への対応と連結手の死傷事故撲滅もあり，これを自動連結器に交換することが計画された。車両の工場入場時，台枠下部に自動連結器をつり下げ，技術系職員以外にも交換作業訓練を施して，1925 年（大正 14 年）に連結器の一斉交換作業を成し遂げた。これは世界初の快挙であり，記録に残さなければならない出来事である。現在は，連結・解結可能な自動連結器（**図 3.2**），密着連結器，密着自動連結器のほか，車両間を半永久的につなぐ棒連結器も使われている。

図 3.1　2 軸木製三等客車のフックリンクバッファ式連結器（九州鉄道記念館：福岡県）

図 3.2　自動連結器付きの 2 軸木製ボギー式二・三等客車（加悦 SL 広場：京都府）

3.1.2　広軌化への技術展開と高速化に向けた技術開発

国内に官鉄や幹線的私鉄が敷設され，鉄道網が拡大するにつれて輸送実績が急増し，最重要幹線である新橋～下関間を狭軌から広軌（標準軌のこと）に改軌する声が出始めた。それは，広軌は狭軌に比べて建設費はかさむが走行安定性に富み，高速化が可能で輸送力も大きいことのほかに，朝鮮半島や中国大陸への列車直通運転ができるからであった。広軌化の声はまず陸軍から挙がった。

陸軍は欧州諸国の視察で鉄道の軍事輸送面での重要さを学び，1887 年（明

治20年）と1893年（明治26年）に有事の際の軍事輸送能力向上を狙い，広軌化を政府や鉄道会議に強く要請した[2]。また，経済界も日清戦争後の好景気を背景に，1896年（明治29年），「鉄道建設上，本位軌道採用に関する建議案」を帝国議会に提出した。本位軌道とは広軌のことで，国家の発展とともに狭軌鉄道では輸送量の飽和が予想され，鉄道網が2100マイル（3360 km）程度のうちに広軌化することが望ましいと論じた。時の総理大臣伊藤博文も広軌化の必要性を認め，逓信省内に軌制調査会を設置し，そこで狭軌・広軌での技術・経済両面での比較，広軌新設と広軌改築の二つについて調査が行われたが[3]，1898年（明治31年）に内閣が退陣し，軍部からも国内私鉄の国有化優先策の狭軌論が出され，調査は中断した[4]。

　1908年（明治41年），南満洲鉄道総裁を務めた後藤新平（1857～1929年）が鉄道院初代総裁に就任するや，新橋～下関間の直通高速列車運転を前提に広軌化に向けた調査を指示したが，日露戦争後の経済不況もあり広軌化計画は中断された[5]。1914年（大正3年）に仙石 貢（1857～1931年）が鉄道院総裁に就任すると再び広軌化が復活し，1916年（大正5年），後藤新平が鉄道院総裁に再任されると広軌化の計画がより具体化した。この計画の技術面での担当者は鉄道院技師の島 安次郎（1870～1946年）であり[6]，1906年（明治39年）に鉄道国有化に関する車両や施設の整理と標準化業務を担当した。また，1915年（大正4年）に鉄道改築取調委員にも就任したが，これは新橋～下関間に広軌別線を新設し，朝鮮半島経由で北京への高速列車を運転するための委員会であった。

　広軌化に向けた技術面での検討は，1917年（大正6年）に横浜線原町田（現・町田）～橋本間で行われ，広軌・狭軌併用線路（原町田～淵野辺間が4線，淵野辺～橋本間が3線）を敷設し（**図3.3**），ここで広軌に改造された2120形2323号タンク式蒸気機関車[5]と3両ずつの客貨車により広軌・狭軌両車両の連結運転試験が繰り返され[6]，運転上なんら問題がないことを確認した。報告を受けた後藤新平は，新橋～下関間などの広軌改築を進めることにしたが，1918年（大正7年）に「改主建従」策を掲げる立憲政友会の原 敬内閣の

図 3.3 広軌・狭軌両車両の連結運転試験線（日本国有鉄道百年写真史）

図 3.4 テンダ式 C51 形蒸気機関車（青梅鉄道公園：東京都，現在は鉄道博物館：埼玉県）

誕生により，広軌化計画は再び立ち消えとなった。

しかし，鉄道院の技術者たちは，機関車台枠の広軌化設計や新造する客貨車用台車の長軸化設計を進め，狭軌を維持しながらも広軌なみの輸送力を持たせるための努力を続けた。例えば，1919 年（大正 8 年）に登場した旅客用テンダ式 C51 形蒸気機関車（**図 3.4**）は，火室面積を広げるため動輪後部に従輪を配し，高速走行を実現させるため直径 1 750 mm の大動輪を採用し特急列車のけん引に充当された。この改良機が 3 シリンダのテンダ式 C53 形で島 安次郎の長男，島 秀雄（1901～1998 年）が設計にかかわった。1910 年（明治 43 年）に制定された国有鉄道建築規程の車両断面寸法は 1920 年（大正 9 年）に大型化され，広幅大型車体の車両が登場した。

大正・昭和初期は，1920 年（大正 9 年）の戦後恐慌（綿糸・生糸の暴落），1923 年（大正 12 年）の関東大震災，さらに 1927 年（昭和 2 年）の金融恐慌と経済不況が続き，広軌化計画は実現しなかった。しかし，1931 年（昭和 6 年）の満州事変，1937 年（昭和 12 年）の日中戦争は中国大陸への軍事輸送量を増大させ，特に最重要幹線である東海道・山陽両線の輸送能力が限界に達したため，東京～下関間の新幹線建設が叫ばれ，1939 年（昭和 14 年）に鉄道幹線調査会（委員長は島 安次郎）が設置された。

これは広軌化計画の再燃であり，最終的には広軌・複線の別線とし，線路規格などは大陸のものと同等あるいはそれ以上とされ，東京～下関間を 9 時間で結ぶ弾丸列車計画となった。列車の最高速度は 200 km/h，平均速度は 120

km/h，列車は狭軌のものとは異なるひとまわり大型の蒸気機関車と電気機関車が数種類設計された．蒸気機関車によるけん引の要請は陸軍からのものであり，変電所の襲撃で運転不能に陥ることへの回避であったが，現実には機関車への給水・給炭，長大な丹那トンネル内での排煙処理と高速走行維持など，蒸気機関車によるけん引方式には問題が多かった．

鉄道省の技師たちは速度 200 km/h での運転の実現には電気運転でなければ不可能であることを知っており，前述の諸問題は電化で不要となるため，旅客用を想定して電気機関車を設計したが，製鉄所や軍需産業を優先する国家の電力政策を考慮すると鉄道の電化にも問題は残っていた．用地買収とトンネル工事も徐々に進んだが，戦争の激化に伴い 1944 年（昭和 19 年）に建設工事は再び中断された．

この計画が実現への道を踏み出すのは 1960 年代で，それは東海道線の線路容量が飽和状態に達するためであった．1959 年（昭和 34 年）に開始された東海道新幹線建設計画では，東京〜新大阪間に広軌（標準軌）別線を複線で敷設，交流 25 kV による電車列車（動力分散）方式，列車集中制御と車内信号方式など新しい技術が総合的に組み合わされた．1964 年（昭和 39 年）に 1 番列車が運転され（**図 3.5**），山陽新幹線をはじめ国内に新幹線鉄道網が定着し，いまや国内のみならず海外にも高速鉄道技術が輸出される時代になった．

図 3.5 1964 年開業時に運転された 0 系新幹線電車（下り 1 番列車，交通科学博物館・大阪府）

3.1.3 高度成長期および JR 発足後の車両技術

戦後，わが国の産業は高度成長期を迎え，技術革新を中核とした企業の近代化や合理化が行われた。鉄道においても質的な向上が要望され，国鉄は 1958 年（昭和 33 年）に動力近代化委員会を設けて，15 年以内に主要線区 5 000 km の電化とその他線区のディーゼル化を推進することになった。図 3.6 は機関車両数の推移であり，蒸気機関車は 1946 年（昭和 21 年）をピークに減少しており，1976 年（昭和 51 年）には全廃されている。

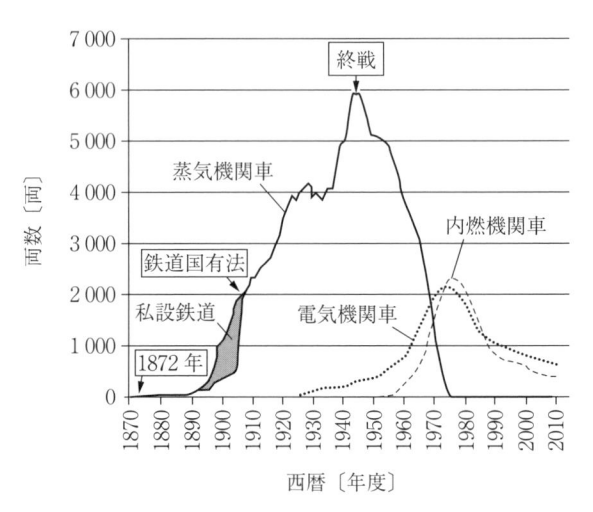

図 3.6 国鉄・JR の機関車両数の推移〔国鉄歴史事典（1973 年）・鉄道統計年報に基づき作成〕

一方，電気機関車と内燃機関車（ディーゼル機関車）は戦後増加しているが，これらも 1975 年（昭和 50 年）を境に減少に転じている。図 3.7 は客車・蒸気動車・内燃動車（ガソリン・ディーゼル動車）・電車の両数の推移で，客車は 1960 年（昭和 35 年）頃から減少しているが，内燃動車や電車は増加しているのがわかる。内燃動車は電化の進展で 1970 年（昭和 45 年）頃から減少に転じている。

高度成長期には無煙化が進み，電車などの乗心地の改善や速度向上が行われている。このため，ステンレス鋼やアルミニウム合金の採用とハニカム（張殻）構体・空気ばねの採用，ボルスタレス台車による車両の軽量化が進めら

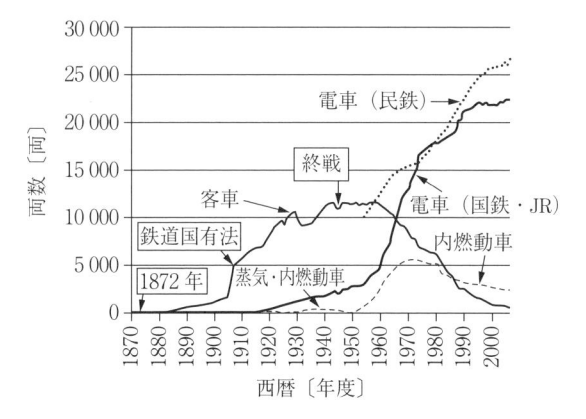

図 3.7 国鉄・JR の客車・内燃動車・電車両数の推移
〔国鉄歴史事典（1973 年）・鉄道統計年報に基づき作成〕

れ，さらに新幹線電車では，車体の平滑化による空気抵抗削減と省エネルギー化，ダブルスキン構体の採用，車体間ヨーダンパの採用による乗心地の改善などが行われた。また，パワーエレクトロニクス技術の進歩により，サイリスタ制御の採用や，自己消弧形 GTO サイリスタ（gate turn-off thyristor）などによるチョッパ制御の採用，VVVF（variable voltage variable frequency）インバータを用いた誘導電動機駆動方式が採用された。あわせて，停止時に運動エネルギーを電気エネルギーに変換し架線に戻す電力回生ブレーキが採用され，速度の向上，車両のメンテナンスの省力化，軽量化，省エネルギー化に貢献している。また，特急電車や特急ディーゼル動車の曲線通過速度向上のため自然振子車が，さらに乗心地改善のため地形を記憶した制御付き振子車（車体傾斜システム）も開発された。

3.2 機関車，内燃動車と客車の歴史

3.2.1 蒸気機関車

（1）**蒸気機関車の変遷と分類** 日本における蒸気機関車の変遷は，3.1.1（1）項の事例としてすでに述べた。1872 年（明治 5 年）の新橋〜横浜

間鉄道開業時の機関車は，すべて英国製だったが，本格的な国産化は1913年（大正2年）以降の鉄道院と鉄道省による制式（標準形）蒸気機関車の量産である．機関車は鉄道路線網の延長と旅客・貨物輸送量の増大，高速化の要請などにより徐々に大型化し，けん引力も増大した．戦後は幹線や亜幹線の電化とディーゼル化が進み，蒸気機関車は次々と用途廃止になったが，1979年（昭和54年）に国鉄山口線でSLやまぐち号が運転され，蒸気機関車の運転が復活した．

蒸気機関車の種類には大きく分けて，機関車本体に水槽と石炭庫を持ち短距離運転や駅構内での入換に適するタンク式と，機関車本体の後部に石炭と水を搭載した炭水車をけん引し長距離運転に備えたテンダ式の二つがある．

また，機関車の大きさを表す方法に軸配置がある．蒸気機関車には曲線通過を容易にし，かつ，動輪質量の適正配分のために先輪・従輪が設けられている．これらの軸配置を，先 – 動 – 従の順に，軸数列に動軸数のみをB，Cなどで表す国鉄式と，車輪数列で表すホワイト式がある．

表3.1は，蒸気機関車の主要な諸元を旅客用と貨物・勾配用の機関車につい

表3.1　蒸気機関車の主要な諸元

旅客用テンダ式 C57 形蒸気機関車

軸　配　置	2C1	炭水車質量	48.0 トン
シリンダ	500(直径)×660(行程) mm	動 輪 直 径	1 750 mm
使 用 圧 力	156.8 kPa(16.0 kgf/cm^2)	弁　装　置	ワルシャート式
火格子面積	2.53 m^2	製 造 初 年	1937 年（昭和 12 年）
全伝熱面積	168.8 m^2	製　造　所	川崎車輛，汽車製造など
機関車質量	67.5 トン	製 造 両 数	201 両

貨物・勾配用テンダ式 D51 形蒸気機関車

軸　配　置	1D1	炭水車質量	47.4 トン
シリンダ	550(直径)×660(行程) mm	動 輪 直 径	1 400 mm
使 用 圧 力	137.2 kPa(14.0 kgf/cm^2)	弁　装　置	ワルシャート式
火格子面積	3.27 m^2	製 造 初 年	1936 年（昭和 11 年）
全伝熱面積	221.5 m^2	製　造　所	汽車製造，鉄道省工場など
機関車質量	77.7 トン	製 造 両 数	1 115 両

3.2 機関車, 内燃動車と客車の歴史　　93

て, 表3.2は, 蒸気機関車の軸配置を, それぞれまとめたものである.

蒸気機関車の軸配置は, 機関車の軸重（線路への負担力）やけん引力などと関連し, 主台枠上に搭載するボイラの大きさや石炭を燃焼させる火室の面積などによって決まる. 本書では蒸気機関車の軸配置を国鉄式で, また, 形式称号は表3.3に示す1909年（明治42年）の鉄道院制定と, 1928年（昭和3年）

表3.2　蒸気機関車の軸配置（本書では国鉄式で記載）

軸配置	国鉄式（日本）	ホワイト式（英国）	機関車形式の一例
○●●	1B	2-4-0	120, 150
●●○	B1	0-4-2	5000
○●●○	1B1	2-4-2	230, 860, 5060
○○●●	2B	4-4-0	5100, 6200, 6760
●●●	C	0-6-0	1800, 7010, 7030
●●●○	C1	0-6-2	2120
○●●●	1C	2-6-0	7100, 8620, C56
○●●●○	1C1	2-6-2	C12, C58
○●●●○○	1C2	2-6-4	C10, C11
○○●●●○	2C1	4-6-2	C51, C55, C57, C59
○○●●●○○	2C2	4-6-4	C60, C61, C62
○●●●●	1D	2-8-0	9600
○●●●●○	1D1	2-8-2	D50, D51, D52
○●●●●○○	1D2	2-8-4	D60, D61, D62
○●●●●●○○	1E2	2-10-4	E10

注）●は動輪, ○は先輪・従輪

表3.3　蒸気機関車の鉄道院による形式称号制定と鉄道省による形式称号改定

鉄道院（形式称号制定）		鉄道省（形式称号改定）	
形式称号	機関車の種別	形式称号	機関車の種別
1 〜 999	動輪2軸, タンク式	B10 〜 B50	動輪2軸, タンク式
1000 〜 3999	同3軸, 同	C10 〜 C49	同3軸, 同
4000 〜 4999	同4軸, 同	E10 〜 E49	同5軸, 同
5000 〜 6999	同2軸, テンダ式	B50 〜 B99	同2軸, テンダ式
7000 〜 8999	同3軸, 同	C50 〜 C99	同3軸, 同
9000 - 9999	同4軸, 同	D50 - D99	同4軸, 同

（2） 蒸気機関車の輸入と日本初の機関車改造工事　　1872年（明治5年），新橋～横浜間に開業した官鉄の蒸気機関車の10両はすべて英国製で，軸配置1Bのタンク式であった。1874年（明治7年），大阪～神戸間にも官鉄が開業したが，このときもすべて英国製で，旅客用軸配置B1のテンダ式5000形2両・軸配置2Bのテンダ式5130形6両の蒸気機関車，貨物用軸配置Cのテンダ式7010形蒸気機関車2両・同テンダ式7030形が4両と軸配置1Bのタンク式120形蒸気機関車4両(**図3.8**)の，合計18両が用意された。テンダ式蒸気機関車の採用は，京都～大津を経て敦賀への延長計画がすでにあったためである。

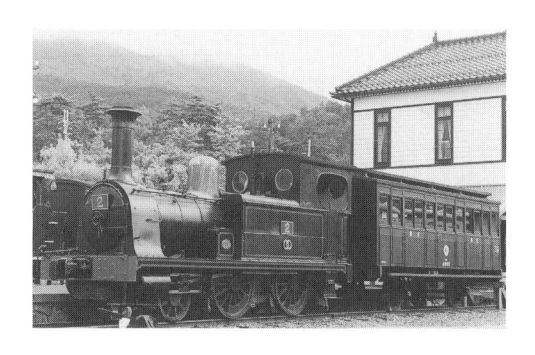

図3.8　タンク式120形蒸気機関車
　　　　（加悦SL広場：京都府）

　蒸気機関車は，客貨車に比べて構造や機構が複雑で，高度な機械工学の知識と経験的な技術・技能を修得しなければ国産化は難しいため，まず輸入蒸気機関車の改造工事を手始めに技術習得の段階に応じた国産化が進められた。1876年（明治9年），京都延長に伴う旅客用の機関車不足を補うため，神戸工場で英国人初代汽車監察方（技師長・工場長）W. M. スミスの指導で，貨物用軸配置Cのテンダ式7010形蒸気機関車2両を，旅客用軸配置2Bのテンダ式5100形蒸気機関車に改造した。わが国の鉄道開業4年目で蒸気機関車の改造工事ができたことは，当時の日本人技術研修生の高い力量を知る重要な指標といえる[1]。明治期の輸入蒸気機関車は飽和蒸気式（ボイラで発生した高温蒸気を蒸気溜めにため，そこから直接シリンダに供給する方式）で，弁装置（バルブギア）のほとんどはスチーブンソン式であった。

3.2 機関車,内燃動車と客車の歴史

本州の鉄道は英国方式で建設されたが,北海道では米国方式が採用された。これは北海道開拓のために米国人技術者が雇用されたからであり,1880年(明治13年)に北海道開拓使の官営幌内鉄道手宮～札幌間が,1882年(明治15年)には札幌～幌内間が開業し,幌内炭鉱から手宮港まで石炭輸送が開始された。幌内鉄道の敷設は冬期に石狩川が凍結し,石炭運搬船が航行不能になるからであった。当初輸入された2両の蒸気機関車(義経,弁慶)は米国製で旅客・貨物両用軸配置1Cのテンダ式7100形で,機関車先端部にはカウキャッチャー(排障器)が取付けられ,大型のダイヤモンドスタック(火の粉止め付き煙突),自動連結器,空気ブレーキが装備されていた。先台車の採用はレールへの軸重軽減と急曲線通過を容易にするためで,テンダ式の採用は長距離運転を前提としたからである。

幌内までの路線延長で後継機6両が米国から輸入され,比羅夫,光圀,信広,静と命名されたが,最後の2両は無名に終わった。**図3.9**はテンダ式7100形「静」である。

図3.9 テンダ式7100形蒸気機関車「静」(小樽市総合博物館:北海道)

(3) 国産第1号蒸気機関車の製造 蒸気機関車の発明者であるR.トレヴィシック(1771～1833年)の直孫,R.F.トレヴィシック(1845～1913年)が1888年(明治21年)に神戸工場第3代汽車監察方に就任後,鉄道史に残る事業が開始された。国産第1号蒸気機関車860形(**図3.10**)の製造である。軸配置1B1のタンク式860形(221号→137号→860形)は英国製部品と鉄鋼材料を使い,1893年(明治26年)に完成したが,最大の特徴は複式シリンダ

図3.10 タンク式860形蒸気機関車
（日本国有鉄道百年写真史）

（高・低圧二つのシリンダ）方式を採用したことである。彼は神戸工場で優秀な日本人鉄道技術者を育成し，1904年（明治37年）に英国に帰国した。国宝級ともいえるこの860形蒸気機関車は残念ながら現存しない。

（4）**平坦線延伸と急行列車の運転** 1889年（明治22年）に官鉄東海道線の新橋〜神戸間が，1901年（明治34年）には幹線的私鉄山陽鉄道の神戸〜馬関（下関）間が全線開通した．全線開通前の1898年（明治31年）に官鉄東海道線と山陽鉄道の列車ダイヤ改正が実施された．新橋〜神戸間には，ネルソンと呼ばれた英国製の軸配置2Bのテンダ式6200形がけん引する1日2往復の急行列車を運転，神戸以西は米国製の軸配置1B1のテンダ式5060形と軸配置2Bのテンダ式5900形がけん引し山陽鉄道徳山まで直通，瀬戸内海航路で下関，関門航路で門司へと連絡するものであった．日本における長距離急行列車運転の先駆けで，朝鮮半島経由で中国大陸への連絡も果たしていた．

官鉄東海道線国府津〜沼津間や山陽鉄道瀬野〜八本松間の急勾配区間を除けば，比較的平坦な区間を直通運転する急行列車用機関車には，けん引力よりも高速性能が重視され，これらの機関車の動輪直径は当時最大の1524mmであった．

（5）**勾配線の克服** 国土の大半が山地という国情から，官鉄には輸送上の隘路(あいろ)が存在し，勾配線克服のため早くから特殊な施設や技術が導入された．なかでも官鉄直江津線（のちの信越線）の軽井沢〜横川間の碓氷峠は輸送上最大の隘路で，66.7‰（66.7：1000）の急勾配区間が連続し，26か所ものトンネルがあったため，ここにドイツ・ハルツ山鉄道で使用実績のあるアプト式を

導入し，1893年（明治26年）に開通させた．急勾配区間にはドイツ製で軸配置Cのタンク式3900形蒸気機関車7両を導入，後継機12両は英国製で，これらは動輪軸重が大きく，その直径が小さい低速度の機関車であった．開通後は輸送量が増加し，英国製機関車を模範に国産の機関車が6両誕生したが，トンネル内での機関士の窒息事故や急勾配区間ゆえの輸送量の限界もあり，この区間の電化工事が急がれた．その結果，1912年（明治45年）に旅客列車が，1919年（大正8年）からは貨物列車が電気運転に切り替わった．

（6） **鉄道院による国産中型蒸気機関車の開発**　鉄道院による標準的な中型蒸気機関車の設計背景は，明治期の輸入機関車の老朽化と国有化による買収機関車の保守作業の困難さ，経済性であった．中型蒸気機関車の設計で注目すべき点は，主要部品の共通化と飽和蒸気式に代わる過熱蒸気式（ボイラからの飽和蒸気を蒸気溜めから煙管内過熱管に導き，350～400℃に高めたのちシリンダに送る方式）の採用，鉄道院総裁後藤新平の「広軌論」を受けて狭軌ながら広軌（標準軌）化に向けた設計面での配慮であった．

　まず，飽和蒸気式で旅客用の軸配置2Bのテンダ式6700形機関車を1911年（明治44年）に製造，続いて新橋～下関間の特別急行列車用に大型で高性能の蒸気機関車を国産化した．そのため，欧米の主要な機関車製造会社に「過熱蒸気式，軸配置2Cのテンダ式，動輪直径1600 mm」の仕様を示し，見本機関車を輸入した．発注後わずか2か月後にドイツ製8850形が，続いてドイツ製8800形，英国製8700形（飽和式），米国製で軸配置2C1の8900形が到着した．8850形の機関車主台枠は板台枠とは異なる厚鋼板切抜きの棒台枠で，ボイラは動輪上に置かれていた．運転性能は8800形が優れ，過熱蒸気式の優位性が立証された．また8900形の火室は従輪上にあり，その火格子面積が他機より大きかった．

　これらの利点を生かし，鉄道院は沖積平野と山岳路線が多い国情に適した狭軌の中型蒸気機関車を順次設計した．まず1913年（大正2年）から6700形を過熱蒸気式にした旅客用軸配置2Bのテンダ式6750形機関車を製造，1914年（大正3年）からこの改良形機である6760形を量産した．同年に，旅客・貨物

両用で軸配置1Cのテンダ式8620形蒸気機関車（図3.11）が687両も量産され，製造経費節減のため，第1動輪とリンク装置で巧妙に結ばれた1軸先台車が採用された。6760形と8620形はボイラ，シリンダ，直径1 600 mm動輪などの主要部品の標準化と互換性が施されていた[1]。貨物用機関車も飽和蒸気式で軸配置1Dのテンダ式9550形機関車を1912年（大正元年）に製造し，これを過熱蒸気式にしたテンダ式9600形機関車（図3.12）が1913年（大正2年）から770両も量産され，全国各地の線区で貨物輸送を担った。

図3.11　テンダ式8620形蒸気機関車
　　　　（青梅鉄道公園：東京都）

図3.12　テンダ式9600形蒸気機関車
　　　　（青梅鉄道公園：東京都）

（7）　**鉄道省による国産大型蒸気機関車の開発**　1920年（大正9年）に鉄道院が鉄道省に改組されると，狭軌でも広軌（標準軌）なみの性能（けん引力の増大と高速走行性能の向上）を持つ大型蒸気機関車が新たに設計された。まず，1919年（大正8年）から直径1 750 mm動輪を持つ幹線旅客用で軸配置2C1のテンダ式C51形蒸気機関車（図3.4参照）が289両，勾配・貨物両用で軸配置1D1のテンダ式D50形蒸気機関車が1923年（大正12年）から380両製造された。これらには鉄道院時代の量産機よりもひと回り大型の高性能ボイラが搭載され，従輪上に置かれた火室の火格子面積も広くなり，蒸気発生量が増大し，けん引力が向上した。

　旅客用のテンダ式C51形蒸気機関車の発展形には，C53形（3シリンダ式）とC55形，スポーク動輪を一体鋳鋼製ボックス動輪にしたC57形，より大型のボイラを搭載したC59形蒸気機関車があり，さらに，亜幹線用で旅客・貨

3.2 機関車,内燃動車と客車の歴史

物両用で軸配置 1C1 でテンダ式 C58 形蒸気機関車(動輪直径 1 520 mm),貨物・勾配用で軸配置 1D1 のテンダ式 D51 形蒸気機関車(**図 3.13**,鉄道省設計の蒸気機関車のなかで,1 115 両も量産され 1 000 トンけん引を目標とした)がある。D51 形は素材をはじめ,使用部品のすべてが国産品で製造された記念すべき機関車であった。

図 3.13 テンダ式 D51 形蒸気機関車
(梅小路蒸気機関車館:京都府)

図 3.14 タンク式 C11 形蒸気機関車
(青梅鉄道公園:東京都)

　一連の鉄道省制式(標準形)蒸気機関車の設計では,鉄道省と民間の車両製造会社との協同設計方式が採用され[1],沖積平野と勾配区間が多い国情を考慮し,欧米なみの大型ボイラ搭載を控え,どの線区にも適するように軸重設計がなされていた。テンダ式 D50 形蒸気機関車の主台枠には,新しく棒台枠(厚鋼板を切り抜いた台枠)と軸箱間を結ぶ釣合ばり(イコライザ)機構が採用されて,これが標準化され,のちの国産直流電気機関車 EF52 形の機関車主台枠にも応用された。動輪直径の統一や主要部品の互換性,ワルシャート式弁装置の標準装備は保守面での効率化を高めた。すなわち,経済設計を最優先させた標準形の蒸気機関車であった。

　太平洋戦争中の 1943 年(昭和 18 年)には,戦時下の海上輸送代替による国内貨物輸送の急激な増加と兵員輸送用に,1 200 トンのけん引が可能な勾配・貨物両用で軸配置 1D1 のテンダ式 D52 形蒸気機関車が登場し,積載量の多い 3 軸無蓋車トキ 900 形が量産された。

　また,都市近郊線区や地方閑散線区用のタンク式機関車として,軸配置 1C2

のC10形が1930年（昭和5年）から23両，それに軽量化を施したC11形（**図3.14**）が1932年（昭和7年）から381両，さらに，線路規格の低い簡易線区用に軸配置1C1のC12形が293両製造された。これらのタンク式機関車は大井川鐡道などで保存・運転されている。

(8) **戦後の蒸気機関車と衰退**　戦後は，鉄道省設計の蒸気機関車をもとに，幹線旅客用のテンダ式C60形，C61形，C62形蒸気機関車（いずれも軸配置2C2），勾配・貨物用のテンダ式D62形機関車（軸配置1D2）が運輸省，1949年（昭和24年）以降は日本国有鉄道により製造された。1948年（昭和23年）には，急勾配線用で軸配置1E2のタンク式E10形蒸気機関車が新製されたが，勾配線電化の進捗もあり，これは短命に終わった。

終戦直後の蒸気機関車は5 899両であり，機関車の主流ではあったが，エネルギー効率が低いこと，保守費がかさむこと，煤煙が多いこと，石炭と水の積載を要すること，走行性能が悪いことなどから，幹線電化と内燃化による動力近代化により廃車が進み，1976年（昭和51年）に全廃された。しかし，1979年（昭和54年），国鉄山口線でSLやまぐち号（C57形，C58形，各1両）が運転されるなど，近年は産業観光面での需要から，蒸気機関車列車がJR各社や大井川鐡道（C10形～C12形，C56形）などの民鉄で運転されている。

3.2.2　電気機関車

(1) **直流電気機関車**　わが国で初めて電気機関車を製造し実用化したのは足尾銅山（栃木県）といわれており，1891年（明治24年）のことであった。これは，銅山電化の副産物で，米国ジェネラル・エレクトリック（General Electric, GE）製の鉱山用2軸直流電気機関車の図面をもとに銅山工作課の宮原熊三技師らが苦労を重ねて製造したものである（**図3.15**）[7]。一方，幹線用直流電気機関車が初めて運転されたのは1912年（明治45年）のことで，信越線横川～軽井沢間の急峻な碓氷峠の旅客列車を直流電気運転に切り替えたものであり，1919年（大正8年）からは貨物列車も電気運転化された。戦後，平坦線・勾配線ともに電化区間は国内各地に広がった。

3.2 機関車，内燃動車と客車の歴史

図3.15 足尾銅山工作課製の直流電気機関車（風俗画報増刊 足尾銅山図会）

電気機関車は主電動機の搭載方式で2種類に分類される。その一つは電動機を機関車主台枠上に搭載し，歯車装置と蒸気機関車に使われているロッドで動輪に動力伝達する台枠搭載方式，もう一つは電動機を動力台車上または台車内に搭載し，歯車装置を介して動力を伝える台車搭載方式である。後者は，けん引力が機関車主台枠を経て連結器に伝わるスイベル式と，動力台車間に中間連結器を設け，動力台車端部の連結器にけん引力が伝わるアーチキュレート式がある。表3.4に国鉄式で表示した電気機関車の軸配置（ただし，表中の空欄は本書に該当なし）を示す。

表3.4 国鉄式で表示した電気機関車の軸配置

軸配置	スイベル式	アーチキュレート式	機関車形式の一例
●●●	C		EC40
●●●●	D		ED40
●● ●●	B−B	B+B	ED11, ED60, ED75, ED14, ED19
○●● ●●○	1B−B1	1B+B1	ED16
○●●● ●●●○		2C+C2	EF52, EF53, EF58
○●●● ●●●○		1C+C1	EF10, EF13, EF15
●● ●● ●●	B−B−B	B+B+B	EF60, EF81, EF30
●●● ●●●	C−C		EF62
●● ●● ●● ●●	(B−B)−(B−B)		EH10, EH200, EH500

●は動輪，○は先輪・従輪

例えば，動輪4軸の機関車の軸配置は，主電動機の台枠搭載方式ではD，台車搭載方式ではスイベル式がB−B，アーチキュレート式がB+B，動輪の前後に先輪・従輪がある場合の軸配置はスイベル式が1B−B1，アーチキュレー

ト式は 1B+B1 となる。これは，内燃機関車についても同様である。

主電動機制御方式も，運転室内の主幹制御器で制御する直接制御式と回路間に置かれた制御器による間接制御式の二つに分けられ，制御方式も抵抗制御式とサイリスタなどによる電子制御式，さらに最近では，パワーエレクトロニクス技術の進展で VVVF インバータ制御による誘導電動機駆動方式が登場した。

集電方式は架空線方式が最も普及し，集電子としてはパンタグラフが一般的で，線路脇や線路間に敷設された第三軌条から集電する方式も一部に存在する。

（2） 欧米からの輸入電気機関車 信越線横川〜軽井沢間の旅客列車を電気運転に切り替えるため，1912年（明治45年）に直流600Vで電化が行われた。運転された電気機関車は，1911年（明治44年）に製造された，ドイツ製で，軸配置Cのアプト式10000形（のちのEC40形）電気機関車12両である。車体は凸形，機関車主台枠上に搭載した大型主電動機のうち1台は走行（粘着運転）用で，1段減速歯車装置から第一・二動輪間のジャック軸とロッドで動輪を駆動，他の1台はラックレールと噛み合うピニオン歯車用で，1段減速歯車装置を経て第二・三動輪間のピニオン歯車をロッドで駆動した。駅構内は架空電車線からトロリポール，勾配区間は線路脇の下面接触式第三軌条から集電靴による集電であった。

貨物輸送量の増加により輸入機の10000形を改良し，1919年（大正8年）に鉄道院（翌1920年から鉄道省）大宮工場でアプト式電気機関車の製造が開始された。これが軸配置Dの10020形（のちのED40形，**図3.16**）で，同年に3両が完成，1923年（大正12年）までに合計14両が製造されたが，動力伝達方式は輸入機である10000形と同じ主電動機台枠搭載方式のスイベル式，

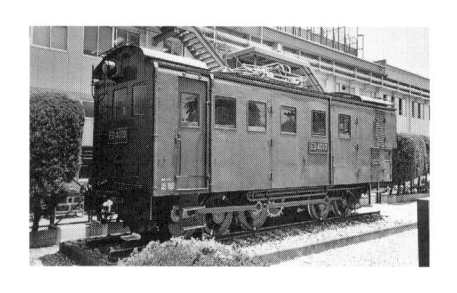

図3.16　直流10020形(ED40形)電気機関車（JR東日本大宮工場，現在は鉄道博物館：埼玉県）

主電動機は間接制御式であった。この電気機関車の運転室は横川側だけで、軽井沢側は機械室になっていた。

アプト式電気機関車10020形が製造された明治末期から大正期にかけては、民間の大手電機製造会社は市街電車用電気品や鉱山用小型電気機関車を製造した程度の実績しかなく、鉄道院自らが電気機関車の設計・製造を担わなければならなかった。当時、欧米諸国の電気機関車製造会社から売込みが盛んだったが、鉄道院は将来的な国内工業力育成を狙い、国産化を決意したといわれる。

幹線平坦線用電気機関車も同様な経過をたどった。これには国家による幹線電化政策の一環で、1914年（大正3年）の第一次世界大戦開戦後の石炭価格高騰と、急速な重工業化による鉄道への国内余剰電力利用が背景にあった。1922年（大正11年）、電化した秩父鉄道が米国ウエスティングハウス（Westinghouse：WH）／ボールドウィン・ロコモティブ・ワークス（Baldwin Locomotive Works：BLW）製で、軸配置B－Bの凸形電気機関車3両を輸入し、これを鉄道省大井工場で組み立てたが、このとき、鉄道省の技術者は輸入電気機関車の持つ高い技術を学んだ。同年から鉄道省は東海道線東京～国府津間の直流電化工事を開始し、米国製電気機関車で学んだ技術をもとに性能比較を行うため、欧米諸国から4回に分けて旅客用47両、貨物用12両の電気機関車を輸入した。なかでも英国製の機関車が多かったのは日英同盟の影響と見てとれる。多くの輸入電気機関車のなかでも米国製6010形（ED53形、のちのED19形、**図3.17**）は信頼性が高く性能が優秀で、お召し列車のけん引機に指定された。

図3.17 直流6010形（ED53形、のちのED19形）電気機関車（箕輪町郷土資料館：長野県）

（3） **鉄道省による制式直流電気機関車の製造**　東海道線直流電化工事完成による輸入電気機関車の使用実績と熱海線（国府津～熱海間）建設工事の進捗により，鉄道省は東京～国府津間の急行旅客列車けん引用に国産電気機関車の開発を始めた。それは鉄道国有化時に多種多様の蒸気機関車を所有していたことと同様，外国製電気機関車が各社独自の設計方針で製造され使用部品も多種にわたり，修繕方法も異なり，予備部品の確保が困難だったからである。

国産直流電気機関車の開発方針は，鉄道省と国内の民間電気・車両製造会社5社（芝浦製作所・日立製作所・三菱電機・汽車製造・川崎造船所）の協同設計としたが，これは鉄道省制式蒸気機関車の開発方法と同じであった。

この協同設計では，初めに基本となる直流電気機関車の定格，動力伝達方式，制御方式などの仕様を定め，機関車各部を鉄道省と民間5社に計器類製造会社と蓄電池製造会社を加えて分担設計し，これを再び協同設計のテーブル上で議論し，最終的合意を得たものを協定設計図面として民間5社で分担製造した。この鉄道省制式直流電気機関車がEF52形（**図3.18**）で，9両製造された。第1号機は1928年（昭和3年）に完成，軸配置2C＋C2，箱形車体の前後に乗務員乗降用デッキ付き，台車は2軸先台車付き3軸ボギーの棒台枠式

図3.18　EF52形直流電気機関車
（交通科学博物館：大阪府）

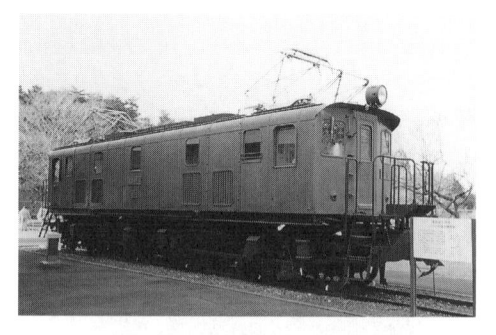

図3.19　ED16形直流電気機関車
（青梅鉄道公園：東京都）

で，主台車間を中間連結器で結んだアーチキュレート式である。台車内主電動機は6個で，つり掛式，主回路制御方式は単位スイッチ式で，運転室の主幹制御器で遠隔操作する3段制御方式（直列・直並列・並列）であった。単位スイッチ式は接触器の構造が簡単で製作しやすく，故障時の部品交換も容易というメリットがあった。

設計の模範とされたのは，使用成績が良好だったWH/BLW製で，軸配置1B+B1の6010形（ED53形）と同1C+C1の8010形（EF51形）電気機関車である。採用されたのは箱形車体と両端乗降用デッキ，アーチキュレート式の棒台枠式台車と単位スイッチ式制御方式，主電動機の3段制御方式，機械室中央部への主要機器類集中配置とユニット化，両側点検用通路などである。このほかGE/ALCO（American Locomotive Works）製で軸配置B-Bの1010形（ED11形）と同B+Bの1060形（ED14形）電気機関車には優れた高速度遮断器が装備されていた。

EF52形電気機関車の軸配置を1B+B1にした勾配・貨物用機関車がED16形で，1931年（昭和6年）から18両製造された（**図3.19**）。さらに，EF52形の歯車比を高速形に改良した機関車が急行旅客用EF53形で，1932年（昭和7年）から19両製造されたが，性能に優れ，22年間にわたりお召し列車のけん引機も務めた。この貨物用機が軸配置1C+C1のEF10形16両であり，溶接構造車体と電力回生ブレーキ装置搭載のEF11形が1934年（昭和9年）に4両製造された。1936年（昭和11年）には流線形車体で軸配置2C+C1のEF55形が3両登場し，東海道線の特別急行列車用に充当された。EF55形の運転室は片側だけで，終点では蒸気機関車と同様，転車台かデルタ線で機関車の向きを変えることが必要であった。また，軸配置がEF53形と同じで車体をスマートにしたEF56形が1937年（昭和12年）から12両，EF57形が1940年（昭和15年）から15両製造された。さらに，貨物用で軸配置1C+C1のEF12形が1941年（昭和16年）から17両，戦時下での貨物輸送用で凸型車体のEF13形が1944年（昭和19年）から31両製造された。この機関車には鉄鋼材料不足による代替材料が多用された。一連の鉄道省制式直流電気機関車

には設計の標準化と使用部品の共通化が図られ，使用電気品も国産化が確立されていた．

（4）　戦後の直流電気機関車の開発　太平洋戦争が1945年（昭和20年）に終了し，日本が連合国軍の管理下にある1949年（昭和24年）に公共企業体として日本国有鉄道が発足し，この間に戦後の第一陣として旅客用で軸配置2C＋C2のEF58形172両，貨物用で軸配置1C＋C1のEF15形202両の量産が開始された．これらの機関車の特徴は，台車に転がり軸受が使われたことであった．前者は戦前製直流電気機関車と同様，両端乗降用デッキ付きの箱形車体であったが，1952年（昭和27年）から流線形の箱形車体を新造し，これに換装した．同時に暖房用蒸気発生装置（steam generator unit，SG），水タンクと重油タンクを搭載し，主電動機も新形に交換され出力が向上した．旧車体は凸形車体のEF13形に転用され，この機関車も箱形車体に生まれ変わった．

1954年（昭和29年），東海道線全線電化に備えて軸配置（B-B）-（B-B）のEH10形電気機関車が64両製造された．それまでにない2車体連結形の大型電気機関車で，1 200トンの貨物列車をけん引して関ヶ原を越えることがその主目的であった．次いで，欧米からの輸入電気機関車や民鉄から買収した電気機関車の老朽化代替用として，地方線区向けに1958年（昭和33年）から軸配置B-BのED60形8両とED61形18両が製造された．前者は中型ながら戦前製F形電気機関車と同等の出力が得られ，後者はED60形の電力回生ブレーキ装置付きであった．1960年（昭和35年）になると東海道・山陽線の貨物列車用にEF60形14両とEF61形18両が新造された．軸配置はともにB-B-Bで，けん引力はEH10形にほぼ匹敵した．1962年（昭和37年）に山陽線が広島まで電化され，瀬野～八本松の勾配区間での夜行長距離特急列車（ブルートレイン）けん引専用機にEF60形500番台が14両製造された．1965年（昭和40年）になると，東海道・山陽線の万能機ともいえる軸配置B-B-BのEF65形が登場し，ブルートレインけん引の主役を務めた．

1963年（昭和38年）に信越線が長野まで電化され，横川～軽井沢間（碓氷峠）のアプト式を廃止，この急勾配区間を直通できる軸配置C-CのEF62形

が54両，この区間専用で軸配置B-B-BのEF63形が25両新製された．翌1964年（昭和39年）に奥羽線の急勾配区間板谷峠用に軸配置B-B-BのEF64形が79両新製された．この電気機関車は高速性を備え，板谷峠が交流電化された後は中央線の専用機として列車けん引にあたった．また，同形機の1000番台が上越線清水峠越えに開発され，1980年（昭和55年）から32両製造された．1968年（昭和43年）にはEF65形の出力を50%増した軸配置B-B-BのEF66形（本書の扉，中央の写真）が登場し，東海道・山陽線の高速貨物列車けん引機として活躍した．

JR発足後の電気機関車はVVVFインバータ制御で誘導電動機を駆動し，出力の向上が可能になったため，JR貨物が1990年（平成2年）にEF200形（軸配置B-B-B）を新製し，東海道・山陽線で貨物列車をけん引している．さらに，1997年（平成9年）にコンテナ列車専用としてEF210形が，2003年（平成15年）には中央線と上越線用に軸配置 (B-B)-(B-B) の2車体連結機EH200形が登場した．

(5) 交流および交直流電気機関車の開発　わが国での幹線鉄道交流電化は，1955年（昭和30年）に仙山線の一部を交流50 Hz・20 kVで電化し，ここで2両の試作機関車を使った試験運転からスタートした．1両は1955年（昭和30年）の交流整流子電動機を直接駆動する方式で，軸配置B-BのED44形，もう1両は車両に搭載した水銀整流器を使い直流電動機を駆動する方式で，軸配置が同じED45形であった．前者は1台車1電動機方式，後者は2電動機方式で，のちに水銀整流器をセレン整流器，シリコン整流器に変えた試験車としても試用された．さらに，電動機駆動方式についても従来のつり掛式とクイル駆動方式の二つが使用された．

1957年（昭和32年），仙山線仙台～作並間の交流電化をはじめとし，同年には軸配置B-Bの幹線60 Hz用交流ED70形電気機関車による営業列車運転が北陸線で，同じ軸配置で50 Hz用のED71形による列車運転が1959年（昭和34年）に東北線で始まった．その後，交流電気機関車は整流器，主電動機や制御方式に改良を加えながら1961年（昭和36年）には軸配置B-B-Bの

北陸線用 EF70 形，翌年には鹿児島線用に軸配置 B−2−B の ED72 形と B−B の ED73 形が水銀整流器方式で量産され，軸配置 B−B でシリコン整流器方式の ED74 形電気機関車も登場した。1963 年（昭和 38 年）から量産が開始された軸配置 B−B の ED75 形（図 3.20）は交流電気機関車の傑作であり，後継機が国内各地で列車けん引に使われている。また，軸配置 B−2−B の ED77 形と ED78 形が製造された。1988 年（昭和 63 年）の青函トンネル開通により，この区間専用機として，ED75 形に電力回生ブレーキ装置を搭載し抑速回生ができるように改良した ED79 形が登場し，現在も主力機として活躍している。

図 3.20 交流 ED75 形電気機関車
(日本国有鉄道百年写真史)

図 3.21 交直流 EF81 形電気機関車
(日本国有鉄道百年写真史)

交流区間の延伸に伴い，交直流電気機関車も新たに開発された。まず，1959 年（昭和 34 年）に完成した軸配置 B−B の ED46 形電気機関車（水銀整流器搭載の 1 台車 1 電動機方式）が常磐線で試用され，その量産機で軸配置が B−B−B の EF80 形が 1962 年（昭和 37 年）に誕生した。また，下関〜門司間の関門トンネル専用機は海底トンネルを走行するため，塩害に強いステンレス製車体の戦前製 EF10 形であったが，鹿児島線の交流電化に伴い，新しく軸配置 B+B+B の交直流 EF30 形電気機関車がこの区間専用機として 1961 年（昭和 36 年）から新製され置き換えられた。この電気機関車はシリコン整流器搭載の 1 台車 1 電動機方式である。翌年には戦前製直流 EF55 形電気機関車の電気品と交直流電車 401・421 系の整流機器を利用し，凸形車体で軸配置 B−B の交直流 ED30 形電気機関車が北陸線交直接続区間用に浜松工場で新製された。

1968年（昭和43年），北陸線の電化完成により，画期的な交直流電気機関車が登場した．軸配置B－B－BのEF81形（**図3.21**）である．この電気機関車は交流50/60 Hz・20 kVと直流1 500 V区間を通し運転できる3電気方式であり，先の交流専用機ED75形と並ぶ交直流機ではわが国を代表する電気機関車である．

JR発足後は，2000年（平成12年）にVVVFインバータ制御・誘導電動機駆動で軸配置（B－B）－（B－B）の2車体連結形交直流EH500形電気機関車が東京～北海道区間向けに開発され，主力機として活躍している．

3.2.3　内燃機関車と内燃動車

現在のわが国において，内燃機関車と内燃動車は電気機関車と電車に並ぶ輸送の担い手として不可欠の存在であり，前者の本格的な開発は太平洋戦争後である．国鉄では欧米諸国の内燃機関車と内燃動車を研究し，幹線用と地方線用に開発を進め，みごとに国産化を果たしたことを高く評価しなければならない．

内燃機関車と内燃動車では搭載される機関と制御方式が技術開発の中心になり，これを技術史の視点からはじめに述べる．

（**1**）　**機関と制御方式**　　内燃機関車に搭載される機関には，石油，ガソリン，ディーゼル，ガスタービン機関があり，機関出力の制御方式（変速方式）には，機械（歯車）式，液体（トルクコンバータ）式，さらに内燃機関で発電機を回転させ，電動機を駆動する電気式がある．戦後の国産内燃機関車は液体式が主流であるが，欧米諸国ではドイツを除き現在でも電気式内燃機関車が多用されている．内燃動車についてもほぼ同様な発達を遂げて現在に至っている．

国鉄式で表した内燃機関車の軸配置を**表3.5**に示す（3.2.2項（1）参照）．

（**2**）　**輸入機から国産機へ**　　わが国への内燃機関車の導入は，幹線よりもむしろ産業用や地方中小民鉄のほうが早く，蒸気機関車の代替として外国製内燃機関車を輸入し使用した．搭載機関はガソリン機関が多く，国産ディーゼル機関を搭載した産業用内燃機関車が1927年（昭和2年）に，国産舶用ディーゼル機関を搭載した民鉄向け小型内燃機関車が1931年（昭和6年）に製造さ

3. 鉄道車両の変遷

表 3.5 国鉄式で表示した内燃機関車の軸配置

軸配置	機械式	電気式	液体式	機関車形式の一例
●●	B			DB10
○ ●●● ○	1C1	1C1		DC10, DC11
●○● ●○●		A1A−A1A		DD10
●● ●●		B−B	B−B	DD50, DD13
●● ●● ●●		B−B−B		DF50, DF200
●● ○ ●●			B−1−B	DD54
●● ○○ ●●			B−2−B	DD51
○ ○ ○ ●●			AAA−B	DE10

●は動輪,○は先輪・従輪(表中空欄は本書に該当機関車なし)

れた.特記すべきは,石油発動機関車と呼ばれる単気筒機関搭載の小型機関車が20世紀初頭から国内で製造され,北九州地方の小規模内燃軌道(多くが軌間914 mm)の主力機関車になっていたことである.

第一次世界大戦の戦勝国であった日本にとって,戦争賠償品(実際は購入品)であるドイツ製のDC10形(**図3.22**)とDC11形機関車は,幹線用として初の内燃機関車であった.これらは鉄道省が発注,DC11形は1929年(昭和4年),DC10形は1930年(昭和5年)神戸港に到着した.2両とも軸配置1C1のロッド駆動式で,同じ出力のディーゼル機関を搭載したが,変速方式が異なりDC10形はクルップ製の機械式(クルップ製600 PS機関搭載,歯車式変速装置),DC11形はエスリンゲン製の電気式(マン製600 PS機関搭載,380 kWの電動発電機で190 kWの主電動機2台を駆動)であった.ともに鷹取工場に

図 3.22 機械式 DC10 形ディーゼル機関車(日本国有鉄道百年写真史)

図 3.23 電気式 DD10 形ディーゼル機関車(日本国有鉄道百年写真史)

運ばれ，分解・部品スケッチがなされ，国産内燃機関車設計の資料収集が行われた．

日本への到着が遅れた理由は，ドイツのディーゼル機関車の設計・製造技術が十分に確立していなかったためで，ドイツでのディーゼル機関車用機関は，潜水艦用か，それを設計変更した舶用機関であり，1924年（大正13年）頃でも鉄道用ディーゼル機関が存在しなかったようである．潜水艦用ディーゼル機関が寸法・質量および運転上の信頼性において鉄道用ディーゼル機関として適当であり[8]，当時の軍用機関の使用実績と信頼性の高さを知ることができる．2両のドイツ製ディーゼル機関車は，神戸臨港線や区間運転用に使われたが，故障が多発したため後年廃車された．

DC10形とDC11形の分解・組立と運転実績をもとに国産ディーゼル機関車の設計が開始されたが，この背景は昭和初期の経済不況による蒸気機関車の運転経費の節約であった．まず，1932年（昭和7年），構内入換用に軸配置Bで国産ディーゼル機関（60 PS）を搭載したDB10形ディーゼル機関車が8両誕生したが，燃料統制も始まり1938年（昭和13年）に休車，1943年（昭和18年）に廃車された．続いて，構内入換用と本線貨物列車けん引用の国産ディーゼル機関車が鉄道省と民間電気・車両製造会社4社（芝浦製作所・日立製作所・三菱電機・川崎車輛）と機関製造会社1社（新潟鉄工所）との協同設計で開始され，1935年（昭和10年）に電気式DD10形ディーゼル機関車（**図 3.23**）が誕生した．1936年（昭和11年）の試運転後は小山機関区に配置されたが，燃料事情の悪化で休車を経て廃車され，戦後解体された．軸配置はA1A-A1Aで国産ディーゼル機関（500 PS）を搭載し，300 kWの電動発電機で100 kWの主電動機4台を駆動していた．

（3） **戦後の国産内燃機関車**　戦後は国鉄により，電気式内燃機関車DD50形（軸配置B-B）が1953年（昭和28年）から，DF50形（軸配置B-B-B）が1956年（昭和31年）から製造され，亜幹線の客貨両用に使用された．前者はスイスのスルザ社との技術提携によるディーゼル機関（900 PS）を1台搭載した片運転台式機関車で，機関直結の580 kW主発電機で130 kW主

電動機4台を駆動した。後者はDD50形を改良し，搭載ディーゼル機関の過給圧力を高めて出力を1 060 PSとし，暖房用蒸気発生装置（SG）も搭載した。さらに，ドイツのマン社と技術提携した過給機付き1 200 PSディーゼル機関を搭載した同形機関車（DF50形500番台）が1958年（昭和33年）から量産された。

一方，液体式ディーゼル機関車は入換用で，軸配置B－BのDD11形（160 PS機関を2台搭載）が1954年（昭和29年）に登場，これを大型化したDD13形（370 PS機関を2台，後期形は500 PS機関を2台搭載）が1957年（昭和32年）から量産された。

この時期に民間のディーゼル機関車製造会社6社（川崎車輛・東京芝浦電気・新三菱重工・日立製作所・日本車輌製造・汽車製造）は，自社技術または外国との技術提携により独自の機関車を1両ずつ製造した。その目的は設計・製造上の技術習得と海外輸出向けの試作機製造であり，国鉄が一定期間借入れて使用した。借入機関車のなかには，のちに国鉄制式機関車の基礎を構成したものもある。

本線用としては，軸配置B－2－BのDD51形（1 000 PS機関を2台，後期形は1 100 PS機関を2台搭載）が1962年（昭和37年）から量産され，全国の非電化線区の主役となった（図3.24）。また，DD51形より小出力で亜幹線用の内燃機関車が，軸配置B－1－BのDD54形で1966年（昭和41年）に製造され，1 820 PS機関1台を搭載した液体式であった。入換用内燃機関車につ

図3.24　液体式DD51形ディーゼル機関車
（国鉄歴史事典，1973年）

いても DD13 形の後継機として，軸配置 AAA－B の DE10 形（DML61Z 形機関を1台搭載）が 1966 年（昭和 41 年）から量産され，全国の線区に普及した。

JR 旅客各社では新しい内燃機関車を製造していない．現在，われわれが目にする国鉄時代に製作されたこれらの機関車も老朽化が進み，1960～70 年代の鉄道車両が大きく変わろうとしている．しかし，JR 貨物では函館線，室蘭線および千歳線で貨物列車の輸送力向上に対処するため，DD51 形機関車重連に代わる電気式ディーゼル機関車として，1992 年（平成 4 年）に VVVF インバータ制御で誘導電動機駆動の DF200 形（軸配置 B－B－B）を本線用として約 30 年ぶりに開発した．

（4）　**乗合自動車対策と内燃動車の開発**　機関車方式をもとに客車の一端に小型機関室を設け，ボイラと走行装置（シリンダ，動輪）を持つ蒸気動車（**図 3.25**）が製造され，地方私鉄にも供給された．蒸気機関車よりも水と石炭の搭載量が少なく区間運転用であった．蒸気動車は内燃動車の前身ともいえるが，目立った活躍もなく用途廃止された．

1923 年（大正 12 年）に発生した関東大震災は，東京などに甚大な被害を与えた．東京市電気局は壊滅した路面電車の代替輸送に米国・フォード社製 T 型トラック用シャーシ 800 台分を緊急輸入し，これに木製車体を架装した乗合自動車を急造し応急輸送にあてた．この乗合自動車は輸送上の利便性も高く運転管理経費も鉄道に比べて安いことから，各地に乗合自動車事業者が急増した．この影響をまともに受けたのは地方中小民鉄であり，乗合自動車の台頭は地方中小民鉄存続への脅威であった．鉄道に並行する乗合自動車への対抗手段として鉄道側は停留場の新設，頻発運転（フリークェントサービス）が容易で運転経費が安い小型内燃動車を導入する事例が多く，なかでも日本車輛製造が開発した「軌道自働車」はその好事例であった．

鉄道省の地方線区でも同様の現象が見られたが，内燃動車の技術開発と設計・製造面で先行した民間の車両製造会社の手を借りることなく，省独自に小型 2 軸ガソリン動車キハニ 5000 形（**図 3.26**）を設計し，1929 年（昭和 4 年）に誕生した．しかし，キハニ 5000 形は民間の車両製造会社が目指した小型軽

図 3.25 ホジ 6060 形蒸気動車（日本国有鉄道百年写真史）

図 3.26 機械式キハニ 5000 形ガソリン動車
（JR 北海道苗穂工場：北海道）

図 3.27 液体式キハ 07 形ディーゼル動車（JR 九州鉄道記念館：福岡県）

量な内燃動車とは設計思想が異なり，搭載機関と走行装置は鉄道省の設計・製造方針である「国産品使用」に従ったものの，国産の大型自動車用機関には適当なものがなく，国産の舶用ガソリン機関（40 PS）を一部改造し床下に搭載した．変速機は機械式，走行装置は 2 軸単台車（すべり軸受付き担いばね方式）であったが，小型のわりに自重が 15.5 トンもあり，機関の出力不足も重なり使用実績は芳しくなかった．

続いて 1931 年（昭和 6 年），電気式大型ガソリン動車であるキハニ 36450 形が 2 両製造された．車体の一端に国産ガソリン機関（200 PS）を搭載し，機関直結の 135 kW 直流発電機から台車内の 80 kW 主電動機 2 台を駆動する国産初の電気式ガソリン動車であったが，機関の出力に比べて車体質量が 49.1 トンもあり，後年廃車された．

機関出力の制約に対し，車体の軽量化を本格的に進めて国産化した中型ガソリン動車がキハ 36900 形（のちのキハ 41000 形）である．鉄道省の内燃動車設

3.2 機関車，内燃動車と客車の歴史

計方針は，① 単車運転が原則で車端衝撃は考えず，回送時は列車最後部に連結する，② 車両各部の構造や構成要素は従来品との互換性や規格にとらわれず軽量化する，③ 国産部品を使用し，床下搭載に適したガソリン機関を鉄道省自らが開発する，というものであった．1933 年（昭和 8 年）に登場したキハ 41000 形 36 両は，自重 20.0 トン，鉄道省設計のガソリン機関 GMF13 形（100 PS）を床下に搭載し，台車は帯鋼組立式・転がり軸受付きの TR26 形であった．キハ 41000 形は使用成績が良好で，1936 年（昭和 11 年）までに 136 両が民間の車両製造会社と鉄道省の工場で量産され，全国の地方線区で頻発運転（フリークェントサービス）された．さらに，乗客収容力を増した車体長 19 m のキハ 42000 形（のちのキハ 07 形）が 1935 年（昭和 10 年）に登場した（**図 3.27**）．車体先頭部は半円形流線形で，床下に GMH17 形（150 PS）ガソリン機関を搭載，1937 年（昭和 12 年）までに 62 両が製造され旅客輸送に多用された．

（5） 機関車けん引列車から内燃動車列車へ 1933 年（昭和 8 年）のドイツでの流線形高速ディーゼル動車「フリーゲンデ・ハンブルガー」号運転の成功に刺激され，1937 年（昭和 12 年）にキハ 43000 形 2 両が誕生した．ドイツ流の床上機関搭載方式を床下機関搭載方式とし，150 kW 発電機を直結した流線形電気式ディーゼル動車であった．搭載機関は鉄道省と民間の内燃機関会社 3 社（新潟鉄工所・三菱重工業・池貝鉄工所）の協同設計による過給器付き横型機関（240 PS）で，連結面側台車に 80 kW 直流電動機 2 台が装架され，中間付随車を挟む 3 両編成で総括制御運転が可能なディーゼル列車（diesel multiple unit, DMU）であった．

太平洋戦争の激化は燃料統制を呼び，ガソリン動車とディーゼル動車は運転頻度が激減し，前者は代燃動車化され終戦を迎えた．1949 年（昭和 24 年）の日本国有鉄道発足と燃料事情の好転に伴い，まず燃料統制時代の代燃動車へ大型自動車用ディーゼル機関（DA55 形・DA58 形）を搭載，さらに，1952 年（昭和 27 年）に鉄道省設計の制式ディーゼル機関 DMH17 形（150 PS）を搭載した電気式ディーゼル動車キハ 44000 形が完成した．

戦前に開発された液体式変速機の改良形もキハ 42500 形に搭載され，総括制

御運転に良好な成績を収めたため，戦後はDMH17形ディーゼル機関と液体式変速機（TC-2, DF115）による液体式で，総括制御方式のディーゼル列車として1953年（昭和28年）から量産化が始まり，その先駆は4両製造されたキハ44500形であった。そして同年から，初期の量産形液体式内燃動車としてキハ10系が，1956年（昭和31年）以降は車体断面を大型化した準急用キハ55系と一般用キハ20系が（図3.28），さらに，勾配線区用の2機関搭載動車（キハ50, 51, 52系）も製造され，全国各地の蒸気機関車けん引列車に代替した。

図3.28 液体式キハ20系，10系ディーゼル動車（JR東日本八高線丹荘駅：埼玉県）

（6） 多用途内燃動車の量産化　「もはや戦後ではない」と経済白書に書かれたように，1960年（昭和35年）以降は経済の高度成長期に入り，国民の生活水準が高まりつつある中で優等列車の電車化，内燃化による増発運転と高速化，ダイヤ改正が繰り返された。この年，まずDMH17H形横型機関（180 PS）を2台搭載したボンネット形特急用ディーゼル動車キハ81形が登場し，1961年（昭和36年）のダイヤ改正をめどに貫通路式高運転台形のキハ82形に改良された。急行列車についても2機関搭載形のキハ58系の量産により，全国の非電化線区にディーゼル急行列車が運転され，高速化によるサービス向上を果たした。一方，都市周辺の住宅化が急速に進む地域では，DMH17H形横型機関搭載のキハ30系3扉式内燃動車が1961年（昭和36年）から量産され，通勤輸送にあたった。

2機関搭載に代わる大出力機関の開発も同時期に進み，400 PS機関搭載のキハ60形が1960年（昭和35年）に登場し，また，日本鉄道車両工業協会が中

心になり 1 050 PS の CT58 形ガスタービン機関を搭載した内燃動車も 1 両試作されたが実用には至らなかった。さらに，500 PS 機関を搭載した 2 軸駆動のキハ 181 系特急用内燃動車も 1968 年（昭和 43 年）から量産されたが，すでに用途廃止が進んでいる。これまで述べた戦後の新設計内燃動車群はすでに老朽化し，一部が残存または保存されるだけで，国鉄の近代化を支えた車両群が終焉を迎えつつある。

　JR 発足後に新製された内燃動車はステンレス車体になり，機関は横型小出力から大出力へ，さらに，直噴式機関へと進展し，高速化へと発展している。

　例えば，JR 四国の 2000 形は大出力の直噴式機関を搭載し，勾配区間でも電車なみの性能を有し，制御振子を用いて曲線通過性能も大きく向上している。

3.2.4　客　　　車

（1）　2 軸木製客車と 2 軸ボギー式木製客車　　客車は機関車方式において旅客輸送を担う主役であり，その両数も多かった。1872 年（明治 5 年）の新橋〜横浜間官鉄開業時の英国製客車は 58 両で，そのすべてが 2 軸車であった。外国人技術者の指導のもと，半製品で到着した木製車体や台枠構成材，台車・輪軸などの鉄鋼製部品を日本人研修生が組み立てて完成させた。この組立作業は研修生にとってよい実務経験となり，鉄鋼製輸入部品を用いて 1875 年（明治 8 年）に官鉄神戸工場，1879 年（明治 12 年）に新橋工場で 2 軸客車が製造された（図 3.29）。当時のおもな国産部分は木製車体であったが，江戸時代ま

図 3.29　国産の 2 軸木製三等客車
　　　　（日本国有鉄道百年写真史）

図 3.30　初代 1 号御料車
　　　　（交通博物館カレンダー）

でに蓄積された和船や家具・調度品づくりの木工熟練技能者がこの製造を担当した。

2軸客車の標準設計値は，連結器部分を除く車体長が23フィート（7 010 mm）～25フィート（7 620 mm），固定軸距（ホイールベース）が11.5フィート（3 505 mm）～12.5フィート（3 810 mm）であった．客車台枠用鋼材の国産化は官営「製鉄所」が製品を安定供給し始める1904年（明治37年）以降まで待たなければならず，これはレールや橋梁用部材についても同様であった．

一方，大型車体の2軸ボギー式木製客車は，大阪～神戸間の官鉄開業向けに9両が用意されたが，このうちの三等客車1両は1876年（明治9年）の神戸工場製であった．この大型客車は2軸三等客車の車体を2両つないだ形で，客室1区分10名の区分席式，総定員は100名で，台車もアダムスボギーと呼ばれる木鉄複合構造の試作的台車が装備された[9]．2軸ボギー式客車は2軸客車に比べて走行安定性に優れ，乗心地が良く，大量輸送に適するため年々需要が高まり，1889年（明治22年）の官鉄東海道線全通時には英国から56両が輸入された．新橋，神戸の両工場のほかにも山陽鉄道，関西鉄道，日本鉄道など幹線的私鉄の諸工場や国内に勃興し始めた民間鉄道車両製造会社でも独特の形態をした客車が多数製造されたが，その設計・製造担当者は日本人であった．

明治期に製造された木製客車のうち，最高峰は皇室用御料車である．初代御料車（初代1号）は英国人初代汽車監察方（技術部門の最高責任者，技師長）W. M. スミスの指導により1876年（明治9年）に神戸工場で誕生した2軸木製客車で，当時の最高技術と日本的な美しい装飾の粋を集めた傑作である．1877年（明治10年），京都～神戸間の官鉄開業式で，明治天皇はこの御料車で全線を1往復した．現存する最古の2軸木製客車として，2003年（平成15年），重要文化財に指定された（**図3.30**）．

（2）　**国産制式ボギー式木製客車の製造**　　1908年（明治41年），内閣直属の鉄道院が発足すると制式蒸気機関車と2軸ボギー式木製客車の設計が開始された．これは，国有化された幹線的私鉄の多種多様な機関車と客車の保守が面倒で経費がかさむためであった．1912年（大正元年）以降，鉄道院の工場

では車両製造をやめて，院指定の民間車両製造会社に製造を依頼することにし，車両の保守・補修専門工場に特化して機械工業分野での民間の技術力向上による国産化推進をその目的とした[1]。

旅客需要の増大に対処するため，鉄道院では1910年（明治43年）にひと回り大きな車体断面を持つ，ホハ12000形など車体長が17m級の，1919年（大正8年）からナハ22000形やナハフ24000形など車体長が20m級の2軸ボギー式木製客車（図3.31）を設計し，これを全国の線区に配属した。客車台枠と走行装置には国産鋼材が使われ，台枠には補強部材（トラスロッド）が取り付けられている。これらの2軸ボギー式木製客車を製造したのは鉄道院指定工場となった民間の3社（汽車製造・川崎造船所・日本車輌製造）であった。

図3.31 ナハフ24000形三等緩急客車（日本国有鉄道百年写真史）

1920年（大正9年）に鉄道省が誕生すると客車設計にも変化が見られた。列車の高速化と重量化による車体への荷重増加，木材価格の高騰，国産鋼材の流通と鉄道事故の経験からボギー式木製客車の車体強度の向上が図られ，魚腹台枠で車体構体と外板が鋼製（内装は木製）の全鋼製車体となった。これが車体長17mのオハ31系で，1929年（昭和4年）から登場した急行用スハ32系から車体長20mの鋼製車体となり，この発展形が広窓のオハ35系である。いずれも鉄道省指定工場となった民間の車両会社が製造を担当した。

（3）**戦後の客車**　戦後の1949年（昭和24年）に公社として日本国有鉄道が誕生すると，幹線急行用2軸ボギー式客車スハ42系が，さらに1955年（昭和30年）に旅客輸送需要の急増により，車体構体と台枠をセミモノコック（準張殻構造）にして軽量化を図ったナハ10系が誕生した。客車の軽量化設計

は同時期の内燃動車や電車にも普及した。

1958年(昭和33年)、長距離夜行特急列車用に寝台車を主体とし、電源車を備えた完全電化車のナハ20系(あさかぜ形ブルートレイン)が量産され、国内各地の特急・急行列車に充当された。その後ブルートレインは、寝台幅の拡大、寝台セット・解体の自動化が行われ、1972年(昭和47年)には床下にディーゼル発電機を搭載した分散電源方式の14系寝台車が登場した。しかし同年に、北陸トンネルで急行列車(ナハ10系客車)の火災が発生したことから、寝台の難燃化・不燃化対策などが行われ、分散電源方式から集中電源方式にした24系客車が1973年(昭和48年)に新大阪発九州行きの特急として運行された。さらに防火設備を徹底し、再度床下に発電機を設備した14系15形が1978年(昭和53年)に登場している。

JR発足後は、青函トンネルが開通した1988年(昭和63年)に24系25形客車による上野～札幌間直通の寝台列車「北斗星」が、さらに1998年(平成10年)にはオール2階建ての新形客車E26系による上野～札幌間の寝台特急「カシオペア」が運行された。例えばE26系は、全室トイレ洗面付きで、一部の個室にはシャワーがあり、食堂車は展望を考慮して2階に設置するなど、JR発足後は、豪華な設備を備えた客車により、旅の楽しさを前面に出している。ブルートレインは列車本数の削減や編成の短縮化が行われ、2009年(平成21年)3月のダイヤ改正で東京発九州行きのブルートレインは廃止された。

3.2.5 貨　　　車

(1) **貨車の種類と構造**　貨車は積載される貨物の種類により、それに適した構造で設計され、車体構造面からは有蓋車、無蓋車、ホッパー車、タンク車、冷蔵車、コンテナ車などがある。また、走行構造面では2軸車、2軸ボギー車などがある。日本の貨車は貨物取引量の関係などから、車長が短い2軸車を主体としてきたが、列車の高速化や拠点間での専用貨物輸送方式による合理化の推進から、2軸ボギー車に置き換わってきた。

(2) **貨車の変遷**　1872年(明治5年)の鉄道開業にあたり、初めて輸

3.2 機関車，内燃動車と客車の歴史

入された貨車は英国製で75両，有蓋車（ワ）と無蓋車（ト）が多数を占めた。のちに官鉄神戸工場が中心となり鋼製部品を輸入して車体を国産木材で自製した．初期の貨車は小型の木製車で積載量が7～10トン程度，車側制動装置付きであるが貫通制動装置はなく，緩急貨車だけは手用制動装置が取り付けられていた（図 3.32）．

図 3.32　7トン積み有蓋緩急車
（日本国有鉄道百年写真史）

図 3.33　15トン積み有蓋車
（日本国有鉄道百年写真史）

貨物需要の増加により，積載量が15トン以上に大型化され，中型の有蓋車（ワム，ワラ）や無蓋車（トム，トラ）が主流を占め（図 3.33），個々の貨車には貫通制動装置が装備され，最高時速が65 kmとなったが，2軸車の走行装置は，担いばねとリンク，すべり軸受によるものであった．

戦後は貨車の大型化と走行装置の改良が進められた．前者は専用貨物輸送に対応するためコンテナ車，冷蔵車，車運車などが2軸ボギー車として登場し，空気ばねも一部の貨車用台車に装備された．後者は走行装置の2段リンク化で最高速度が75 km/hに向上した．この時期を代表する2軸貨車は新しいパレット式のワム80000形有蓋車（図 3.34）で，貨車側面の側扉を全開でき，パレットに搭載した貨物をフォークリフトで積載する合理的な方式であった．従来，すべり軸受が主流だった貨車の軸受にも転がり軸受が装備され，走行抵抗の低減に大きく貢献した．さらに，空気ばねを採用した台車も開発された．現在われわれが目にする貨車のほとんどは，コンテナ車とこのパレット式有蓋車である．

明治期以来，貨物列車は機関車方式が基本であったが，2003年（平成15年）

122   3. 鉄道車両の変遷

図 3.34　ワム 80000 形有蓋車
（日本国有鉄道百年写真史）

には，JR 貨物に電車（動力分散）方式の貨物列車（M250 系電車）が新たに登場し，東京〜大阪の拠点間を最高速度 130 km/h で高速運転している．

3.3　電車の歴史

3.3.1　普通鉄道および地下鉄の電車

（1）**電車運転の始まり**　1879 年，ベルリン勧業博覧会にジーメンス・ハルスケ社が全長約 1.5 m，2 軸の小さな直流電気機関車と客車 3 両を出展し（2.2 節，図 2.5，図 2.49 参照），2 年後にベルリン郊外で全長約 5 m の小さな路面電車で試験的に営業運転を始めた．これが電車の始まりである．しかし，電力を外部から車両に取り入れる方法や主電動機の回転力を車軸に伝える方法は模索が続けられていた．

（2）**電車システムの形成と発展**　米国でも 1880 年以降にレオ・ダフト（Leo Daft），ヴァン・デポール（Van Depoele）などが電車の営業運転に挑戦した．しかし，いずれも主電動機が非力で，主電動機の回転力を車軸に伝える駆動システムもベルトやチェーンなどが用いられていた．

この課題を解決し，今日の電車の基礎を作ったのがフランク・J・スプレーグ（Frank. J. Sprague）であった．彼はエジソンの研究所で働いていたが 1884 年に独立し，まず，直流電動機をトルク変動が小さいものに改良した．さら

に，つり掛式駆動装置を開発し，また，トロリポールを根元のばねで立ち上げる方式にして完成させた．1887年に，彼はバージニア州リッチモンドの路面電車事業に乗り出し，翌1888年，営業運転を開始し成功を収めた．電車は架線電流を運転台に引き込み，運転手が手動で制御器ハンドルを操作して主電動機電流の断続や抵抗値の切替えを行う直接制御（direct control）であった．10年後，スプレーグはシカゴの高架鉄道用電車に，運転台の主幹制御器（マスタコントローラ，略称はマスコン）からの指令によって編成内の主制御器を一括制御する総括制御（multiple unit control）を考案し導入した．

（3）　**日本の電車は路面電車から**[10]　1890年（明治23年）に上野公園で勧業博覧会が開催され，東京電燈が米国から輸入したスプレーグ式電車2両を運転し，馬車鉄道に代わり得る路面電車の存在を社会に示した．5年後の1895年（明治28年），京都で路面電車の営業運転（軌間1 067 mm）（2.2.1項（2），図2.6参照）が開始された．電車は全長約6 m，架空単線式電車線からトロリポールで直流500 V（のちに600 V）を得て，デッキに立つ運転手が直接式制御器を操作した．ブレーキは手ブレーキである．台車（単台車），つり掛式駆動装置，電気機器は米国から輸入した．営業開始後，上水道の鉄管に電食が発生したため，架空複線式電車線となった．

（4）　**総括制御電車の登場**　甲武鉄道は1904年（明治37年）8月に飯田町‐中野間を電化し，それまで走っていた汽車と電車の併用運転を開始した．当初，総括制御のできる2～3両編成の電車を計画した．しかし，営業運転開始後は頻繁な電車運行を優先し，10分時隔の単車運転が原則となった．両端オープンデッキの木造2軸車（全長約10 m・単台車），架空複線式電車線から1対のトロリポールによって直流600 Vを集電する抵抗制御車で，台車，電気機器などは米国から輸入した．甲武鉄道は1906年（明治39年）に国有化され，初めての国鉄デ963形電車（2.2.1項（2），図2.7参照）になった．頻繁な電車運行は好評で1909年（明治42年）の単車運転による山手線の電車化（全長約16 m・ボギー車）に発展した．デ963形電車は台車の固定軸距を延ばすなどの改造を行い，2～3両編成を総括制御で運転した．

1914年（大正3年）には高速大量輸送の電車運転を目指し国鉄京浜線品川〜横浜間に既設線に並行して新線を建設し，レール接続部にレールボンドを用い，直流1200V架空単線式電車線方式で電化した（東京〜品川間は直流600V）。デハ6340形電車（図3.35）は全長約16m，幅約2.7mのボギー車で，2両編成（McMc，Mc：制御電動車）または3両編成（McTMc，T：付随車）で運転された。電気機器は米国製で，集電装置はローラパンタグラフを採用した。営業運転直後，架線・パンタグラフ系の事故が多発したので，いったん営業運転を休止し，軌道や電車線の整備調整を行い，パンタグラフを軽量なしゅう動形に変更し営業を再開した。電車の最高速度は80km/h前後に向上した。その後，パンタグラフの集電舟は複式となった。

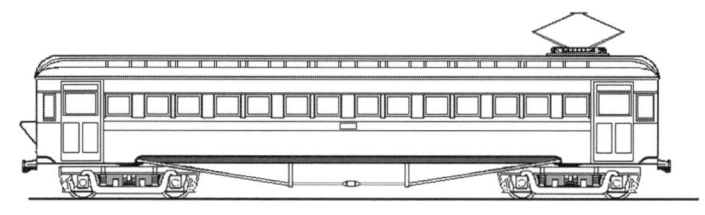

図3.35　デハ6340形電車（木製車，トラス棒車体台枠）

（5）鋼製車体と自動扉の採用　路面電車からスタートした電車は，2軸単台車1台で木造車体を支えており，全長は6〜10mであった。その後，旅客が増加し1904年（明治37年）に京浜電気鉄道（現・京浜急行電鉄）は単車運転用1形を増備するに際し，より大型のボギー車（全長13.4m）を採用した。これが日本で最初のボギー式電車である。その後ボギー式電車は，関西の民鉄や国鉄（山手線）に採用され普及していった。電車の全長は1920年（大正10年）代には13〜17mの長さになり，乗降デッキは廃止，折り戸は片開き式の引き戸へと順次転換していった。しかし，編成電車の高速運転は木製には負担であり，事故時の車体強度も問題であった。そのため，1923年（大正12年）に屋根や内装は木製の半鋼製車体が神戸市電G車（200形），1926年（大正15年）には国鉄モハ30形電車（全長17m）（図3.36）に採用された。それまでの電車は車体強度を保つためトラス棒台枠が使用されていたが，半鋼

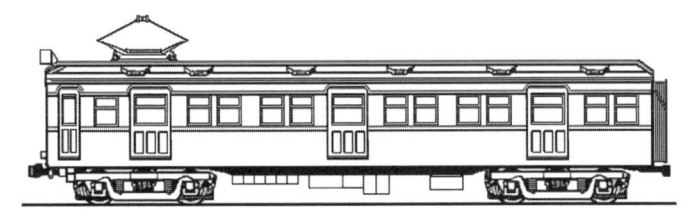

図 3.36 モハ 30 形電車（半鋼製車体，魚腹形車体台枠）

製車体に耐えるように，モハ 30 形電車は中ばりの中央部を下に膨らます魚腹形車体台枠とした。

さらに，1932 年（昭和 7 年），モハ 40 形電車は付随車に続いて電動車も初めて全長 20 m を採用し，その後の国鉄電車の標準長となった。現在では，普通鉄道用車両の全長は 20 m と 18 m が一般的になっている。モハ 40 形電車の車体台枠は平形（溝形鋼通し）台枠になり，床下機器の配置がしやすくなった。全鋼製車体は阪神急行電鉄（現・阪急電鉄）500 形電車が試作され，翌 1926 年（大正 15 年）に全鋼製の 600 形が製作された。しかし，全鋼製車体は地下鉄（東京地下鉄道 1000 形，大阪市交通局 100 形）などの一部の電車にとどまっていた。なお，地下鉄は 1927 年（昭和 2 年）に浅草〜上野間が，1933 年（昭和 8 年）に梅田〜心斎橋間が開業した。それまで電車側面の扉数は 2 または 3 であった。戦時対応のため，電車の 4 扉改造が行われたが，本格的には 63 形電車から 4 扉が採用され，その後の通勤電車の標準になった。扉は手動式で車掌と駅員が閉じて鎖錠していたが，利用客の増加とともに手動では間に合わず自動扉が必要になり，1924 年（大正 13 年）に阪神電気鉄道 371 形電車に続き，国鉄モハ 30 形電車，東京地下鉄道 1000 形電車に空気式ドアエンジンによる自動扉が採用された。

（6） **自動連結器から密着連結器へ**[11]　　国鉄の電車は 1925 年（大正 14 年）の機関車・客貨車の自動連結器一斉取替えに先立って，自動連結器に取り替えられた。しかし，乗心地が悪かったため連結遊間のない密着連結器が求められ，慎重に検討後試用し，1934 年（昭和 9 年）のモハ 43 形電車から密着連結器を採用した。民鉄も 1920 年代から密着連結器を採用し始めている。

3. 鉄道車両の変遷

（7） 民鉄電車の発展　1906年（明治39年）の鉄道国有化前後から開業した大都市近郊線を持つ民鉄は，1920年代になり利用客の増加とともに高速大量輸送のための編成電車へと変化していった。例えば，参宮急行電鉄（現・近畿日本鉄道）は1930年（昭和5年）に上本町～宇治山田間の137 kmをデ2200形電車（2M1T編成）により約2時間で運転した。途中，33‰の鈴鹿山脈越えがあり，発電ブレーキによる抑速ブレーキを備えていた。阪和電鉄（現・JR西日本阪和線）は1929年（昭和4年）に，天王子～和歌山間の61.3 kmにモヨ100形電車（1M1T編成）を運転し，1933年（昭和8年）には超特急と称し，45分運転（表定速度81.6 km/h）を実現した。増備車には，直流複巻電動機による回生ブレーキ付きの車両が追加されている。

（8） 湘南電車の伸展　太平洋戦争が1941年（昭和16年）に始まり，欧米諸国との技術交流も困難になり鉄道技術も停滞する一方，鉄道は戦時対応に追われた。1945年（昭和20年）に終戦となり，混乱した数年間，鉄道は復興の重要な役割を担った。その頃，国鉄では中長距離旅客輸送は機関車列車が担っていたが，東京から湘南地方への輸送力増強にあたって，機関車けん引列車では東京駅のホーム容量が限界で増発ができないため電車化することになり，1950年（昭和25年）に80系電車（基本編成10両，付属編成4両，郵便荷物車1両の合計15両編成）を登場させた。運転当初の故障も乗り越え，東海道線静岡，さらに浜松までと運転距離を延ばしていった。「湘南電車」と呼ばれた80系電車自体は，電動車の台車以外はその時点での技術を精査・選択したものであったが，中長距離旅客輸送の電車化，さらに，電車の固定編成化への道を拓いた。図3.37は，営業開始時の80系電車の車両編成であり，運転

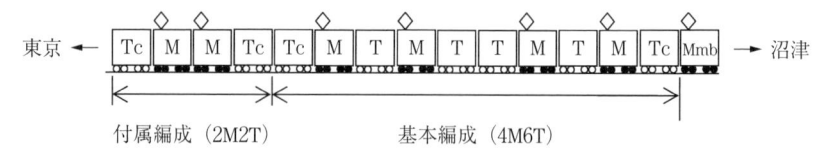

東京 ← | Tc | M | M | Tc | Tc | M | T | M | T | T | M | T | M | Tc | Mmb | → 沼津

付属編成（2M2T）　　　基本編成（4M6T）

Tc：制御車　T：付随車　M：電動車　Mmb：郵便・荷物車（電動車）

図3.37　80系電車の車両編成

台は両先頭制御車と郵便・荷物車のみとなっている．

（9） 民鉄高性能電車および国鉄新性能電車の活躍[12]　　1950年（昭和25年）頃になって欧米の技術情報に基づき，新技術の導入や開発を目指すようになった．新技術の一つがカルダン駆動装置であった．直角カルダン駆動装置は1953年（昭和28年）に東武鉄道5720系電車に採用され，その後もいくつかの民鉄で採用されたが大きな流れにはならなかった．同年に京阪電鉄1800形電車（軌間1 435 mm）の一次車に，WN（Westinghouse Nuttal）継手と中空軸電動機たわみ板継手が採用された．これ以降，カルダン駆動装置を採用した民鉄の高性能電車が続々登場した．そのなかでも帝都高速度交通営団（交通営団）は欧米の車両技術を調査し，国内製造技術の向上のためニューヨーク市地下鉄のR11形電車の駆動・ブレーキ技術を導入し，1954年（昭和29年）に丸ノ内線（池袋～御茶ノ水間，軌間1 435 mm）開業時に交通営団300形電車として結実させた．その技術にはWN継手の平行カルダン駆動装置，多段制御器，セルフラップ式発電ブレーキ併用電磁直通空気ブレーキ（SMEE），応荷重装置，両開き式自動ドア（幅1 300 mm）などがある．

　同じ頃，国鉄でも標準形の新性能電車の研究を進め，1957年（昭和32年）に101系電車の試作車を出した．駆動装置の選定は狭軌（軌間1 067 mm）であるため，当時WN継手では主電動機出力が制限され，中空軸電動機たわみ板継手を選択した．2両1ユニットのMM'方式，応荷重装置付きの発電ブレーキ併用電磁直通空気ブレーキ（SELD），多段制御器などを採用した．101系電車は表定速度を高めるため加減速度を重視し全電動車編成としたが，変電所への負担が大きく，MT編成（M：電動車，T：付随車）に変更した．その後，より経済性を重視し，減速度が3.5 km/h/sの103系電車（4M4T編成）を設計した．交通営団300形電車の両開き式自動扉（両開き幅1 300 mm）は101系電車にも採用され，民鉄にも普及していった．

　カルダン駆動装置，多段制御器を採用した電車を民鉄では高性能電車，国鉄では新性能電車と呼び，大都市の通勤・近郊電車や長距離電車の発展を促す技術基盤となった（3.5.3項（5）参照）．

(10) **特急電車「こだま」の誕生**　1956年（昭和31年）に東海道線の全線が電化され，EF58形電気機関車（**付図4参照**）がけん引する特急列車が最高速度95 km/h，東京〜大阪間を7時間30分で結んだ．EH10形電気機関車によるけん引でさらなる速度向上を目指したが，機関車列車ではブレーキ性能に課題が残った．1958年（昭和33年）11月に101系電車の新技術（ただし，歯数比は1.56→1.35）をベースに，空気ばね台車，付随車にはディスクブレーキ，空調装置を採用し，客室の静音化のため，電動発電機や空気圧縮機を先頭車のボンネットに収納した151系電車特急（4M4T編成）（1.3節（4），図1.5参照）が誕生し，最高速度110 km/h，東京〜大阪間を6時間30分で結ぶことを目指した．

(11) **パワーエレクトロニクスの発展と省エネルギー電車の時代へ**

a. 交直流電車の登場　1950年代後半（昭和30年代）に入り，直流と交流区間を通して運転する交直流電車が必要になった．このような時期にシリコンダイオード整流器（以下，シリコン整流器）の実用化があり，1961年（昭和36年）に交流電化された常磐線に401系（50 Hz），山陽線・鹿児島線に421系（60 Hz）近郊形交直流電車が投入された．

また，特急電車の運行が地方線区にも拡大され，直流/交流60 Hz区間用として1964年（昭和39年）に481系電車が北陸線に，直流/交流50 Hz区間用として1965年（昭和40年）に483系電車が東北線に登場した．さらに，1968年（昭和43年）に直流区間と交流50/60 Hzの3電気方式の485系電車が大

図3.38　485系交直流特急電車
（抵抗・直並列・弱め界磁制御）

阪～青森間に特急「白鳥」として登場し，485系電車がこれらの統一形式名称になった．485系電車の先頭車は当初はボンネット形であったが，分割・併合を考慮して1972年（昭和47年）から前面貫通形となっている（図3.38）．

b．サイリスタを用いた交流電車と直流電車の登場　1958年（昭和33年）に米国のGE社からSCRの商品名でサイリスタ（thyristor）が発表され，鉄道分野でもサイリスタの応用研究が進んだ．交流電車は1968年（昭和43年）に函館線用711系電車の一次量産車が製作された．一方，直流電車はチョッパ制御が実用化されていく．1969年（昭和44年）に複巻電動機を用いた界磁チョッパ制御が東京急行電鉄8000系電車に採用され，以後，駅間距離が長く最高速度も90 km/hを超える通勤・近郊形電車を持つ民鉄に普及していった．1970年（昭和45年）に電機子チョッパ制御を力行制御のみに用いた阪神電気鉄道7000形電車が登場したが，翌1971年（昭和46年）にトンネル内の温度上昇を抑制したい交通営団（現・東京地下鉄）は，世界初の回生ブレーキ付き（全界磁式）電機子チョッパ制御車である6000系電車（図3.39）を製作し，さらに，回生領域の拡大を目指し，7000系電車の自動可変界磁制御（automatic variable field control），1984年（昭和59年）には4象限（4Q）チョッパ制御の01系電車を銀座線に投入した．

図3.39　交通営団6000系電車
（電機子チョッパ制御）

c．VVVFインバータ制御車の登場[13),14)]　1982年（昭和57年），熊本市電にインバータ制御車8200形が登場した．120 kW主電動機1個を逆導通サイリスタのインバータで制御した．1979年（昭和54年）に大阪市交通局が地下鉄

（直流750V）の小型化のためGTOインバータ制御車を開発する方針を定め，メーカとの協同開発を進めた。その成果は1984年（昭和59年）に2.5kV GTOサイリスタを用いた20系電車として結実した。4.5kV GTOサイリスタの開発も進み，直流1500V電気方式の近鉄1250系・新京成8800系・東急9000系インバータ電車などが登場した。GTOサイリスタの開発は世界的にも日本が先行する状況であった。GTO・VVVFインバータ制御車は主電動機が誘導電動機になり保守も容易になった。さらに，車両の軽量化と回生ブレーキにより省エネルギーが進むこともあり，大都市圏の通勤電車からしだいに普及していった。

なお，主電動機が誘導電動機になって中空軸電動機から中実軸電動機になり，軸継手はWN継手とTD（twin disc）継手が使われている。

d．PWMコンバータ式電車の採用とベクトル制御の急速な普及　1995年（平成7年）になって常磐線にE501系交直流電車が投入された。基本編成の主回路機器はドイツ製のGTOサイリスタによるPWMコンバータ式で，VVVFインバータの制御はベクトル制御であった。このPWMコンバータ式交直流電車はJRの在来線では初めてであり，交直セクション通過時における運転士の操作の自動化，信号機器などの地上設備の対策が進んだ。

（12）振子電車の登場　1960年代後半には，高速道路網の進展とともに鉄道は競争力を失いつつあった。そのため，120km/h特急網の拡大を進め，車両側の対策として1973年（昭和48年）に中央西線の電化にあわせて曲線通過速度を向上させる自然振子式の381系電車を投入し，曲線半径400m以上で曲線通過速度を20km/h向上させた。

乗心地をさらに向上するため制御付き振子の試験が行われ，JR四国は1989年（平成元年）に車体傾斜を空気シリンダで制御する制御付き振子式の2000系特急気動車を採用し，その実績をもとに1992年（平成4年）に同方式を予讃線8000系特急電車に採用して最高速度130km/hの運転を行った。その後，振子式特急電車や特急気動車はJR各社で採用されている（3.5.4項参照）。

（13）最高速度120km/hから130km/h線区の拡大へ　1968年（昭和

43年）10月，国鉄ダイヤ改正で特急電車の最高速度が120 km/hにアップされた．分割・民営化後，JRは図3.40のように非常制動距離が600 m以内の制約のもとで，最高速度130 km/hを出せる特急電車を多くの線区に投入した．さらに，新幹線・在来線の直通運転のため，盛岡～秋田間，福島～新庄間が軌間を標準軌にするなどして最高速度が130 km/hとなった．また，津軽海峡線（140 km/h），北越急行ほくほく線（160 km/h），京成成田空港線（160 km/h）などが高速対応の線路・信号設備と車両で130 km/h以上の高速運転を行っている．

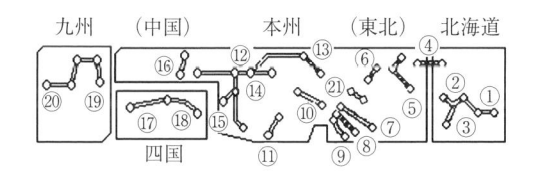

①函館線・宗谷線　②千歳線・函館線　③石勝線・根室線　④津軽海峡線（140 km/h）
⑤，⑥新幹線・在来線直通区間（⑤盛岡～秋田間　⑥福島～新庄間）　⑦常磐線
⑧京成成田空港線（160 km/h）　⑨総武線・成田空港線　⑩中央東線　⑪中央西線
⑫湖西線・北陸線　⑬北越急行ほくほく線（160 km/h）　⑭東海道線・山陽線
⑮阪和線・紀勢線　⑯智頭急行　⑰予讃線　⑱高徳線
⑲鹿児島線・日豊線　⑳鹿児島線・長崎線　㉑つくばエクスプレス（通常は120 km/h）

図 3.40　最高速度130 km/h以上のおもな運転線区

(14)　**相互直通運転**　郊外から都心への旅客輸送需要に応えるため，1960年（昭和35年）に東京都交通局浅草線と京成電鉄で最初の相互乗入れが行われた．直通運転のためには，軌間，電気方式，信号，無線などに加え，電車の床面高さ，扉配置，運転士や車掌が扱う機器配置・操作方法，および車両性能，運転取扱いを合わせる必要がある．JR・公営・民鉄相互間の直通運転は東京，大阪，名古屋，京都，神戸，福岡の各都市で行われるようになった．

(15)　**強度を確保しつつ車体の不燃化と軽量化が進む**[14]　1951年（昭和26年）4月，国鉄桜木町駅近くで架線工事中のため垂れ下がっていた電車線が，進入した63形電車のパンタグラフに絡み，屋根に接触し火災を起こし多数の犠牲者を出した．そのため電車構造の見直しが行われ，車両間の貫通路の

設置，窓の改造，車内への非常ドアコックの設置と表示，屋根および屋根上機器の絶縁強化，乗務員の連絡通報装置の設置などの対策をとるとともに，さらに1950年代後半から新製車を全鋼製とした。

その後，地下鉄車両を中心に火災対策の通達が出されたが，主回路電気機器の故障が原因で車両火災が発生したことで1969年（昭和44年）に車両材料の不燃化・難燃化を強化し，配線や機器配置方法を見直した不燃化基準（通達）になった。不燃化基準にはA-A基準，A基準，B基準があり，A-A基準は地下鉄車両と地下鉄乗入れ車両などが対象であったが，普通鉄道の新製車両もこのA-A基準を満たすようになった。A基準は大都市および周辺の線区で長大トンネル区間を運転する車両，B基準はそれ以外の車両を対象とした。A-A基準が最も厳しく，原則として不燃材料の使用，構造・機能上やむを得ない場合は難燃性材料とし使用量も少なくする。2002年（平成14年）からは鉄道会社の自主性も加味した「鉄道に関する技術上の基準を定める省令」により，安全性の確保に努めるようになった。

それまで車体台枠を強化することで乗客などの垂直荷重，ねじり荷重，連結器に加わる車端圧縮荷重に十分耐えるように設計してきた。1952年（昭和27年）に構体全体で強度を持たせるモノコック構造（張殻構造）を取り入れた普通鋼製の軽量構造車，その後，車体外板のみにステンレス鋼を用いたセミステンレス車（スキンステンレス車），オールステンレス車，さらに，1981年（昭和56年）にアルミ合金車に匹敵する軽量化を目指した軽量ステンレス車が実現した。一方，1962年（昭和37年），アルミ合金車がつくられ，1999年（平成11年）にはアルミ合金製ダブルスキン構造車が開発され，700系やE2系1000番台から新幹線電車にも本格的に使われるようになった（3.6節参照）。

(16) ワンハンドルマスコンの実用化と普及[14] 空気ブレーキが実用化して以来，電車の運転には運転士が左手でマスコンを，右手でブレーキ弁（図3.59参照）を操作するツーハンドル式を用いてきた。**図3.41**はマスコンとブレーキ弁が別置されたツーハンドル式で抑速ノッチ付きのマスコンの例である。マスコンは縦軸形であったが，小型化が可能になるに伴い0系新幹線電車

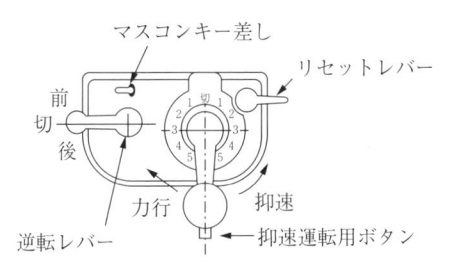

図 3.41 ツーハンドル式のマスコン
(勾配線区用，国鉄 115 系電車など)

のように横軸形マスコンも用いられるようになった。1967年（昭和42年）に電気指令式空気ブレーキが開発実用化され，マスコンとブレーキ設定器の横軸形一体構造が可能となった。1969年（昭和44年）に東京急行電鉄8000系電車にT形ワンハンドルマスコンが採用され普及していった。開発の際，ハンドル操作で"押してブレーキ，引いて力行"案と逆の案があったが，前者の方式を採用し，日本で普及した。その結果，欧米のマスコン操作と逆になっている。ワンハンドルマスコンは図 3.42 の左手のほか，両手（T形），右手操作のものがあり，さらにツーハンドルマスコンも採用されている。

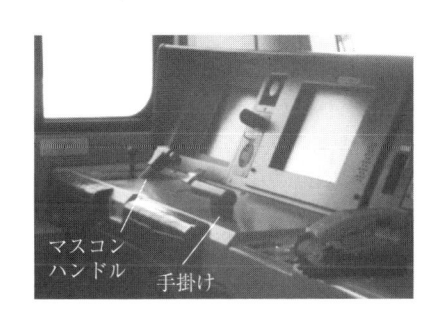

「切」位置から手前に引くと力行
（P1 ～ P5），押すとブレーキ（抑速，常用 B1 ～ B8，非常）

図 3.42 左手ワンハンドルマスコンの運転台（E233 系電車（近郊形））

(17) **国鉄の分割・民営化後の電車**　国鉄の分割・民営化後，103 系電車が置換え時期にきていた。そのため，JR 東日本は購入価格，消費電力，保全面などを総合したライフサイクルコストが安い次世代電車を求め，試作車による試験を経て 209 系電車を製作した。車両の寿命は従来の 25 ～ 30 年ではなく，法定の減価償却期間である 13 年を目安とした。車両寿命の設定について

は今後を見守るとして、保全面では電子機器の進歩も早く、従来の車両寿命では修理時に部品がなくなることも想定され、また、ディジタル化した電子機器はある日突然故障し、従来の故障発生パターンと相違する。そのため、従来の保全方法を見直す時期でもあり、2002年（平成14年）3月31日施行の「鉄道に関する技術上の基準を定める省令」に新技術の採用に関する緩和条項が追加された。また、民営のJRが発足したことにより、国鉄規格（JRS）ではなく、これまで以上に日本工業規格（JIS）や国際規格（国際電気標準会議（IEC）、国際標準化機構（ISO）など）を重視し、グローバル化に対応することを迫られるようになった。

近年、大都市圏の電車はこれまでにも増して運行の安定性を保ち、空調装置などのダウンを避けるために機器の冗長性を持つことが必要になった。そのため、JR東日本のE231系、E233系（図3.43）やJR西日本の321系をはじめとして、電車の主回路や補助電源装置は冗長性を持たせ、故障時も電車の運転に支障がないようになった。

図3.43 E233系電車
（VVVFインバータ制御）

（18）**リニアモータ式ミニ地下鉄**　大阪市交通局は、小断面トンネルで60‰まで急勾配を許容し建設費を抑制するリニアモータ式ミニ地下鉄・鶴見緑地線を1990年（平成2年）に先行開業させた。そのとき投入したのが鉄車輪支持の車上一次式リニアモータ70系電車である。その後、東京都交通局の大江戸線などの地下鉄に適用されていった。

3.3.2 新幹線電車

(1) 新幹線実現に向けて　1956年（昭和31年）に，東海道線の飽和状態を打開するために「東海道線増強調査会」が国鉄の島秀雄技師長を委員長として発足し国鉄内部での検討が始まった．島は十河（そごう）総裁のもと，将来の輸送量予測や技術検討を着実に進め，広軌新幹線への道を拓いていった．80系電車列車の運行，1957年（昭和32年）に新性能電車モハ90形（のちに101系と改称）の試作，同年5月の鉄道技術研究所による東京銀座ヤマハホールでの「東京〜大阪間3時間運転への可能性」と題する講演会，さらに，小田急電鉄3000形SE（super express）車の東海道線での高速走行試験記録（145 km/h）などが電車列車への認識を高めていった．

このような状況のなかで，1958年（昭和33年）に東京〜大阪・神戸間に最高速度110 km/hの151系特急電車（4M4T編成，翌年には6M6T編成）が登場した．さらに，1961年（昭和36年）にシリコン整流器を採用した401系と421系交直流電車が登場し，交流側機器とそれらをM'車の床下に搭載する交流電車の構想を後押しした．

(2) 0系新幹線電車の誕生　新幹線は東京〜大阪間（515 km）を1駅の停車で3時間，10駅の停車で4時間の運転を目標とした．そのためには，平均速度170 km/h，最高速度210 km/hが必要となる．列車は，電車列車か機関車列車かが検討されたが，軸重が決め手になり，電車列車に決まった．電気方式は，直流1 500 V，直流3 000 V，商用周波交流25 kVの3方式が考えられた．直流1 500 V方式は，高速での1パンタグラフの集電容量が1 000 Aを超え大きくなり過ぎること，直流3 000 V方式は，高速車両の床下に直流3 000 V機器をぎ装することの難しさがあり，商用周波交流電化方式が有力になった．しかし，交流電化方式も関東と関西で周波数が異なること，セクション通過時の電流遮断・再投入，車両の質量増などの問題があった．数年かけた技術検討の結果，これらの課題を解決できる見通しを得て，交流60 Hz・25 kV電化方式が決定した．

当時は160 km/h以上の高速領域での車輪・レール間の粘着係数，集電性

能，列車すれ違い時の圧力変動，走行安定性，軌道回路の短絡状態をはじめとして未解明なことが多く，200 km/h を超える車両による試験が不可欠であった．そのため，1962 年（昭和 37 年）に鴨宮を基地とするモデル線を建設し，A 編成 2 両，B 編成 4 両の試作電車を製作し試験を行った．東海道新幹線は 1964 年（昭和 39 年）10 月 1 日に開業し，0 系新幹線電車（図 1.6，図 3.5 参照）が最高速度 210 km/h で走行した．

（3） **列車モニタリングシステムの実用化**　1982 年（昭和 57 年）に東北新幹線，上越新幹線が開業し，200 系新幹線電車（12M）（**図 3.44**）が投入された．200 系新幹線電車は車載用ミニコンピュータを活用し，各車両の状況を運転台のディスプレイで掌握し，運転台で故障車両の解放などを行うモニタリングシステムが初めて新幹線電車に搭載された．1985 年（昭和 60 年）には東海道新幹線に，200 系新幹線電車からさらに軽量化，低価格化を追求した二階建て車両を持つ 100 系新幹線電車（12M4T）が登場している．

図 3.44　200 系新幹線電車（サイリスタ混合ブリッジ制御）

（4） **環境保全と高速化**　東海道新幹線が開業後，山陽新幹線では最高速度 260 km/h 運転を目指し，1972 年（昭和 47 年）に 951 形試験電車が試作され高速走行試験を行った．その試験中に静輪重の 4 倍弱の著大輪重（大きな瞬間的輪重変動）が発生し，車両にとって台車のばね下質量の軽減が課題となった．その後，輪軸，ブレーキディスク，軸箱，駆動装置などのばね下質量の軽減対策を研究し見通しを得たが，頻繁な新幹線電車の運行によって沿線住民か

らの騒音・振動問題が提起され，1975年（昭和50年）の山陽新幹線博多開業は最高速度が210 km/hに据え置かれた。

山陽新幹線ではスラブ軌道，ATき電，ヘビーコンパウンドカテナリーが採用されている。1975年（昭和50年）に新幹線騒音環境基準が出され，環境保全対策が急務となり，東北新幹線小山試験線で走行試験を行い，パンタグラフの集電音やレール頭頂面の凹凸による転動音を低減する方策などが試験された。この研究成果により，1985年（昭和60年）の東北新幹線上野開業時に200系新幹線電車で最高速度240 km/hの営業運転が開始された。東北新幹線の速度向上に合わせ，翌1986年（昭和61年）に東海道・山陽新幹線でも100系新幹線電車で最高速度220 km/hの営業運転になった。なお，騒音低減のため，200系以降の電車はパンタグラフ数を固定編成当り2個以下にし，高圧母線引通しを行うようになった。

東海道新幹線のBTき電は1985～1991年にかけてATき電に変更され，パンタグラフ間の高圧母線引通しが可能になった。パンタグラフも700系，E2系1000番台からは，従来の下枠交差形からシングルアーム形になっている。

（5） **PWMコンバータ式誘導電動機駆動システムの実現**[15]　1980年代初め，北陸（長野）新幹線を建設するにあたり，横川～軽井沢間の急勾配を新幹線の建設規格である15‰か，30‰の急勾配で走行できるかが議論されていた。鉄道建設公団から委託を受けた国鉄は，調査委員会を立ち上げ審議を進めた。その結果，自励式電力変換器で誘導電動機を制御する動力方式を開発することになり，試作機器を搭載し，国鉄浜松工場の構内試験まで進めた。開発は国鉄の最後の時期であり，実用化は国鉄の分割・民営化後に託された。JR東海は1990年（平成2年）に10両編成の試作電車を作り，走行試験を続け実用化のための確認を行った。その成果として1992年（平成4年）に300系新幹線電車を登場させた。北陸（長野）新幹線にも1997年（平成9年）にPWMコンバータ方式のE2系が投入されている。この300系新幹線電車の登場は，駆動・ブレーキシステムの小型・軽量化と出力増をもたらし，その後の新幹線の高速化を可能にした。

(6) さらに進む新幹線の高速化 1992年（平成4年）から300系新幹線電車によって最高速度270 km/hの「のぞみ」がスタートした。その後，最高速度300 km/h以上を目指し，JR各社はそれぞれSTAR21，WIN350，300X，FASTEC360と高速試験車を製作し，各種の走行試験を行った．1997年（平成9年）以降，山陽新幹線で500系の300 km/h，東北新幹線でE2系およびE3系の275 km/h，2007年（平成19年）7月に山陽新幹線でN700系（**図3.45**）の300 km/hの最高速度での運転が行われ，2013年（平成25年）以降には，東北新幹線でE5系の最高速度320 km/h運転が予定されている．

図3.45 N700系新幹線電車（PWMコンバータ制御）
（JR東海写真提供）

この間，2004年（平成16年）10月に新潟中越地震（M6.2）があり，200系新幹線電車が脱線したが，軌道から大きく外れることがなかったため，乗客に死傷者を出さなかった．2011年3月の東日本大震災（M9.0）でも早期地震検知システムにより，本線の電車は無事に緊急停止した．新幹線運行の安全確保のため，地震検知システム，緊急ブレーキシステムなどとともに，どのようなときでも安全に走行させる研究がさらに進められている．

3.4 電気車の速度制御方式の変遷

3.4.1 電車・新幹線電車の動力方式
（1） 直流電車

a. 直流電気車の制御方式の種類[16]　電気車は与えられた走行条件のもとで，滑らかに起動加速し所定の速度で走行することが要求される。このような条件を満たす電気車用主電動機として，直流電動機が長く用いられ，その制御方法が発展した。しかし近年，パワーエレクトロニクス技術などの目覚ましい発達があり，交流電動機の制御が容易になった。**表 3.6** は直流電気車の速度制御方式について，その変遷の概要を示したものである。

b. 抵抗制御方式の変遷

（ⅰ） **電気機器輸入の時代**　1895 年（明治 28 年）にわが国で初めて営業運転を開始した京都の路面電車（単台車）は，25 HP† 主電動機 1 個の抵抗制御車で直接制御方式であった。その後，しばらく直接制御の電車（主電動機 2 個）による単車運転が続いた。1914 年（大正 3 年），国鉄は京浜線の電車（2M1T，2M 編成）にマスコンからの指令によって電磁単位スイッチ式制御器（自動進段式）を制御する総括制御を採用した。主回路は 105 HP 主電動機 4 個の抵抗制御，直並列組合せ制御であった。その後，電磁単位スイッチ式や電空単位スイッチ式制御器を用いた総括制御システムは，国鉄，関西・関東の民鉄に広く普及していくが，1920 年（大正 9 年）頃までの電車用電気機器は，米国を主とする欧米からの輸入か技術提携によって製作されたものであった。

（ⅱ） **電気機器の国産化**　米国では 1910 年代にカム軸制御器が開発され，1920 年代になって欧米で普及しつつあった。1923 年（大正 12 年）になって国鉄は米国で多く使用されていた電空カム軸制御器を検討し，デハ 43200 形電車に国産の主制御器を初めて採用し，その後の電車は電空カム軸制御器が標準となっ

---

† HP（英馬力）は現在は使われていない。1HP は約 746 W

表3.6 直流電気車の速度制御方式および主回路

制御方式	主回路	適用例
抵抗制御	(接触器・主抵抗器・電機子・界磁コイル／主抵抗器・電機子・界磁コイル（直並列切換）)	国鉄や民鉄での適用例が多い。103系通勤電車、113系近郊電車など
界磁制御	(主抵抗器・電機子・誘導分路・界磁抵抗・接触器・界磁コイル)	
電機子チョッパ制御	(フリーホイールダイオード・界磁コイル・電機子・平滑リアクトル・チョッパCH)	交通営団6000系、201系通勤電車など
界磁チョッパ制御	(分巻界磁・チョッパCH・直巻界磁・電機子・主抵抗器)	民鉄での適用例が多い。東京急行電鉄8000系電車
界磁添加励磁制御	(電機子・誘導分路・接触器・直巻界磁・主抵抗器・励磁装置・三相交流電源)	JRで実用されている。205系通勤電車など
インバータ制御 2レベル	(フィルタリアクトル・フィルタコンデンサ・インバータ（GTOまたはIGBT）・誘導電動機M 3〜)	JR、民鉄、地下鉄で実用されている。209系・E231系通勤電車など
インバータ制御 3レベル	(フィルタリアクトル・フィルタコンデンサ・フィルタコンデンサ・インバータ・誘導電動機M 3〜)	

た．同じ頃から関西の民鉄や地下鉄の電車にも電空カム軸制御器が普及していった．一方，電動カム軸制御器は 1923 年（大正 12 年）に英国製が初代名古屋鉄道デボ 400 形，翌年に京阪電気鉄道 300 形に採用され，1926 年（大正 15 年）以降は技術提携によって国産化されるようになった．さらに，弱め界磁制御が 1920 年代中頃（大正末）から民鉄で適用され，国鉄でも 1931 年（昭和 6 年）に駅間距離が長く高速走行ができる横須賀線用モハ 32 形電車に採用された．

(iii) **多段式制御器へ** 太平洋戦争が終わり，復興・整備の時期を経て，1950 年頃には旅客輸送の質と量の改善が求められるようになった．そのため，抵抗制御時の電動機電流変動を抑え，電車を高加減速化するため，制御段数を増やす多段式やバーニア制御付き多段式の主制御器を採用した．この主制御器は電空単位スイッチ式や電動カム軸式で製作された（**表 3.7**）．その後，電空単位スイッチ式は，ぎ装スペースをとり，保守量も無視できず電動カム軸制御器になった．民鉄の高性能電車や国鉄の新性能電車は，発電ブレーキを常用するようになった．それまで直流 1 500 V 用電車の主回路は，1 両単位で主電動機 2 個の永久直列の直並列組合せ制御（直列段 4S，直並列段 2S2P）であったため，主電動機端子電圧は 675～750 V で，過電圧耐量も 110～120 %程度であった．新性能電車になり，主回路は 2 両 1 ユニット方式が一般的になった．主電動機 4 個を永久直列接続し，定格電圧を 375 V と低く設定し，直並列制御（直列段 8S，直並列段 4S2P）を行う．過電圧耐量が 200 %以上となって，定格

表 3.7 直流電車の抵抗制御段数の変遷

電車形式		直列段	並列段	弱め界磁段	備考
ホデ 6110 形		5	3		単位スイッチ式
モハ 40 形		5	5		電空カム軸制御器
80 系		7	6		電動カム軸制御器
101 系 103 系	力行	13	11	4	多段式電動カム軸制御器
	制動	13	11		
交通営団 3000 系		力行（77 段），制動（67 段）			バーニア制御付き多段式電動カム軸制御器
小田急 2400 形		力行（81 段），制動（73 段）			
東武鉄道 8000 系		力行（55 段），制動（空気ブレーキのみ）			

速度の2倍以上の速度から発電ブレーキが可能になった．

c. サイリスタの発明と電機子チョッパ制御　1958年（昭和33年）に米国のGE社がサイリスタ（thyristor）を発明し応用技術の開発が進められた．1971年（昭和46年），交通営団は超多段カム軸制御器の保守と抵抗器の放熱による地下鉄トンネル内の温度上昇を避けるため，世界で最初の電力回生ブレーキ付き全界磁式電機子チョッパ制御6000系電車を製作した．電機子チョッパによる回生ブレーキは，主電動機発生電圧を電車線電圧より低くする必要があるため，回生ブレーキの初速度に制限を受けた．より高い速度からでも回生ブレーキが有効になるように，自動可変界磁制御（automatic variable field control, AVF, 直巻界磁巻線と可変界磁巻線に2分割した直巻電動機を用いて自動的に弱め界磁制御を行う），自動界磁励磁制御（automatic field excite control, AFE, 直流複巻電動機を用いて自動的に弱め界磁制御を行う）が実用化された．1984年（昭和59年）には，分巻電動機の電機子と界磁をGTOチョッパで制御する4象限（4Q）チョッパ制御へ進み，平滑リアクトルや前進・後進，力行・ブレーキを切り換える転換器を削除した．図3.46に回生ブレーキの有効な速度領域を示す．

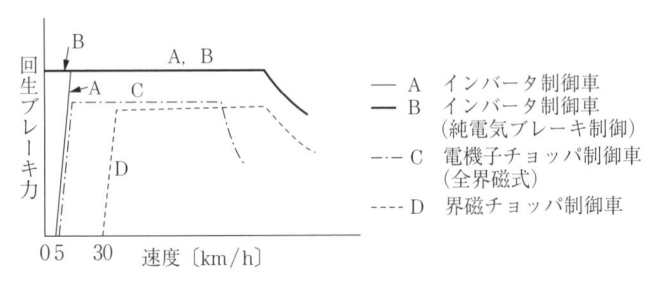

図3.46　電車の速度-回生ブレーキ力特性

d. より経済的な回生ブレーキ付き電車を求めて　駅間距離が短く，最高速度も70 km/hや75 km/hが多い地下鉄は，電機子チョッパ制御車を選択したが，比較的駅間距離が長く，最高速度が高い通勤・近郊形電車には，高速域から回生ブレーキが有効で電機子チョッパより安い制御方式が望まれていた．

その要求に対し，複巻電動機を用い，電機子電流は抵抗で制御し，分巻界磁電流はチョッパで制御する界磁チョッパ制御が開発され，1969年（昭和44年）に東京急行電鉄8000系電車で実用化され，その後多くの民鉄で採用された。

また，国鉄は架線電圧変動による主電動機の整流状態への影響が少ない方式として，直巻電動機の界磁に直列に補機電力を整流して励磁を加える界磁添加励磁制御を，1985年（昭和60年）に開発し，山手線205系電車に採用した。

e. 自己消弧形素子の進歩とインバータ制御の性能向上[14]~[16]

（ⅰ） **誘導電動機駆動方式の時代へ** 1970年代に入り，海外では誘導電動機や同期電動機を主電動機とする駆動方式が実用化され始めていた。これまでの電機子チョッパ制御車は直流電動機の保守があり，界磁チョッパ制御車や界磁添加励磁制御車は直流電動機の保守に加え，起動加速時の抵抗器などが残っていた。そのため，整流子とブラシのない誘導電動機を主電動機とするインバータ制御車が求められていたが，そのためには，自己消弧形半導体素子とマイクロエレクトロニクスの進歩が欠かせなかった。1979年（昭和54年）に大阪市交通局は，小型地下鉄車両用に電力用半導体素子であるGTOサイリスタを使ったインバータ制御車を開発するため，メーカとの協同開発に入った。このとき，VVVFインバータに用いるGTO素子や，V/f一定・すべり周波数制御，高分解能を持つディジタル制御などの開発が進み，1984年（昭和59年）に2500V耐圧GTOを用いた20系電車（直流750V）が営業運転を始めた。また，4500V耐圧GTOも開発され，直流1500V電気方式の電車に採用されていった。**図3.47**にパワーエレクトロニクスの発展とともに歩んできた電気車の制御方式の変遷を示す。

（ⅱ） **平形GTOからモジュール形IGBTへ** 平形GTOサイリスタは数トンで圧接し，冷媒液に浸漬して冷却するなど設計に配慮が必要で，より扱いが容易な素子が現れる素地を残していた。そのため，素子冷却も簡素化できて扱いやすく，回路損失も少なくスイッチング周波数も高いモジュール構造の電圧駆動形IGBTが開発され，交通営団は日比谷線03系電車に2100V/300A・IGBTを使った3レベルインバータを搭載し，1993年（平成5年）に営業運転

144   3. 鉄道車両の変遷

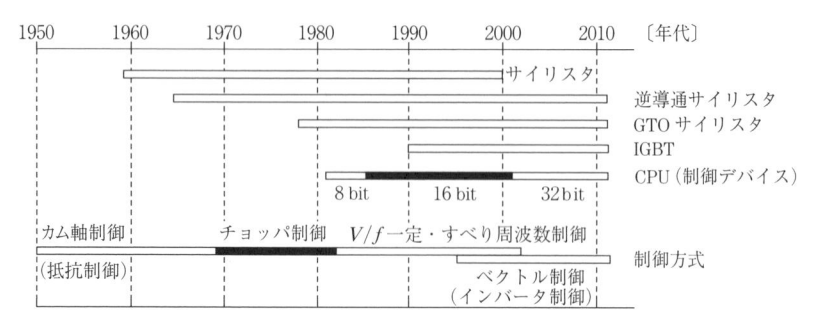

図 3.47 パワーエレクトロニクスと主回路制御方式の変遷

を始めた.それまでのインバータは,使用する素子が GTO サイリスタでスイッチング周波数が 500 Hz 前後であるため,PWM（パルス幅変調）は同期式で半周期のパルス数を 45, 27, 15, …, と切り換えて加速していたが,低速域の発生音が耳障りとなった.IGBT インバータになり,IGBT のスイッチング周波数は 1～2 kHz に選定できたため,起動から PWM に非同期変調が適用でき,耳障りな音は解消された.

（iii） **すべり周波数制御からベクトル制御へ**　抵抗制御車は 12% 前後,チョッパ制御車は 15% 前後に対し,インバータ制御車は 18～20% の電車としては高い期待粘着係数が求められていた.しかし,当初は期待されたほどでなかった.そのため,さまざまな空転・滑走検知・再粘着制御が開発されてきた.その後,ドイツで使われていたベクトル制御が日本でも車両用に開発され,応答性が数百ミリ秒から数十ミリ秒以下に速くなり,向上した制御性を生かした空転検知・再粘着制御により粘着性能も当初の期待レベルになった.さらに,電気ブレーキを停止まで使用する純電気ブレーキの制御が容易になった.今日では,主電動機回転数を検知するパルスジェネレータ（pulse generator, PG）を省く速度センサレスベクトル制御も開発・実用化されている.

f. 主電動機の小型軽量化　電車の主電動機は長く直流電動機が使われてきた.その主電動機が大きく小型軽量化した時期は,駆動装置がつり掛式からカルダン式に代わり,発電ブレーキも常用され主電動機の熱負荷が大きくなったときと,直流電動機から誘導電動機に代わったときが挙げられる（**図 3.48**）.

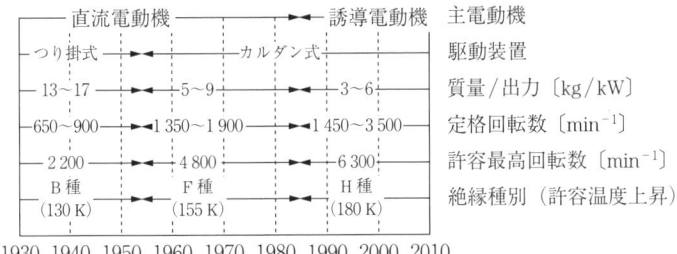

3.4 電気車の速度制御方式の変遷

図3.48 主電動機の小型軽量化の変遷

誘導電動機は整流子とブラシが不要になり，そのスペースも有効利用につながった．近年，静音化・低損失化を追求して全閉形誘導電動機や全閉形永久磁石同期電動機が開発され実用化が始まった．JR東日本は連接台車を用いたE331系電車（6M8T）を製作し，永久磁石同期電動機（permanent magnet synchronous motor，PMSM）による歯車減速装置のない直接駆動主電動機（direct drive motor，DDM）を採用した．DDMは初めてであり，2007年（平成19年）から営業運用で実績を重ねている．また，東京地下鉄も16000系電車の主電動機にPMSMを採用し2010年（平成22年）から営業運転に入った．さらに2012年（平成24年）には1000系電車へと伸展した．

（2） 新幹線電車を含む交流電車および交直流電車[15)〜17)]

a．ダイオード整流器式電車の実現　東海道新幹線のための車両開発が始まった1958年（昭和33年）頃は，単相交流整流子電動機を用いる主回路方式が本命であったが，ダイオード整流器式の開発も進めていた．1960年（昭和35年）に国鉄在来線に主変圧器・ダイオード整流器に抵抗制御の直流側主回路を組み合わせた401系（50 Hz）と421系（60 Hz）交直流電車を製作した．シリコンダイオードの構造はスタッド形である．その製作結果を踏まえ，シリコンダイオード素子の将来性も考慮して0系新幹線電車には主変圧器・低圧タップ制御・シリコン整流器で直流電動機を駆動する主回路方式が選択された（図3.49）．

3. 鉄道車両の変遷

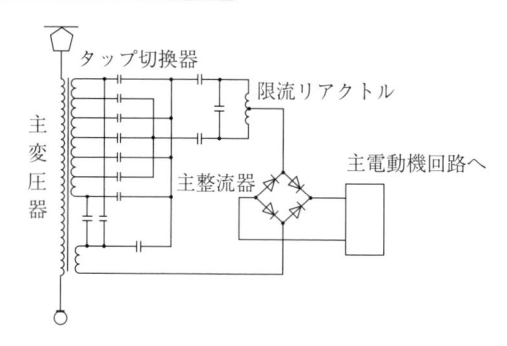

図3.49　0系新幹線電車の主回路概略図

b. サイリスタ混合ブリッジ整流器式で無接点化　1958年（昭和33年）に米国のGE社が（逆阻止）サイリスタを発明した。初めはスタッド形であったが，大容量化に伴い熱の放散面積が広い平形となった。このサイリスタとダイオードの混合ブリッジで電圧を制御する方式が開発され，電気機関車での実用を経て1967年（昭和42年）に函館線用711系電車に採用された。主変圧器二次巻線は，最終的に4分割にして混合ブリッジを縦続接続とし，電源側に発生する低次高調波成分の低減や通信障害を防止した。新幹線電車の場合は所要電力が大きく，地上側電力・信号・通信設備への影響を考慮する必要があった。そのため，1969年（昭和44年）以降，試作車を製作し試験を行い，200系新幹線電車の主回路は，主変圧器二次巻線の巻数比が2：2：2：2：1：1の不等6分割で，サイリスタ混合ブリッジによるサイリスタバーニア連続位相制御とした。その後，100系新幹線電車では軽量化や低価格化が要求され，主変

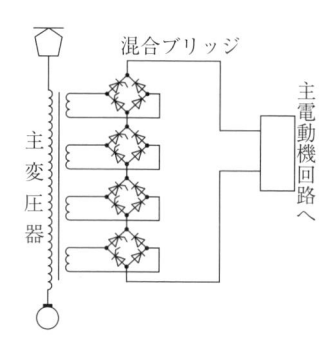

図3.50　100系新幹線電車の主回路概略図

3.4 電気車の速度制御方式の変遷

圧器を含む主回路の計算機による高調波シミュレーション技術の発達もあり，サイリスタ位相制御方式で主変圧器二次巻線を等4分割とし，サイリスタ混合ブリッジを縦続接続し，順序制御で位相止めを行うまでに単純化した（**図3.50**）。

c. サイリスタ純ブリッジ整流器式による電力回生（交流回生）ブレーキ

ブリッジの全アームをサイリスタで構成し，電力回生ブレーキを行うサイリスタ純ブリッジ整流器方式は，電気機関車で研究された。国鉄の分割・民営化後，その技術を用いてJR九州はいち早く783系交流電車（**図3.51**）を製作し，JR東日本は福島～山形間などに719系交流電車，常磐線に651系交直流電車を投入した。しかし，セクション通過時にそのつど回生ブレーキをオフ（ノッチオフ）する必要があり，ブレーキ時の力率も$-0.5 \sim -0.6$で改善すべき課題があった。

図3.51 783系特急電車（サイリスタ純ブリッジ制御）

d. 自己消弧形素子とPWMコンバータ式交流電動機駆動システム

1992年（平成4年），自己消弧形GTOサイリスタを用いたPWMコンバータ・インバータシステムを日本で初めて300系新幹線電車に採用した（**図3.52**）。

この方式は，力行制御時に1，回生ブレーキ時に-1の力率制御，複数コンバータの多相運転によって電源側に発生する高調波電流を抑制できるなどの長所があり，主回路機器の軽量・大出力化が可能になった。反面，電圧のチョッピングに起因した主変圧器，主電動機などの振動・騒音が発生しやすく，それらの機器の設計・製作技術の向上が進んだ。1990年代に入り，IGBTが開発さ

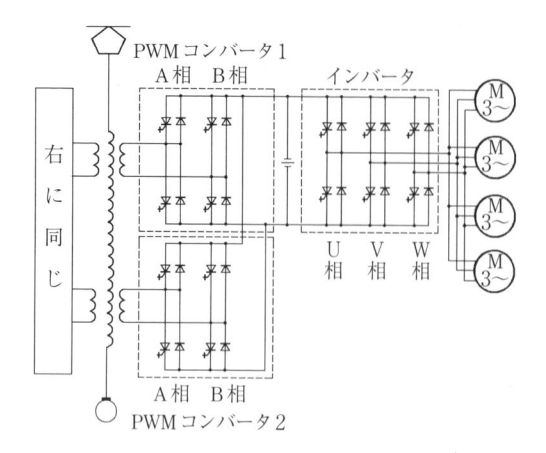

図 3.52　300 系新幹線電車の主回路概略図

れた。当初，2 kV 程度の耐圧であったので，3 レベル形を適用し，発生する高調波を抑制する長所を生かし，700 系や E2 系，E3 系などから IGBT が用いられた。その後，IGBT は 2.5 kV → 3.3 kV → 4.5 kV と高耐圧化していくが，電源側に発生する高調波や機器の振動を低減できるため，新幹線の PWM コンバータ・PWM インバータは 3 レベル方式が採用されてきた。

3.4.2　電気機関車の動力方式

限られた動輪軸重による粘着力を最大限に利用し，曲線部を滑らかに走行できる機関車構造と動力の制御をどのように実現してきたか，国鉄の電気機関車技術の変遷をたどる。

（1）　**直流電気機関車の動力方式**[11),15)]

a．輸入から先台車付き電気機関車の国産化へ　　一般的な幹線鉄道用電気機関車の始まりは，東京～国府津間の旅客列車運転用に 1922 年（大正 11 年）から順次輸入した欧米諸国の電気機関車である。当時，旅客用 C51 形および貨物用 D50 形蒸気機関車を製作していた時期であり，一次発注した電気機関車の性能は C51 形蒸気機関車などを参考に，主電動機出力約 900 kW，軸配置 B−B または B＋B（＋：前後の台車を連結，軸配置表記は日本国鉄式），機関

車質量を約60トンとした。最終的には14形式59両を輸入した。国内メーカが独自に製作した3両（ED15形）も購入され，故障も少なかった。

　国鉄はこのED15形電気機関車の使用実績で国産化のめどを得て，国内の鉄道車両メーカと協同設計に入り，1928年（昭和3年）に6動軸のEF52形電気機関車（軸配置2C＋C2，定格速度45.2 km/h（全界磁）および52 km/h（弱め磁界），歯数比3.45，抵抗・主電動機3段組合せ制御）を完成させた。東海道線の急行・各停客車けん引用とするため，定格速度が低くノッチ数の多い機関車とした。EF52形電気機関車の主回路，制御方式，軸配置および引張力伝達方式の基本は戦後のEF58形まで続いた。すなわち2軸先台車があり，前後の3軸ボギー台車を連結し，台車枠に連結器を取り付け，客車をけん引する。この台車の軸配置は曲線部の横圧低減，および前後の従輪と動輪で車体質量を分担する役目を持たせており，蒸気機関車と同じ技術が採用されている。

　その後，手動進段式の単位スイッチ式制御装置の制御段数を減らすとともに歯数比を見直し，旅客用としてEF53形（歯数比2.63），貨物用としてEF10形（歯数比4.15）を製作した（図3.53，図3.54）。なお，貨物用機関車の

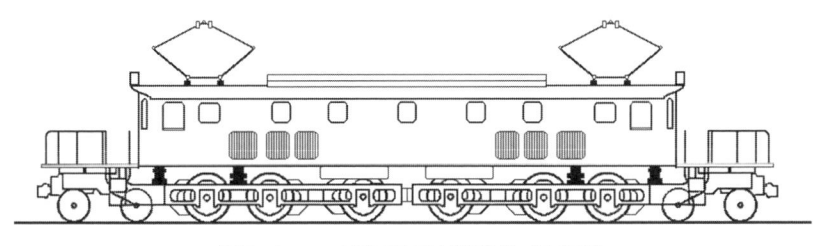

図3.53　EF53形直流電気機関車（旅客用）

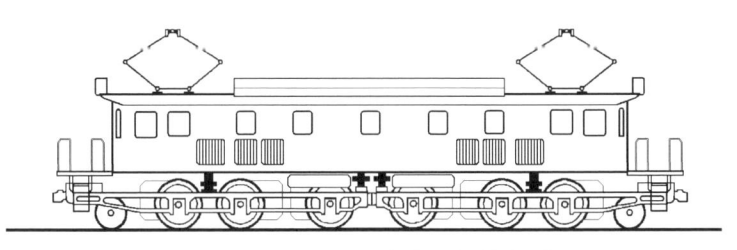

図3.54　EF10形直流電気機関車（貨物用）

EF10形，EF12形，戦後のEF15形などは小回りのきく1軸先台車を有する軸配置1C+C1とした。機関車の直流電動機を用いた抵抗制御・主電動機直並列組合せ制御は，改良されつつ1950年代まで続いていった（3.2.2項参照）。

1925年（大正14年）は，機関車，貨車，客車の連結器一斉取替えが行われ，かつ，自動空気ブレーキの導入工事が続いていた時期であった。この並形自動連結器と自動空気ブレーキの導入は，機関車列車のけん引トン数を600トン程度から900～1000トンまで引き上げる画期的なものになった。

戦後，1950年代から徐々に機関車は貨物輸送が中心になっていった。電車の進展とともに高速化も求められ，1954年（昭和29年）に東海道線で1200トンけん引のEH10形（2車体連結形）が登場した。EH10形は先台車がない2軸ボギー台車で構成するその後の機関車の先導的役割を担った。抵抗制御のEF形機関車は主電動機3段組合せ制御（直列（6S）→直並列（3S2P）→並列（2S3P））を行う。起動時は主電動機6個の直列接続になるので，空転を放置すると大空転に発展する。そのため，直流電気機関車は空転対策が必要になる。EH10形の場合は，主電動機誘起電圧を比較し，空転を検知するとブザーが鳴り自動散砂されるが，運転士はノッチ戻しを行って再粘着させた。

b．先台車なし電気機関車の誕生と発展　　1958年（昭和33年），老朽化した支線区用機関車の置き換えとして，軸配置B-BのED60形，ED61形（回生ブレーキ付き）を製作した。当時，開発中の交流電気機関車の技術も含めて新技術を取り入れた直流電気機関車を一般的に新形（あるいは新性能），それ以前の直流電気機関車を旧形と呼ぶ。

ED60形，ED61形は新形直流電気機関車の始まりであった。先台車のない2軸ボギー台車を採用し，主電動機をばね上化したクイル式駆動装置を採用した。続いて，1960年（昭和35年）には，軸配置B-B-Bの2軸ボギー台車を使ったEF60形が誕生し，幹線用直流電気機関車の主流になった。主回路制御には粘着性能の向上のため多段化を狙い，バーニア制御付きの手動進段式電空単位スイッチ式制御装置を採用し，空転検知により自動散砂，知らせ灯点灯，空転軸の主電動機電機子電流を抵抗器に分流する電機子分路法で再粘着させる

方法をとった。また，車体台枠に取り付けた連結器を介して客貨車をけん引した。

　台車・車体間の引張力伝達は引張棒式なども採用したが，起動やブレーキ時の軸重移動量を低減するため，低心皿式が多く採用された。駆動装置は ED60 形からクイル式を採用したが，経年摩耗による振動が発生したため，1962 年（昭和 37 年）製作の EF60 形からつり掛式に戻った。1963 年（昭和 38 年），信越線高崎〜長野間に投入した EF62 形と補機 EF63 形は，機関車の重連運転がしやすいように自動進段式を取り入れた電動カム軸制御装置（バーニア付き）とし，初めて電動カム軸制御装置を営業用機関車に採用し，EF64 形，EF65 形，EF66 形へ継承した。制御装置が自動進段式になったため，EF65 形の主幹制御器の主ハンドル位置は捨てノッチ（手動 4 ステップ），S（直列），SP（直並列），P（並列），F（弱め界磁 4 ステップ）となり，S, SP, P の各ステップは自動進段，空転検知は車軸端に取り付けた速度発電機間の電圧差で検知し，警報を発するとともに散砂とノッチ戻しを自動で行う方法に変わった。

　また，DF50 形電気式ディーゼル機関車（軸配置 B-B-B）でも試みていたが，3 軸台車 2 台の EF62 形と 2 軸台車 3 台の EF63 形とを比較し，横圧の点から 2 軸台車 3 台の 6 軸機関車が有利であることがわかり，以後，EF 形電気機関車の軸配置は B-B-B となった。1964 年（昭和 39 年）から EF65 形が標準形として多数製作されたが，1968 年（昭和 43 年）に最高速度 100 km/h で 1 000 トンのコンテナ貨物をけん引する EF66 形（本書の扉，中央の写真参照）が出てきた。EF66 形は主電動機が直流電動機で最大の 650 kW/個で，半つり掛式（中空軸可撓式）駆動装置を採用している。電機子チョッパ制御を用いた機関車は，1981 年（昭和 56 年）に，山陽線瀬野〜八本松間の補機用として主電動機をチョッパで個別に制御する EF67 形が登場したが，この機関車だけでつぎに述べるインバータ制御機関車が登場する時代に入っている。

c. インバータ制御電気機関車の時代へ[15]　1987 年（昭和 62 年）4 月に国鉄は分割民営化され，日本貨物鉄道（JR 貨物）が発足した。JR 貨物は各旅客会社が保有する線路を借りて運転するため，これまで以上に他の列車の運行を

152　　3. 鉄道車両の変遷

乱さず,輸送量の増加や高速化のニーズに対応しなければならず,平坦線でのけん引トン数を 1 200 トンから 1 300 トン,最高速度を 100 km/h から 110 km/h にし,かつ機関車の冗長性や列車の安全性を確保した。最初にインバータ制御による EF200 形の試作機を製作したのは 1990 年（平成 2 年）であった。

その後,東海道線用に EF210 形,中央線・篠ノ井線用に EH200 形を製作した。粘着性能の向上と冗長性の確保から主回路は個別制御（1C1M）が多く,EF210 形 101 号機からベクトル制御を導入した。各軸のディジタル速度信号によってすばやく空転を検知し,ベクトル制御の高い応答性を生かした再粘着制御を行っている。引張力の伝達は心皿式とし,主電動機の個別制御を生かし,電気的軸重移動補償を行う。これらの機関車の運用経験から電車線電圧が大きく降下しないように,線区に応じてパンタグラフからの直流入力電流の最大値を制限する機能を機関車に導入した。なお,JR 貨物は M250 系貨物電車（4M12T）をコンテナ専用として製作し,2004 年（平成 16 年）から東京～大阪間で営業運転を始めている。

（2）　交流および交直流電気機関車の動力方式[15),17)]

a. 整流器式電気機関車の高性能化　戦後,国鉄は 1953 年（昭和 28 年）から商用周波交流電化の研究を開始し,交流整流子電動機式と水銀整流器式の 2 種類の試作機関車によって試験を行い,粘着性能と保全の面から水銀整流器式を選択した。北陸線の電化に合わせて,1957 年（昭和 32 年）に ED70 形を製作した。その運用経験を踏まえて,1959 年（昭和 34 年）に粘着性能の向上に工夫を凝らした ED71 形交流電気機関車を試作したのち,東北線に投入した。出力アップもあり,小電流切換えの主変圧器高圧タップ制御と水銀整流器式の組合せにした。空転・再粘着性能の向上のため,主回路は各主電動機に平滑リアクトルを直列接続し,主電動機をすべて並列接続（1S4P）とする。その回路で水銀整流器の格子位相制御による定電圧制御（automatic voltage regulator, AVR）を導入した。この主回路・制御によって,勾配での引出し試験で空転軸が自然に再粘着する様子が観察された。さらに,軸重移動防止のため ED71 形の低心皿式から ED72 形,ED73 形は逆ハリンク式,ED74 形,

ED75 形，ED76 形は Z リンク引張棒式を採用した（**図 3.55**）。このように交流電気機関車は直流電気機関車と異なり，空転検知・強制再粘着制御に頼らず自然な再粘着を基本とした。

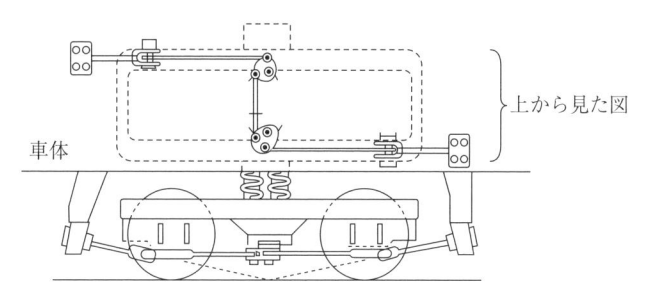

図 3.55 Z リンク引張棒式（ジャックマン式）

また，重量貨物の引出し試験において，クイル式駆動装置は駆動回転系のばね定数と台車ばね定数との関係で，空転時に台車の上下振動を起こすことがわかり，1962 年（昭和 37 年）の新製機関車からつり掛式に戻った。これらの開発・試験により，4 動軸交流電気機関車（ED 形）は，6 動軸直流電気機関車（EF 形）なみのけん引性能を発揮できることが確認され，交流電気機関車は軸配置が B−B の ED 形が基本になった。

水銀整流器は安定性や保守性に課題があり，シリコン整流器が実用化されると 1963 年（昭和 38 年）に，主変圧器低圧タップ切換・磁気増幅器・シリコン整流器の組合せによる交流電圧の位相制御を採用した ED75 形交流機関車，サイリスタの発明により 1966 年（昭和 41 年）にサイリスタ混合ブリッジを 4 段縦続接続したサイリスタ位相制御整流器式の ED75 形 500 番台を製作した。起動時は低圧タップのインピーダンスは小さく，ED75 形の整流器出力電圧は，定電圧制御採用時と同じ効果が期待できた（**図 3.56**）。

b．電力回生（交流回生）ブレーキ付き電気機関車の実用化　33‰勾配が連続する福島〜米沢間を直流から交流き電に切り換え，電力回生（交流回生）ブレーキを使用することになり，1967 年（昭和 42 年）に主変圧器の二次側にサイリスタ純ブリッジを 4 段縦続接続し，純ブリッジの対称制御を採用した

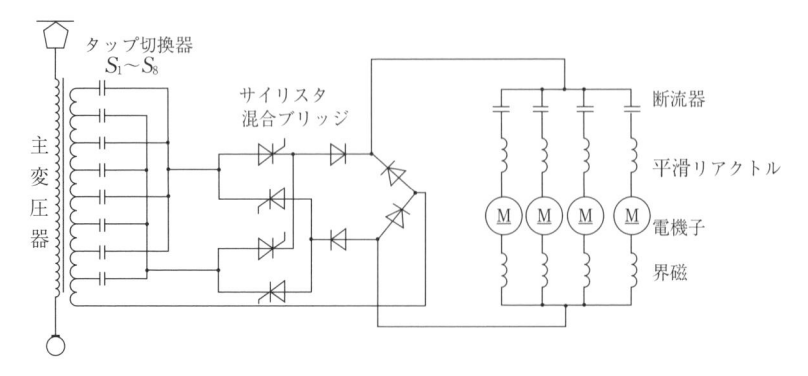

図 3.56 後期の ED75 形，ED76 形交流電気機関車の主回路

ED94 形交流機関車（ED78 形 901）を投入した．量産機は，けん引トン数から ED78 形と EF71 形の重連運転とし，それらの機関車のサイリスタ純ブリッジは非対称制御に進化した．対称制御に比べ，非対称制御ではゲート制御装置も 2 分の 1 に，力率や直流側脈流率も改善した．

ED78 形は仙山線にも入れるように軸配置を B－2－B とした．1988 年（平成元年）に津軽海峡線が開業し，ED79 形が投入された（**図 3.57**）．サイリスタ位相制御併用低圧タップ制御で，抑速回生ブレーキ付きは 0 番台（ED75 形改造）と 50 番台である．

図 3.57 ED79 形交流電気機関車（低圧タップ制御・抑速回生付き）

c．PWM コンバータ式電気機関車の誕生 JR 貨物は首都圏から北海道まで一貫輸送のできる交直流電気機関車が必要になり，青函トンネル内の運転冗長性および勾配での起動性能を考慮し，1997 年（平成 9 年）に 8 軸駆動，2 車

体連結形で PWM コンバータ式 EH500 形交直流電気機関車を製作した．主回路，補助電源とも冗長性のある設計になっている．さらに，2001 年（平成 13 年）には PWM コンバータ式 EF510 形交直流電気機関車を製作した．主電動機回路は個別制御とし，インバータ制御にベクトル制御を導入し，粘着性能を含めた制御性の向上に努めた．補助電源装置（static inverter，SIV）が故障したときには，主回路用 PWM インバータ 1 台を補助電源用に切り替えることができる．

3.4.3 ブレーキ方式

鉄道車両のブレーキは，蒸気機関車が登場した当初は蒸気ブレーキが用いられたが，客貨車をけん引する列車全体の貫通ブレーキとしては適していなかった．そのため，1840 年代半ばに真空ブレーキが発明されると，列車用貫通ブレーキとして広く使用された．しかし，ポンプなどによって作る真空度と大気圧の差を利用した真空ブレーキのブレーキ力は弱く，空気ブレーキが開発されると，一部の国を除きしだいに使われなくなった．空気ブレーキは 1840 年代後半に米国で直通空気ブレーキが発明され，1868 年頃になって米国のジョージ・ウェスティングハウスが実用的なものを開発し普及した．さらに 1872 年になって同じジョージ・ウェスティングハウスが自動空気ブレーキを考案し，その後はこれらの空気ブレーキシステムに新技術による改良を加えながら現在に至っている．

（1） **電車・新幹線電車のブレーキ方式**[10),11),15)~18)]

電車用ブレーキの変遷を**図 3.58** に示す．

a. 手ブレーキから直通空気ブレーキへ 明治時代に輸入したスプレーグ式路面電車は，運転手が手ブレーキのハンドルを回してブレーキシューを車輪に押し付ける方式であった．しかし，手ブレーキでは電車の高速化に限界があったため，1904 年（明治 37 年）に電車運転を始めた甲武鉄道の電車は直通空気ブレーキを採用した．その後，2，3 両連結の電車の必要性が増すとともに，南海鉄道などの民鉄や国鉄の電車は，非常弁付き直通空気ブレーキ

156   3. 鉄道車両の変遷

```
┌─────────────────┐
│    手ブレーキ    │
└────────┬────────┘
         ↓
┌─────────────────┐
│  直通空気ブレーキ  │
└────────┬────────┘
         ↓
┌──────────────────────┐
│ 非常弁付き直通空気ブレーキ │
└────────┬─────────────┘
         ↓
┌──────────────────────┐
│ 直通付き自動空気ブレーキ  │─────┐
└────────┬─────────────┘     │
         ↓                    │
┌──────────────────────┐     │
│  電磁自動空気ブレーキ   │     │
└──────────────────────┘     │
                              ↓
          ┌──────────────────────────────┐
          │ 発電ブレーキ併用電磁直通空気ブレーキ │
          └──────────────┬───────────────┘
                         ↓
          ┌──────────────────────────────┐
          │ 回生ブレーキ併用電磁直通空気ブレーキ │
          └──────────────┬───────────────┘
                         ↓
              ┌──────────────────────┐
              │  電気指令式空気ブレーキ   │
              └──────────────────────┘
```

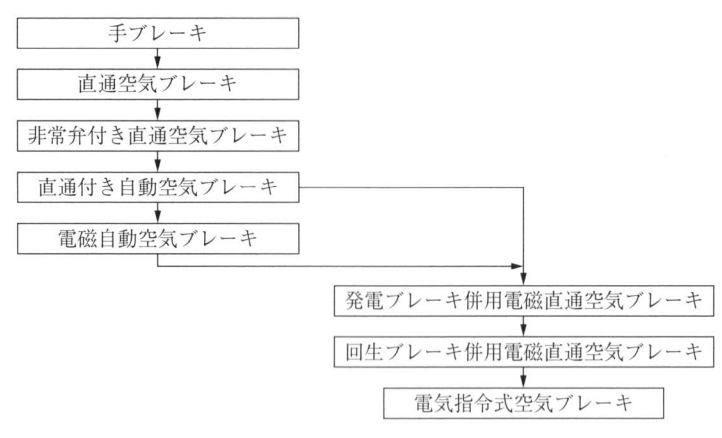

図 3.58　日本における電車用ブレーキの変遷

(straight air brake motor car emergency valve, SME) を採用した．このブレーキ装置は直通管とは別に，常時加圧の非常管を引き通し，各車両に非常弁を設け，ブレーキ配管が破損したときや車両分離時には自動的に非常弁が動作する．

b. 電車の長編成化の流れと自動空気ブレーキの導入　1914 年（大正 3 年）に国鉄京浜線のデハ 6340 形電車は，複数電動車編成で運転するため直通付き自動空気ブレーキ（制御管式）を採用した．連結運転時には列車全体に自動空気ブレーキ，単車運転時は直通ブレーキを作用させることができた．さらに，急ブレーキ作用などを改善し，M 制御弁を用いた AMM 形直通付き自動空気ブレーキが開発され民鉄に用いられていった．その後，国鉄の電車は高速運転化に伴い非常ブレーキ装置が必要になり，国内で開発した A 制御弁を用い電磁弁を導入した AE 形電磁自動空気ブレーキを 1931 年（昭和 6 年）に採用した．1950 年（昭和 25 年），東京〜沼津間に 15 両編成の 80 系湘南電車が運転を開始したが，この 80 系電車はそれまで国鉄電車に使われていた AE 形電磁自動空気ブレーキに，A 中継弁を付加した ARE 形電磁自動空気ブレーキを採用した．

c. 発電ブレーキ併用電磁直通空気ブレーキの登場と普及　1920 年代後半に，電磁弁を用いた非常弁付き直通ブレーキ (straight air brake motor car electric-pneumatic emergency valve, SMEE) が開発され，ニューヨーク市地

3.4 電気車の速度制御方式の変遷

下鉄に採用された。この電磁直通空気ブレーキを交通営団が300形電車に採用した。ブレーキ弁操作で発電ブレーキと空気ブレーキの制御ができ，ブレーキ弁ハンドル角度に応じてブレーキ力を制御するセルフラップ機能を備えていた。

ウェスティングハウス（WH）社は，1930年代にSMEEの非常弁部を自動空気ブレーキに置き換え，構造が簡単で保守がしやすいHSC（high speed control）ブレーキを開発した。このHSCをもとにセルフラップ機能を付加したHSC-D（high speed control-dynamic brake）を日本で開発した。HSC-Dブレーキはそれまでの自動空気ブレーキ装備車と併結可能であり，小田急電鉄2200形および3000形電車，名古屋鉄道5000系電車で採用した。さらに，国鉄も101系電車にHSC-Dと同じ機能を持つSELD（straight air brake electromagnetic load device dynamic）を開発し，1955年（昭和30年）から採用した。

図3.59は発電ブレーキ併用電磁直通空気ブレーキ（SELD）用ブレーキ弁の一例である。ブレーキ弁の直通ブレーキ帯で発電ブレーキが立ち上がり，自動ブレーキ帯で自動空気ブレーキが動作する（3.3.1（16）項参照）。

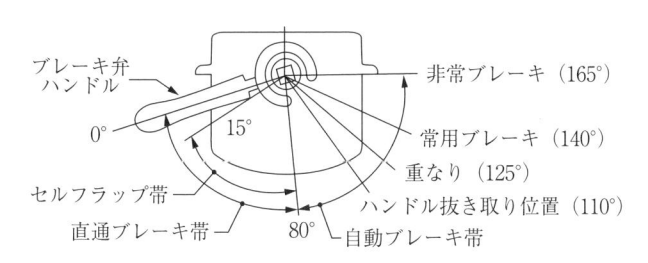

図3.59 発電ブレーキ併用電磁直通空気ブレーキのブレーキ弁の一例

一方，0系新幹線電車は停車時や列車接近時などにATCブレーキが繰り返されることが予想され，JR在来線で実績があり，繰り返しブレーキに耐える発電ブレーキ併用電磁直通空気ブレーキを選択した。ただ，電磁直通空気ブレーキのバックアップ用として，それまでJR在来線で適用されていた自動空気ブレーキ方式ではなく，常時加圧の往復電線を用いた緊急ブレーキ回路とした。

d. 電気指令式空気ブレーキの実用化と普及　1968年（昭和43年）に大阪万国博覧会が開かれ，大阪市交通局は30系電車を製作し，国内メーカの開発したブレーキ指令線によって指令を各車両に伝える電気指令式空気ブレーキを採用した。電磁直通空気ブレーキは，直通管，元空気溜め管，ブレーキ管を編成内に引通すのに対し，電気指令式空気ブレーキは，元空気溜め管のみを引き通し，ブレーキ弁への空気配管が不要になり，かつ応答性に優れていた。そのため，電気指令式空気ブレーキは電磁直通空気ブレーキのHSC-DやHSC-R（R：regenarative breake）に代わり，1980年代から電車の標準ブレーキ方式となった。図3.60は電気指令式空気ブレーキであり，ブレーキ設定器から編成の各ブレーキ受量器にブレーキノッチ指令を出し，そのノッチ指令に応じて電気ブレーキが立ち上がるが，不足分は空気ブレーキが作動する。

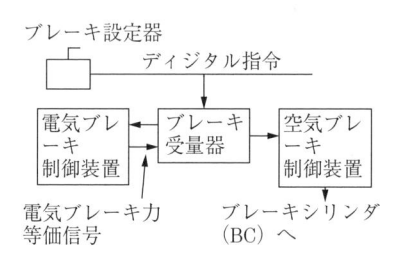

図3.60 電気指令式空気ブレーキ

新幹線電車では，200系から発電ブレーキ併用の電気指令式空気ブレーキを採用した。初めはブレーキ指令を0～100Vの電圧を用いるアナログ式であったが，その後ディジタル式が開発された。300系新幹線電車以降は応荷重装置が付いている。

（2）　電気機関車のブレーキ方式[15),18)]　機関車用ブレーキの変遷を図3.61に示す。

a. 真空ブレーキから自動空気ブレーキへ　日本では，列車の貫通ブレーキとして真空ブレーキが1890年（明治20年）代に，東海道線の蒸気機関車がけん引する旅客列車に採用された。しかし，貨物列車をはじめとして大部分の蒸気機関車列車は機関士と緩急車の制動手が警笛を合図に蒸気ブレーキと手ブ

```
蒸気ブレーキ（SL）
    ↓
真空ブレーキ（一部のSL）
    ↓
自動空気ブレーキ
    ↓
電磁自動空気ブレーキ
    ↓
電気指令式空気ブレーキ
```

図 3.61 日本における機関車用ブレーキの変遷

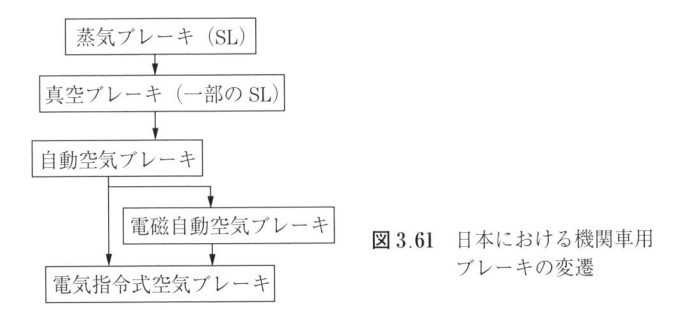

レーキをかける状態が続いていた。

1919年（大正8年）になって，国鉄は機関車と客貨車に自動空気ブレーキを導入することを決定し，1921年から約10年かけて切換工事を行った。この頃，東海道線東京～国府津間の電化に対応して電気機関車が輸入されている。

ブレーキ装置は運転取扱いや保守面を考えて標準形式を定めた。電気機関車（両運転台）はEL14Aブレーキ装置および改良形のEL14ASブレーキ装置である。EL14ASブレーキ装置は，その後の電気機関車の基本となった。その後，重連制御機能などが付いたブレーキ装置も出ている。EL14系のブレーキ弁は，機関車のみにブレーキがはたらく直通ブレーキ用単弁（単独ブレーキ弁）と列車編成全体の自動空気ブレーキ用自弁（自動ブレーキ弁）があり，運転台の左側に置かれた。当初は電気接触部がなかったが，ATS用に電気接触部を付けるようになった。また，客貨車の自動空気ブレーキ用制御弁（三動弁）は二圧力式であった。

b. 空気ブレーキシステムに電気回路を導入　1960年代に入り，トラック輸送に対抗するため貨物列車の高速化が求められるようになり，最高速度が100 km/hで走行できる10000形貨車を製作し，けん引するEF66形電気機関車に電磁自動空気ブレーキを導入した。電磁自動空気ブレーキは各車に作用電磁弁，緩め電磁弁，非常電磁弁を設け，それらに対応する電気指令線を機関車から引き通す。ブレーキ弁ハンドルの操作によってブレーキ弁の電気接点が開閉し，電気指令線を通して各車の電磁弁を一斉に制御することで，ブレーキ管の減圧や増圧を促進する方式である。10000形貨車には三圧力式制御弁が導入

され，その後，普及が進んだ．

c. 電気指令式空気ブレーキの採用へ　JR 貨物は，貨物列車の高速化と長大化が必要となり，1990 年（平成 2 年）に EF200 形直流電気機関車を試作した．その際，機関車に適した電気指令式空気ブレーキ装置を開発した．運転台のブレーキ設定器の単弁ハンドルで直通ブレーキ，自弁ハンドルで自動空気ブレーキが作動する機能はそのままで，電磁自動空気ブレーキの機能を持つ装置とした．単弁ハンドルと自弁ハンドルは垂直回転 L 字ハンドルでノッチ式となった．

3.5 台車の変遷

3.5.1 台車の役割

　1825 年に英国のストックトン〜ダーリントン間にジョージ・スチーブンソンが作った蒸気機関車，ロコモーション号が走った．この時期の蒸気機関車，客車，貨車の輪軸は 2 軸であり，車体に直接取り付けられていた．

　1827 年にハックスワークの手により改造された蒸気機関車，ロイヤルジョージ号では，3 軸の動輪の前 2 軸が板ばねを介して車体に取り付けられ，車輪にかかる力がアンバランスにならないようにするイコライザの役目を果たしている．ストックトン・ダーリントン鉄道の 5，6 号機では，すべての車輪にばねが付いた初めての蒸気機関車であった．

　このように英国の初期の鉄道車両は，輪軸が直接あるいはばねを介して車体に取り付けられていたので，台車はまだ存在していなかった．その後，米国に伝わった鉄道は，米国で独自の発展をし，台車が登場する．

　英国の鉄道では，すでに発展していた駅馬車との差別化を図るために，路盤，レールからなる軌道を強固で高精度のものとし，その結果，車両のばねを硬くでき，安定性が高く高速走行に向いた車両としていた．

　他方，米国では，西に向かう開拓と合わせて，いかに長距離を安く建設するかが重要であった．そのため，橋，トンネル，切通しなどはできるだけ避け，

3.5 台車の変遷

地形に沿った線形が優先されたので,カーブや勾配のきつい線路でレールはぜい弱なものだった。英国から輸入した,重い,ばねの硬い車両は曲線での脱線事故が多かった。その解決策として,ジャービスは急曲線で動輪をスムーズに導いていく先台車を用いた機関車(軸配置2A,**図3.62**)による走行試験を1832年に実施した[19]。ひとつの平面を決定できる3点で荷重を支持する方法である。波打つレールにぴたりと追随し,速度も時速60マイル(96.6 km)に達したとの記録がある。レールの損傷や脱線も大幅に減り,先台車方式は米国鉄道の標準となっていった。

軸配置2Aの3点支持

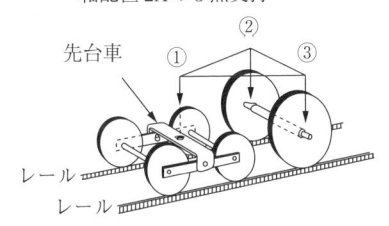

図3.62 蒸気機関車の先台車の登場
〔齋藤 晃:蒸気機関車200年史,NTT出版(2007)〕

より大きなけん引力を出すためには動軸の数を増やす必要があったが,その場合でも図に示した3点支持を実現するために以下の方法がとられた。左右それぞれの複数の動軸の板ばねをイコライザ(釣合いばり)で結び,車輪に加わる荷重を均等化し,動軸群に加わる荷重点を左右各1点にしている。この方法は,蒸気機関車を手本とした初期の電気機関車でも踏襲されている。わが国では1880年(明治13年)開業の官営幌内鉄道に米国製蒸気機関車が輸入された。

客車と貨車についても,輸送量を増やすために,長くした車両が波打つ線路を脱線せずに安全に走行できるよう,いち早くボギー車両が採用され一気に普及していった。電車,客貨車で用いられている一般的なボギー車両は,輪軸と車体の間に台車が存在して,それぞれの台車は2本の輪軸で支えられている。カーブを通過するときは,車体の前後にある台車の向きがそれぞれ線路のカーブに沿う方向になっている(**図3.63**)。すなわち,車体と台車とは水平面内で旋回できるようになっていて,その旋回角度は車両の長さが長いほど,曲線半径が小さいほど大きくなる。

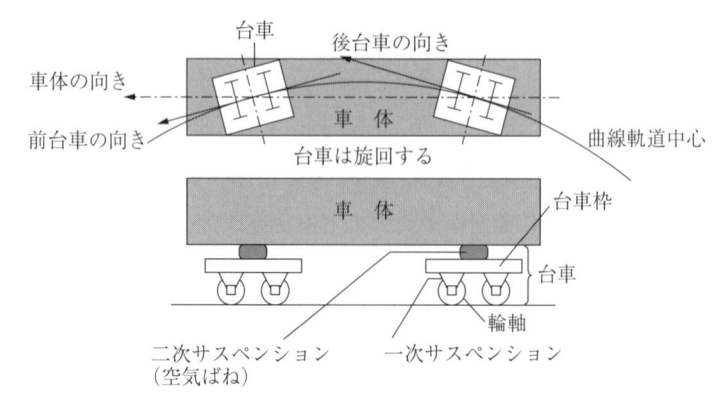

図3.63 台車の役割

電車台車のおもな役割は，① 車体を支える，② 振動を減らして乗心地を良くする，③ モータの回転力を車輪に伝える，④ ブレーキの力で電車を止める，⑤ レールに沿ってスムーズに曲がる，⑥ 電車で使った電気を車輪を介して変電所に返す，⑦ 電車の現在位置を信号設備に伝える，などである．

3.5.2 2軸車両

1872年（明治5年）に，わが国初の鉄道が新橋〜横浜間で開業したときの客車および貨車は2軸車両であり，輪軸は板ばねを介して車体に取り付けられている．台車ではないが，そのばね支持装置の変遷を以下に見ていく．

（1） **蛇行動防止の2段リンク式ばね支持装置**　最初のばね支持装置は，車体との接続にシュー式ばね支持装置が使用された（**図3.64**）．重ね板ばねが上下に移動し，ばねの役目を発揮するには，板ばねの両端が前後に移動しなければならない．この前後の動きを可能にするために，板ばねの両端を車体側の溝（シュー）にはめ込み，シューに沿って移動できるようになっている．

この方式では，重ね板ばねは左右方向には非常に硬く，また，シュー部分でも左右の動きはできない．そのため，左右方向には車輪・車体が一体として動き，車輪の左右の動きを直接車体に伝えてしまうという欠点がある．

3.5 台車の変遷

図 3.64 シュー式ばね支持装置

その改良策として，シュー式ばね支持装置に代わり，リンク式ばね支持装置が採用され長い間使用された．リンク式は，重ね板ばねの両端を眼鏡形のリンクを介して車体のばね釣り受けにピンで取り付ける方法で，ピン回りの隙間により，車輪・車体間の左右の動きがわずかではあるが可能になっている．しかし，その動きは十分なものではなく，速度が 65 km/h を超えると激しい左右振動を起こすので最高速度は 65 km/h に抑えられていた．

その改良がなされたのは太平洋戦争後になってからである．海軍で零戦の翼の振動問題などを手がけてきた松平精が戦後 1945 年（昭和 20 年）に国鉄鉄道技術研究所に移った．松平は 2 軸車の速度を上げていくと生じる激しい左右振動が，零戦の翼のフラッタと呼ばれる振動と同じ発生メカニズムの蛇行動であること，車軸横支持剛性を適切に小さくすれば速度 40〜50 km/h の車体が振動する車体蛇行動が生じる領域をすばやく乗り越え，その後，車体はあまり振動せず，速度 115 km/h 程度までは安定な走行ができることを理論計算から示した．その車軸横剛性を小さくする対策として，リンク式に代わり 2 段リンク式を提案した．

これらの理論の検証には，世界で初めて振動を調べる車両転走装置が作られ実験が行われた．理論と模型実験に基づき，2 段リンク式ばね支持装置が実現した．2 段リンク式ばね支持装置を 2 軸車に取り付けた状態を**図 3.65** に示す．1965 年（昭和 40 年）から 2 段リンクへの改造工事が開始され，約 113 000 両の 2 段リンク式の貨車がそろった 1968 年（昭和 43 年）から，2 軸車の最高速度は 75 km/h に上げられた．

図 3.65 2段リンク式ばね支持装置

（2） 単台車　1895年（明治28年）に京都で電車の営業運転が日本で初めて開始された。2軸の台車1個で車体を支え，車体に対して旋回はできないが，台車枠があり，軸箱と台車間の一次サスペンションと台車と車体間の二次サスペンションから構成されている。一次サスペンションは板ばねで，二次サスペンションは，コイルばねに加えて台車端部に重ね板ばねが用いられている。ピッチング特性の改善，重ね板ばねの摩擦力による振動低減効果を期待したためと思われる。

1904年（明治37年）に私設鉄道の甲武鉄道により，専用軌道での初めての本格的な電車運転が開始された。台車構成は京都市電と同じ単台車であるが，一次サスペンションにはコイルばねが用いられていた。

3.5.3　2軸ボギー台車の進展[20]〜[22]

（1） ボギー台車の登場　日本でのボギー車両製作の最初の取組みは，1875年（明治8年）頃に，2軸車両2両をつなげる改造を行い1両とするなど，早い時期から行われたが，その後の客車の増備は，安く，つくりやすく，利用客の増減に対応しやすい2軸客車で行われた。

例外的だったのは，米国からの輸入車両でスタートした1880年（明治13年）開業の官営の北海道幌内鉄道である。幌内鉄道客車の台車は，**図3.66**に示す「釣合いばり式台車」である。前後の軸箱間に渡した釣合いばりと台車枠間に一次ばねが前後に2個取り付けられている。釣合いばりは，前後の車輪に加わる上下荷重を均等化する役目をしていて，精度の悪い米国の線路には脱線

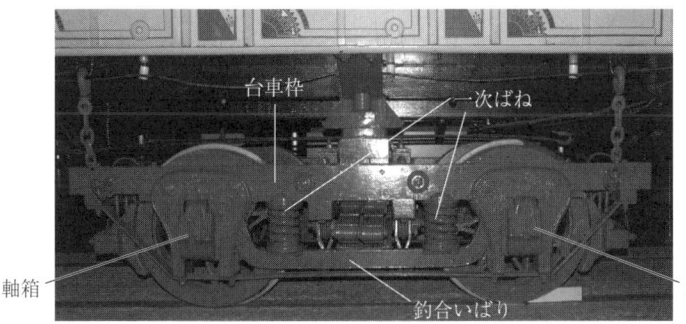

図 3.66 幌内鉄道釣合いばり式ボギー台車
(1880 年製造, 鉄道博物館で撮影)

しにくい点で有利であったと考えられる。しかし, 一次ばねより下の質量 (ばね下質量) が大きくなり, 台車の振動により線路に加わる力が大きくなるなどの欠点がある。

北海道以外での本格的なボギー客車の採用は, 1889 年 (明治 22 年) の東海道線全線開通に向けての直通運転客車として, 英国から約 50 両が輸入された。その後, 明治時代には台車は輸入されていたが, 米国からの輸入台車は「釣合いばり式台車」, 英国, ドイツなど欧州からの輸入台車は「軸ばね式台車」であった。軸ばね式台車では釣合いばりがなく, 各軸箱と台車間に一次ばねが直接取り付けられている, 現在用いられている方式である。

日本の民間車両メーカによる生産は明治末期に軌道に乗ったが, 台車や電気品は輸入に頼っていた。第一次世界大戦 (1914 ～ 1918 年) により欧米からの輸入が難しくなり, 各社が台車設計製作に取り組み, 国産電車台車は 1920 年 (大正 9 年) 頃から一斉に登場する。日本も線路がぜい弱だったので, 米国式の, 釣合いばり式台車が多用された。

(2) **電車台車の国産から高速台車振動研究会** 国鉄の台車は, 1928 年 (昭和 3 年) の客車用 TR23 形, 1932 年 (昭和 7 年) の電車用 TR23 形 (のちの DT12 形) 台車から, それまでの釣合いばり式から軸ばね式に変更され, その後の国鉄台車の標準となった。一方, 民鉄は釣合いばり式が主流であった。

戦後の 1946 年（昭和 21 年）に国鉄主催の高速台車振動研究会に，鉄道技術研究所，車両メーカ 8 社が参加し，1949 年（昭和 24 年）までに 6 回の研究会が行われた。台車振動の理論計算と経験の融合，理論を実現しやすいガタ・摩擦部分の解消などによる合理的設計の新形式台車が各社から登場し，1948 ～ 1949 年の走行試験で大幅な左右振動の低減など良好な成績を収めた。設計の具体的ポイントは，① 釣合いばりの廃止によるばね下質量の軽減，② 後述の揺れ枕つり台車における二次サスペンション（枕ばね）を摩擦により減衰力を与える重ね板ばねからコイルばね・オイルダンパへ変更することでの摩擦からの脱却，③ 揺れ枕つり長さを長くしての左右ばね定数の低減による乗心地の改良，などであった。

これらの成果の集大成としての台車が 1949 年（昭和 24 年）に登場した国鉄湘南電車用台車であった。その後も改良が加えられ 1952 年（昭和 27 年）に DT17 形台車として完成した（**図 3.67**）。高速台車振動研究会から新幹線車両開発までの車両関係のおもな開発経緯を**表 3.8** に示す。

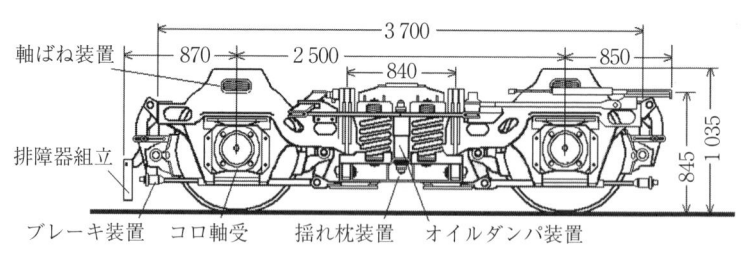

図 3.67 国鉄湘南電車 DT17 形台車〔単位：mm〕

（3） 台車の車体支持方法　　**図 3.68** に車体の支持方法の変遷を示す。

a．揺れ枕つり台車（図 3.68（a））　　ボギー車両が登場して以来，釣合いばり式台車，軸ばね式台車のいずれの場合も，台車と車体間の二次サスペンション（枕ばね）としては板ばねが用いられていた。板ばねは上下方向の揺れは吸収できるが，左右方向には剛で揺れを吸収する効果はない。そこで，台車枠（③）から，揺れ枕つり（④）で，下揺れ枕（⑤）がぶら下げられる。下揺れ枕に，重ね板ばね（⑥）の下端が取り付けられて，上端は，上揺れ枕（⑦）

3.5 台車の変遷

表 3.8 新幹線車両開発までのおもな径緯

年	西暦	1946	1947	1948	1949	1950	1951	1952	1953	1954	1955	1956	1957	1958	1959	1960	1961	1962	1963	1964
	和暦 (昭和)	21	22	23	24	25	26	27	28	29	30	31	32	33	34	35	36	37	38	39

在来線営業・試験
- 高速台車振動研究会 (昭21.12～昭23.4)
- 湘南電車営業開始
- 東海道本線電化
- 新形通勤電車モハ90営業開始
- 小田急SE車東海道線で145 km/h
- モハ90改造車135 km/h
- ビジネス特急こだま東京－大阪開営業開始
- こだま高速試験163 km/h
- クモヤ93000試験175 km/h
- 東海道新幹線開業

台車

台車形式
- つり掛式
- DT16台車 — DT17
- 平行カルダン — DT17 ... DT20・DT21
- 中空軸モータ — DT21・DT23
- 民鉄に普及
- WN継手(営団)
- モハ90空気ばね
- 3系ベローズ空気ばね台車
- ダイヤフラム形空気ばね
- WN継手の採用

駆動装置
- 揺れ枕つりを長く — DT16
- コイルばね・ダンパの変更
- 長距離まくら板ばね
- オイルダンパ
- 直角カルダン (DT18)
- 気動車用 (DT18, 19)
- (外国メーカとの提携が多い)

一次サスペンション
- リベット構造
- 一体鋼
- 鋼板プレス加工溶接構造
- 6種類の台車走行試験→IS式台車

一次サスペンション (軸箱支持装置)
- 板ばね下重量研究会
- ばね下重量研究会
- 車軸径の決定
- 高周波焼入れ

台車枠
- 焼ばめの車輪
- 複列コロ
- 円筒コロ
- 一体車輪
- 一体圧延車輪
- 輪重・横圧測定法確立
- ディスク構造合成制輪子
- ディスクブレーキ

輪軸

ブレーキ
- 電磁直通空気ブレーキ(M車)
- ディスクブレーキ(T車)
- 油圧緩衝器

車体

車軸構体
- 車両用こうがり軸受研究会 (～昭30)
- 軽量車輪
- 軽量車体 (80系)
- 車両用軽金属委員会
- ユニットクーラ
- 複層ガラス
- 換気・空調システムの検討
- 荷重試験先頭形状決定
- 風洞試験
- 先頭形状

車体設備
- 回転式いす

パンタグラフ
- PS13
- PS13パンタの改良
- 試作パンタ下枠交差形に決定

電気

主回路
- 試作交流EL完成
- 仙山線試験

補機回路など
- 十河信二総裁就任
- 島秀雄技師長 北陸紀行
- 新幹線基本仕様の各種走行試験
- 車両断面決定
- 鉄道車両研究所
- 新幹線起工式

全体
- 島秀雄退職
- 島秀雄マンホール
- 講演会
- 鉄研車両試験台で車両走行試験
- ATC車上出力など の検討
- BTセクション通過試験
- 各電セクション通過時機器対策
- BTセクション通過試験
- 鴨宮モデル線区開設
- 試験車A, B搬入
- (軸箱起りの、軸受温度計測)

新幹線関連
- 東海道新幹線開業

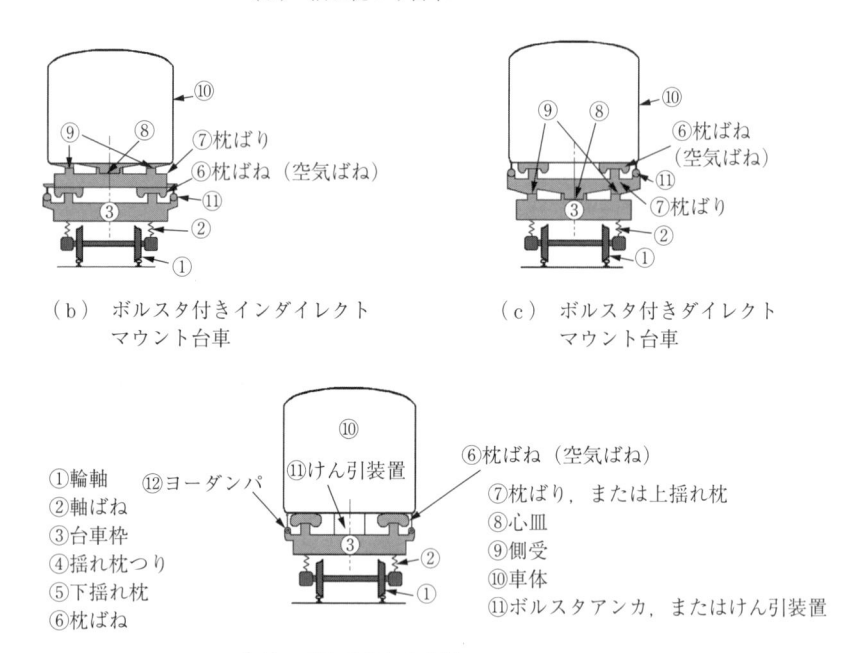

3. 鉄道車両の変遷

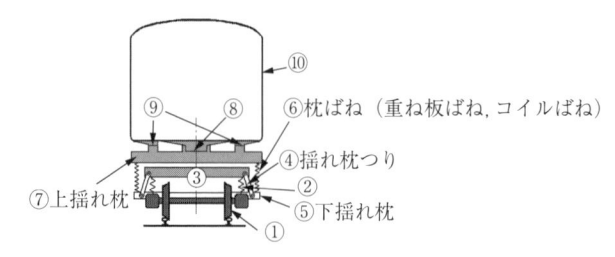

(a) 揺れ枕つり台車

(b) ボルスタ付きインダイレクト
マウント台車

(c) ボルスタ付きダイレクト
マウント台車

① 輪軸
② 軸ばね
③ 台車枠
④ 揺れ枕つり
⑤ 下揺れ枕
⑥ 枕ばね
⑦ 枕ばり，または上揺れ枕
⑧ 心皿
⑨ 側受
⑩ 車体
⑪ ボルスタアンカ，またはけん引装置
⑫ ヨーダンパ

(d) ボルスタレス台車

図 3.68 車体支持方式の変遷

を支える．上揺れ枕には，心皿（⑧）と側受（⑨）があり，そこに車体（⑩）が載る．車体に対しての上揺れ枕の旋回中心が心皿で，側受はほど良い旋回運動を行えるよう旋回に対する抵抗力を与えている．揺れ枕つりは振子のように左右に振れるので，台車と車体間の左右ばねの役目をする．

1949 年（昭和 24 年）に，枕ばねは上述のようにコイルばね・オイルダンパ

に変更されたが，コイルばねの横剛性は板ばねほど大きくはないが，左右方向のばねとして利用できるほど適切な値ではなく，揺れ枕つりが継続して用いられた．

その後，1953年（昭和28年）に米国で空気ばねがバスに用いられたという論文がきっかけで，日本では鉄道技術研究所や汽車会社で空気ばねの鉄道台車への利用の研究がそれぞれ行われた．当初は，軸ばねへの利用が検討されたが，1957年（昭和32年）に京阪電鉄に枕ばねに3段ベローズの空気ばねを用いた台車が納入された．

国鉄でも1957年（昭和32年）にモハ90形を用いた高速試験で枕ばねを空気ばねに置き換えた試験が行われた．結果が良好だったことから，1958年（昭和33年）開業のビジネス特急「こだま」（1.3節（5），図1.5参照）で国鉄としては初めての空気ばね車両の登場となった．

空気ばねの横剛性が小さすぎるので，揺れ枕つり装置は左右方向の拘束を付加するなどして継続して使用された．

b．ボルスタ付きインダイレクトマウント台車（図3.68（b））　枕ばねに必要な適切な左右剛性となるように，3段ベローズ空気ばねが改良されたことで，揺れ枕つり・下揺れ枕の振子作用による左右剛性が不要になった．国鉄では1963年（昭和38年）に急行形451系電車の台車DT32形，TR69形台車で実用化されている．

しかし当時の空気ばねは，カーブで生じる大きな前後変位には追従できなかった．そのために揺れ枕つり，下揺れ枕は省略したが，上揺れ枕は枕ばりと名称を変えて残っている．左右振動の減衰力に揺れ枕つりのジョイント部の摩擦力を使えないので，台車と枕ばり間に，新たに左右動ダンパが挿入された．

枕ばりは現在ではボルスタ（bolster）と呼ばれることが多い．ボルスタとは長枕のことである．

図3.68（b）に示すように，台車枠（③）と枕ばり（⑦）の間には空気ばね（⑥）があり，上下，左右，ロールの運動はこの間で行われる．一方，台車と枕ばりは左右のボルスタアンカ（⑪）で前後に接続されているので，旋回運動

に対しては台車，枕ばりは一体で動く．したがって，空気ばねは前後に変形しなくてよい．

車体の上心皿（⑧）が枕ばりの下心皿にはまっているので，旋回運動は枕ばりと車体の間で行い，曲線をスムーズに走行できる．

台車蛇行動防止のために，車体荷重を心皿と側受（⑨）で分担して受ける場合と，側受はなく，径の大きい大径心皿のみで受ける場合とがある．いずれも台車旋回時に摩擦力による減衰力を与えている．451系電車の場合は後者である．

国鉄では保守方式を統一するために，つぎに示すダイレクトマウント台車ではなく，このインダイレクトマウント台車に統一された（例外として地下鉄乗り入れの301系はダイレクトマウント台車である）．

c． ボルスタ付きダイレクトマウント台車（図3.68（c））　　柔らかい空気ばねは上下，左右の乗心地を向上させるが，ローリングに対しては柔らかすぎることになる．そのため，空気ばねはできるだけ車体重心に近い高さにあることが望まれる．ダイレクトマウント台車は図3.68（c）に示すように，図3.68（b）と比較して空気ばねと心皿・側受の位置を逆にして，車体を直接空気ばねで支える方式である．民鉄では1957年（昭和32年）頃から走行試験が行われ，国鉄よりも早く1958年（昭和33年）頃からダイレクトマウント台車が登場した．国鉄でのダイレクトマウント台車の登場は新幹線からである．

d． ボルスタレス台車（図3.68（d））　　枕ばりを省略したボルスタレス台車にすれば，部品が少なく，台車枠の構造も簡単になるなど，大幅な軽量化と保守の容易化が実現する．しかしボルスタレス台車では，車体と台車を直接つなぐ空気ばねはすべての方向に動き，カーブで旋回するとき通常100 mmぐらいまで前後方向に変位しなければならず，かつその際の復元力が大きくなり過ぎないようにしなければならない．そのため，空気ばねのゴム膜を固定している上下の面板が前後左右にずれ，ずれの大きさに応じて中立位置に戻る力（復元力）を発生させる空気ばねが開発された．そして，1980年（昭和55年）に交通営団（現・東京地下鉄）・半蔵門線用車両で，日本で初めてボルスタレス台車が採用された．

ボルスタレス台車では，車体荷重は直接二つの空気ばねを経て台車枠へと伝わる。台車枠以降の経路はボルスタ付き台車と変わらない。一方，ボルスタレス台車の旋回抵抗は空気ばねが担当している。その空気ばねが旋回抵抗を発揮できるように，けん引装置が旋回中心となるようにしている。

　なお，新幹線や特急などの高速列車の車両では，ヨーダンパと呼ばれる装置が車体と台車の間に左右各1本，前後方向に取り付けられていて，これによって台車の旋回振動を抑え，蛇行動を止めている。通勤車両でも 120 km/h を超える区間を長く走る車両には，状況に応じてこのヨーダンパが取り付けられている。

　ボルスタレス台車は，今日では新幹線車両，特急車両，通勤車両にとどまらず，一部の高速貨車でも採用されている。

　（4）**軸箱支持装置**　一次ばね系に要求されることとして，以下の事柄がある。

① 空気ばねとともに，振動を和らげ乗心地を向上させるため，上下方向の荷重を支えながら，軸ばねや緩衝ゴムなどによって輪軸を台車枠に適切な上下弾性で接続すること。

② 蛇行動と曲線通過の両特性が両立するように，輪軸を台車枠に適切な左右，前後弾性で接続すること。

③ 車両の走行安定性を長期間にわたって安定的に維持するために，前後輪軸を平行にかつ台車枠に対して適切な位置に保持できること。

④ できるだけ軽量で部品点数も少ないこと。

　この軸箱支持装置については，これまでに多くの方式が開発され用いられてきた。**図 3.69** に代表的な軸箱支持装置を示す。

　図 3.69（a）のペデスタル（軸箱もり）ウィングばね式は，JR 在来線の電車に広く使われていたタイプである。上下方向の荷重は軸ばねによって支え，前後方向は台車枠の一部分である軸箱もりのすり板でガイドする。軸箱と軸箱もりとの間は摩耗によって隙間が大きくなりやすく，その場合には電車が蛇行動を起こすので注意深い保守が必要であった。

　図 3.69（b）の IS 式は，初期の新幹線車両に用いられたものである。上下

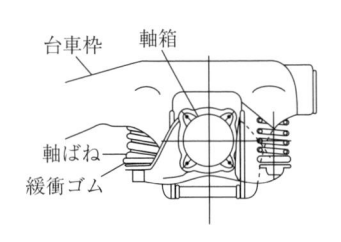

(a) ペデスタルウイングばね式　　　(b) IS式

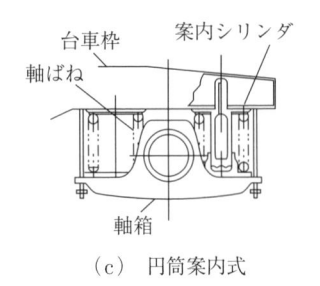

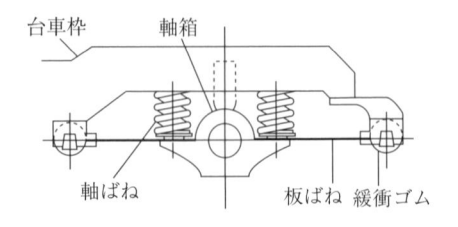

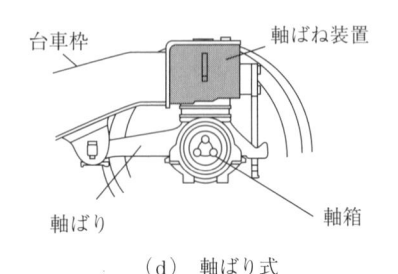

(c) 円筒案内式　　　(d) 軸ばり式

図3.69　軸箱支持装置

方向の荷重が軸ばねで支持されるのは同じであるが，前後・左右の支持案内には板ばねを使っている。これで，軸箱もりのような摩擦部分をなくしている。板ばねは緩衝ゴムにより台車に取り付けられ，前後・左右方向の適切な剛性を与えている。ISの名称は開発者の頭文字といわれている。板ばねを片側だけにした平行支持板式は台車全長を短くでき，軽量化が図りやすいことなどから，民鉄の通勤電車などに広く採用されてきた。

図3.69(c)の円筒案内式はペデスタル方式の平面のすり板に代わり，ピストンとシリンダの円筒面で案内する方式である。しゅう動部が露出していないので，ペデスタル方式よりも摩耗が少なく耐久性に優れている。案内筒の外側に金属ばねを配置したシュリーレン式が有名である。

図3.69(d)の軸ばり式は，古くから現在に至るまで広く用いられている方式である。板ばね式と同じく，軸ばね1組のみを軸箱の上部に配置している。台車枠と軸箱を緩衝ゴムによってつないでいる軸ばりが傾くことによって，輪軸の位置の移動を抑えるように工夫されている。軸ばりの代わりにリンクを用

いたモノリンク式と呼ばれている方式もある。

（5）**駆動装置**　主電動機（以下，モータという）の軸が車軸に直角か平行かにより，まず大きく二つに分けられるが，現在の電車，機関車の駆動装置はモータ軸と車軸が平行な方式である。この方式の最も基本的な方式は**図 3.70**（a）に示すつり掛式である。

モータ（①）の外枠を小歯車（③），大歯車（④）が入っている歯車箱と一体に組み込み，一端を台車枠の横はり部分に緩衝ゴムで支え，外枠の他端を軸受を介して車軸で支える構造である。モータ質量の半分は車軸にかかるため，軸ばね下質量が大きくなる。そのため，レールに与える力が大きくなる，逆にレールからモータに加わる力が大きくなるなど振動面での悪影響が大きい。しかし，モータ軸と小歯車軸の間に継手が不要となり構造が簡単なので，電気機関車など大型のモータでは現在も用いられている。

ばね下質量を小さくするには，モータが軸ばねより下の車軸に寄りかからな

（a）つり掛式

（歯車形軸継手）

（b）平行カルダン式

（c）中空軸モータ平行カルダン式

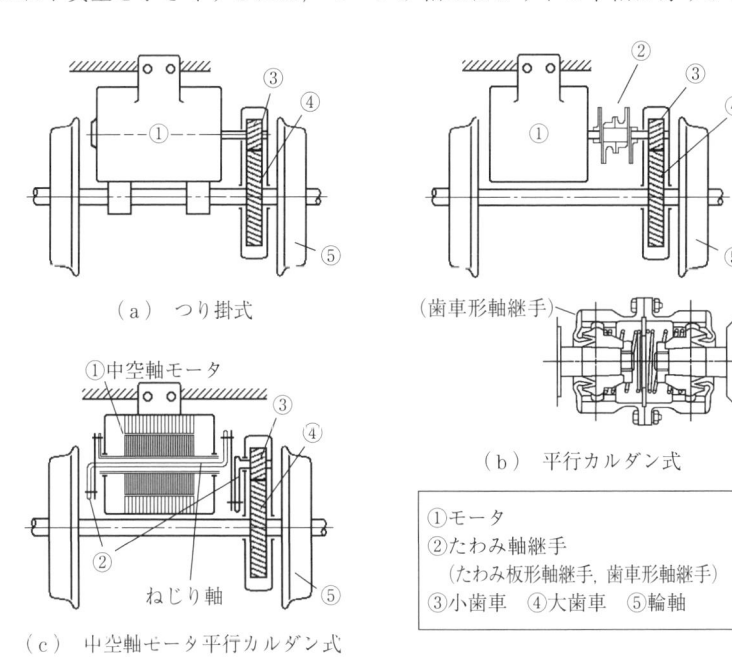

①モータ
②たわみ軸継手
　（たわみ板形軸継手，歯車形軸継手）
③小歯車　④大歯車　⑤輪軸

図 3.70　各種駆動装置

いように，軸ばねより上の台車に多くの荷重がかかるように取り付ければよい。その場合には，軸ばねの下にあることで台車とは別の動きをする車輪に回転力を伝える工夫が必要になる。

モータの回転力は，モータ，小歯車，大歯車，車輪と伝わる。小歯車と大歯車は一体としなければ歯車が機能しないので，相対的な動きを吸収する継手や緩衝ゴムを挿入できる箇所としては，モータ・小歯車間と，大歯車・車輪間が考えられる。モータ・小歯車間に継手を設ける方式が平行カルダン式や中空軸モータ平行カルダン式であり，大歯車・車輪間にばねや緩衝ゴムを設ける方式が大型モータを用い，けん引力の大きな電気機関車で用いられてきたクイル式や半つり掛式（中空軸可撓式）である。

図3.70（b）に示す平行カルダン式では，直角カルダン式と比較して継手を設置するスペースが小さくなってしまい構成が難しいが，標準軌の場合には狭軌と較べて比較的余裕があり，米国のWestinghouse社とNuttal（Natal）社が製作した歯車形軸継手（製作会社の頭文字をとりWN継手とも呼ばれる）を用いた平行カルダン式が，1954年（昭和29年）に交通営団の丸ノ内線300形で使用された。特許料を払い購入したものをもとに，苦心の末国産化されたものである。WN継手は新幹線をはじめ標準軌の電車で広く用いられている。

狭軌の場合には，スペースはより小さくなるため，継手をどのように配置するかが課題であった。つぎに述べる中空軸モータ平行カルダン式が戦後普及した。現在は，直流モータから小型の交流モータになり，継手のスペースを確保できるようになったので，中空軸モータ平行カルダン式の必要性が少なくなり，比較的省スペースのたわみ板形継手を用いた平行カルダン式が主流になっている。

狭軌の狭いスペースに継手をどのように構成するかという難問の解決策が，島秀雄の末弟である島文雄が中心となり，東洋電機製造で開発された図3.70（c）に示す中空軸モータ平行カルダン式である。モータの回転軸を中空として継手のスペースを生み出した。モータの回転は歯車の反対側のたわみ板形継手，中空軸内のねじり軸，歯車側のたわみ板形継手を介して歯車に伝えられる

巧妙な構造である。1954年（昭和29年）に名古屋鉄道，南海電気鉄道で，1957年（昭和32年）には小田急電鉄SE（Super Express）車，国鉄モハ90系で用いられた。モータ軸と歯車軸との相対変位を大きくとれるので，軌道整備の悪い路線にも使用でき，狭軌電車に広く普及した。

3.5.4 知能化台車[20]〜[22]
(1) 車体を傾ける振子車両
a. 国鉄・JR振子車両 曲線で車両に生じる遠心力による左右方向の力を軽減するため，曲線軌道にはカントと呼ばれる傾きが付けられている。カントは，その線区を走る走行速度の違う各種の列車を念頭に置き決められるので，特急列車にとっては十分なものではない。そこで，カントの足りない分は車体を内傾させる振子車両（車体傾斜車両）が考え出され，1973年（昭和48年）以来，コロ式の自然振子車両が用いられてきた。しかし，自然振子車両には，摩擦力による振れ遅れなどいくつかの課題があった。

これらの課題を解決するために開発された車両が，自然振子方式をベースとして空気アクチュエータを付加した制御付き振子車両である。1983年（昭和58年）から中央西線，湖西線で走行試験が繰り返された（**図3.71**）。最初の営業車両は，JRになってから高速道路との競争が会社にとって大きな課題であったJR四国が，まず1989年（平成元年）に土讃線の2000系気動車で，次いで1992年（平成4年）に予讃線の8000系電車で実用化した。現在，制御付き振子車両は日本全国で営業運転が行われている。

図3.71 中央西線端浪駅付近の半径400m曲線を走行する試験電車（1983年3月撮影）

制御付き振子車両の構成と振子制御のしくみを図3.72に示す。台車にはコロが取り付けられていて、その上に振子ばりがある。台車と振子ばり間の左右方向に空気力で力を発揮するアクチュエータが取り付けられている。アクチュエータが振子ばりを傾斜させる動きをアシストする。本来の振子動作を生かしたうえでのアシストなので、必要なエネルギーを節約できる。

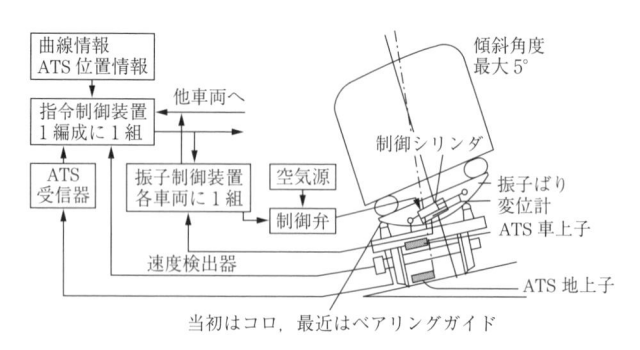

図3.72 JR在来線の振子制御のしくみ

振子制御に関しては、鉄道の特徴である、いつも決められた路線を走るという点を利用している。各曲線の始点、終点の位置、曲線半径、カントなどの曲線情報とATS（automatic train stop system）地上子の位置情報をあらかじめ先頭車両にある指令制御装置に記憶させておく。走行時に、指令制御装置は刻々の列車の正確な現在位置と走行速度を把握する。現在位置を知るには地上のATS地上子からの信号を基準にして、その後の車輪回転パルスから距離を求めている。曲線が近づいてくると、指令制御装置は各車両にある振子制御装置に、振子制御開始の指令を送り、各車体を振子させる。振子角度は最大で5°である。

その後、当初のコロ式に代わり、摩擦の小さい、保守に手のかからないベアリングガイド式に代わってきている。

b. 空気ばねを用いた車体傾斜車両　　振子形ではない最初の車体傾斜車両は、1962年（昭和37年）までさかのぼる。小田急電鉄で、枕ばね部分に油圧アクチュエータを取り付けた車体傾斜試験車両での走行試験が行われた。車体

傾斜動作は機能したが，曲線の検知に課題があり実用化されなかった．

空気ばねを用いた車体傾斜車両は2000年（平成12年）3月に，JR北海道の札幌〜名寄間に281系特急気動車として登場し，それまでの所要時間を39分短縮し2時間14分とした．空気ばねに空気を供給すれば高さが上昇し，抜くと高さが下がることを利用し，曲線部で左右の空気ばねの高さを変えて車体を適切に傾斜させる．在来線の振子車両の振子ばりはなく，現状の台車構成のまま，空気ばねを車体傾斜のアクチュエータとする方式である．

曲線位置の検知には車両に搭載したジャイロ，加速度計情報をもとに行い，曲線情報を用いる場合に必要になる情報のメンテナンスや装置の高度化によるコスト増を省き，コストパフォーマンスの高いシステムを狙った選択であった．

民鉄でも，2005年（平成17年）1月に名古屋鉄道ミュースカイで，同年3月に小田急電鉄50000形ロマンスカーVSE（Vault Super Express）で空気ばね，地上情報を用いた車体傾斜車両が営業した．

新幹線においても空気ばねを用いた車体傾斜車両が走っている．新幹線の本線の最小曲線半径は，東海道新幹線が2 500 m，そのほかの新幹線では4 000 mである．東海道新幹線の走行速度は直線では270 km/hであるが，半径2 500 mのカーブでは250 km/hに減速していた．2007年（平成19年）に登場したN700系では，この曲線通過速度を270 km/hに上げるために，最大1°傾斜させる空気ばねを用いた車体傾斜装置が用いられている（図3.73）．

また，2011年（平成23年）3月に運行を開始した最高速度320 km/h営業を予定している「はやぶさ」E6系では，空気ばねを用いた最大2°の車体傾斜

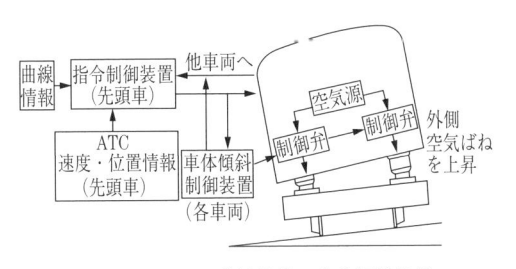

図3.73　N700系新幹線の車体傾斜装置

を行っている。

（2） **操舵台車**　　曲線を高速で走ることによるもう一つの課題は，車輪がレールを横方向に押す力（横圧）が大きくなって，レールのゆがみを増大させ，保守の仕事が増えることである。曲線で台車の前後2本の輪軸の軸方向が曲線中心方向を向き，片仮名の「ハ」の字状になり，アタック角（輪軸の軸方向と曲線中心方向の角度差）をできるだけゼロ近くにして横圧を減らす台車を操舵台車と呼んでいる。操舵台車は自己操舵台車，半強制操舵車，強制操舵台車に分類される。

a．自己操舵台車　　車輪・レール間にはたらく前後の力の左右車輪の差により，曲線通過時に本来はたらく自己操舵機能を阻害しないように，輪軸を台車に前後方向に柔らかく取り付けることで，アタック角を小さくして横圧を小さくできる。しかし，単純に柔らかく取り付けることは蛇行動の問題があるので，自己操舵機能と蛇行動特性を両立させた台車が自己操舵台車である。

対角の軸箱をつなぐ2本のクロスアンカリンク機構を用い，片仮名の「ハ」の字状になり，曲線をスムーズに通れる動きは拘束しないが，輪軸相互の左右の動きなど蛇行動に発展する動きは拘束する，南アフリカ連邦（現在の南アフリカ共和国）のシェッフェル博士が考案したシェッフェル台車が有名である（図3.74）。

日本では，JR東海で1995年（平成7年）に中央西線「しなの」として登場した383系特急電車において，台車の車両端側となる輪軸を前後に柔らかく支

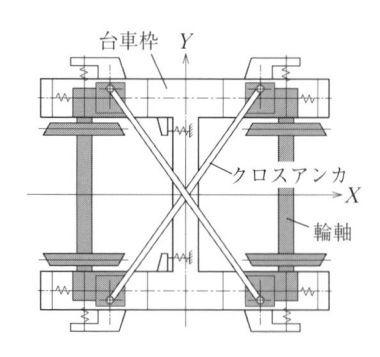

図3.74　シェッフェル台車

持，中央側の輪軸を固く支持することで，より重要な先頭軸の自己操舵性能を生かしている．

b．半強制操舵台車　1984年（昭和59年）に国鉄において，自己操舵，半強制操舵，強制操舵の合計7方式の操舵方式に切り替えられる試験台車DT 953が製作され，走行試験が行われたのがこの分野での大きな出発点になっている．

車体と台車間の旋回角などを入力として，リンク機構で輪軸や台車をアタック角ゼロの位置に向けようとする積極的な操舵機構はあるが，エネルギー源を必要としない台車を半強制操舵台車という．

1997年（平成9年）からJR北海道の札幌〜釧路間の281系特急列車として走っている操舵台車のしくみを**図3.75**に示す．曲線に入ると台車は車体に対して旋回するので，その旋回角の変化をリンク機構により輪軸に伝え，アタック角ゼロの位置に向ける台車である．いわば，ハンドルの付いた鉄道車両である．

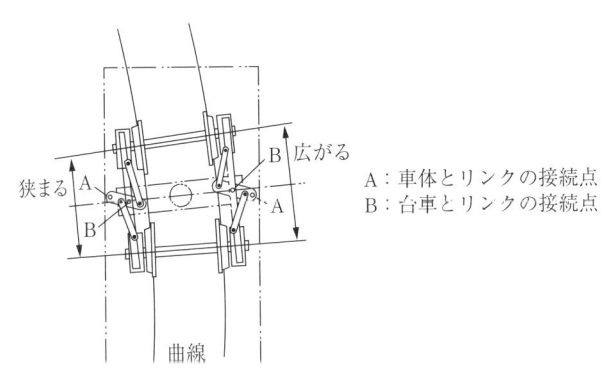

図3.75　半強制操舵台車のしくみ（台車旋回角連動リンク式）

振子機能やこの操舵機能により，それまでの所要時間4時間25分が約3時間40分程度に短縮された．湿地が多く，線路が強固でない線区などで，軌道への負荷を減らす車両の切り札となっている．

強制操舵台車は走行試験は行われたが実用化には至っていない．

(3) アクティブサスペンション

a. 背景と初期の取組み 鉄道車両の振動の特徴に，平均的な左右振動に対して車輪フランジがレールに当たるときなどに生じる最大左右振動が大きいことが挙げられる。人間の体感上，同じ値の振動でも上下振動よりも左右振動のほうが感じやすいこと，大きい揺れは印象に残りやすいこともあって，最大左右振動が乗心地に悪影響を与えている重要な因子である。そのため，鉄道車両の振動制御では，最大左右振動の低減が大きな目標になる。

鉄道車両の乗心地の向上のための振動制御技術（アクティブサスペンション）を導入する検討は，1980年（昭和55年）にさかのぼる。新幹線ほど軌道の整備状態の良くない在来線車両を対象として，モデル実験，試験台試験などを踏まえて，国鉄で本線走行試験が行われた。台車・車体間に上下2本，左右1本の空気アクチュエータが取り付けられ，車体振動加速度の情報をもとにPID制御（比例・積分・微分動作を組み合わせた制御）が行われた。振動は低減されたが，メンテナンス，コスト，空気消費量など，総合的に判断され実用化には至らなかった。

b. 実用化 車体・台車間の二次サスペンションの適切な設計に加えて，在来線特急車両・新幹線車両の車体間ロールダンパ，新幹線車両の車体間ヨーダンパなどのパッシブ（受動的）な振動絶縁の限界を超える策であり，速度向上により，その必要性がさらに増したアクティブ（能動的）サスペンションの登場である。この分野での研究開発が再び活発化したのは，JRになって各社がこぞって試験車を作るようになってからである。JR東日本の在来線試験車 TRY・Z, JR西日本の新幹線試験車 WIN 350, JR東海の 300 X でアクティブサスペンション，セミアクティブサスペンションなどの試験が行われた。周辺技術も1980年代と較べて格段の進歩を遂げており，いずれの場合も良い振動低減効果が得られた。

2002年（平成4年）12月に，八戸まで開業した東北新幹線において，E2系1000番代新幹線で，世界で初めてアクティブサスペンションが実用化された（**図 3.76**）。空気力による振動悪化が起こりやすい両端車両，および高品質な

3.5 台車の変遷

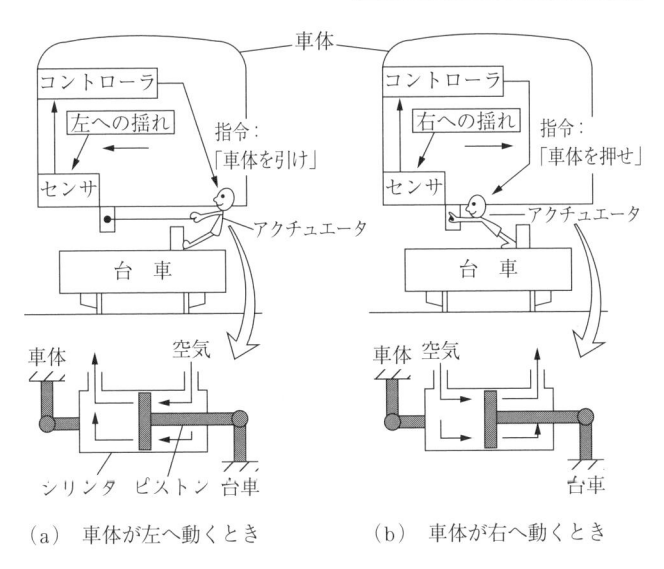

図3.76 アクティブサスペンションのしくみ

(a) 車体が左へ動くとき　(b) 車体が右へ動くとき

環境がより要求されるグリーン車に取り付けられた．現在は，より広く用いられている．制御は影響の最も大きい車体ヨーイング振動の低減を主目的とし，左右，ロール振動の低減も考慮された．トンネル区間とそれ以外の明かり区間では，振動の様子が異なるので，トンネル区間では制御の定数を切り替えるという，きめ細やかな制御が行われている．

セミアクティブサスペンションはエネルギー供給はないが，車体・台車間の左右動ダンパの代わりに，ダンパの強さである減衰係数を切り換えられるダンパを使用し，そのダンパの減衰係数を車体の振動状態に応じて高速で切り換えることにより振動を低減している．しかし，エネルギー源を持たないパッシブなダンパなので，必要な方向の力を出せない場合がある．このような場合には力を出さないようにする（**図3.77**）．

この方式は，エネルギー源が要らないため小型軽量で構造が簡単であり，故障に強いことや，システムが簡単で安価などの特徴がある．そのためアクティブサスペンションより早く1997年（平成9年）3月に500系新幹線で実用化され，その後の新幹線電車のすべてに用いられている．

車体の揺れが台車の揺れより大きいときは，ダンパのはたらきを生かす

車体の揺れが台車の揺れより小さいときは，ダンパをはずす

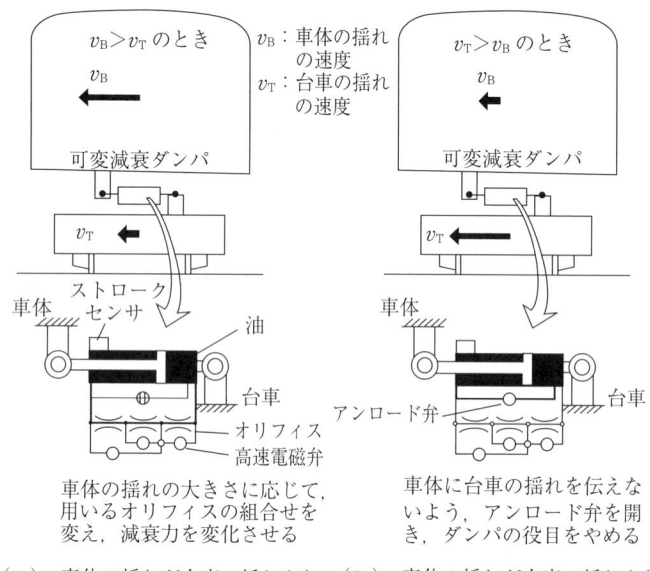

$v_B > v_T$ のとき
v_B：車体の揺れの速度
v_T：台車の揺れの速度

$v_T > v_B$ のとき

可変減衰ダンパ

車体／ストロークセンサ／油／台車／オリフィス／高速電磁弁／アンロード弁

車体の揺れの大きさに応じて，用いるオリフィスの組合せを変え，減衰力を変化させる

車体に台車の揺れを伝えないよう，アンロード弁を開き，ダンパの役目をやめる

（a）車体の揺れが台車の揺れより大きい場合

（b）車体の揺れが台車の揺れより小さい場合

図 3.77　セミアクティブサスペンションのしくみ

3.6　車 体 の 変 遷

3.6.1　木材から鋼製へ

　初期には車体に木材が用いられていた。木製の柱と横ばりを組み合わせて骨格とし，その表面に板材を張った骨皮構造である。外板は耐久性向上のため漆（うるし）で仕上げられていた。漆仕上げは日本独特のもので格調の高さをかもし出している。その後，強度増加，事故のときの破壊による被害拡大防止，火災防止などの理由により鋼製に変わっていった。本格的な鋼製車両は 1902 年に米国で登場した。当時は米国が世界の鉄道のリード役を果たしていた。

　わが国初の鋼製車両は，1923 年（大正 12 年）に神戸市電 G 車として登場し，国鉄初の鋼製車両は 1926 年（昭和元年）の電車，モハ 30，1927 年の客

車，オハ31として登場した．その後，1949年（昭和24年）から6か年計画で，まだ多く残っていた木製車両をすべて鋼製車両にする鋼体化改造工事が行われた．木製から鋼製にはなったが，柱と横ばりの骨組みに外板を張る骨皮構造は同じであった．鋼製化により強度が向上したが，質量も増えたので，軽量化鋼製車体の必要性が増加した．

3.6.2 軽量客車

蒸気機関車の全盛時代には，車両は重いほうが脱線しにくく，惰性でよく走るとの意見が根強くあったが，車両軽量化は必要エネルギーが減ること，保守が容易になるなどの効果が大きく，また，脱線に対しても悪影響はなく，その後の速度向上には欠かせない技術と判断された．

戦後，軍で働いていた多くの技術者が国鉄鉄道技術研究所（鉄研）に移った．車体構体の軽量化に関しては，海軍で爆撃機「銀河」などの設計をした三木忠直がリーダであった．必要な強度，剛性を満たしつつ軽量化を図っていくには，解析法と実験による検証法が不可欠であった．三木のもとで吉峯 鼎により車体強度解析手法が確立され，中村和雄らにより抵抗線ひずみ計が開発された．このように，産声を上げたわが国におけるひずみ測定技術は，船舶試験所（当時）やメーカの力で急速に進化した．それらの技術が，新幹線車体の強度の理論的検討を検証する試験のキーテクノロジーとなった．

このような研究・開発の結果，ナハ10形客車8両が1955年（昭和30年）に試作された．車体台枠で強度を負担する方法から，台枠・側鋼体・天井全体を張殻構造として強度を負担する方法により軽量化が図られた．これらの成果により小田急電鉄のSE車の開発，その後の特急「こだま」151系電車（図1.5参照）の開発が行われ，新幹線の車体設計の基礎が築かれた．

車体以外にも台車は，一体鋳鋼製からプレス薄鋼板の溶接組立てにすることにより軽量化された．内装や室内装備も木材を使用せず，軽金属や合成樹脂を使用して軽量化が図られ，車両として完全に木材から脱却した．ブレーキ装置などの台車部品も多岐にわたり軽量化がなされた．その結果，それまで量産さ

れていた鋼体客車オハ43形の自重33.5トンに比べて、23.3トンと約30％の軽量化がなされた。このナハ10形をベースに1956年（昭和31年）からナハネ10形が量産され、1957年（昭和32年）には軽量化標準客車としてナハ11・ナハフ11形が誕生した。

さらなる軽量化は、3.6.4項、3.6.5項で述べるステンレス鋼材やアルミニウム合金材の導入であった。

3.6.3 新幹線車体

新幹線車体は、それまでの在来線の車体に較べて長さを約20mから25mへ、幅を約2.8mから3.4mへと大型化したにもかかわらず、車体の骨組みである構体の自重を、それまでの在来線車両なみの8トンに抑えるという高い目標が立てられた。

1960年（昭和35年）暮れに完成した強度・剛性の検討用の実物大新幹線試験車体構体を用いた大規模な静荷重試験で、種々、荷重条件において230点ものひずみが測定され、強度、剛性検討の貴重なデータが得られた。その後、試作車両による試験（**図3.78**）、計算プログラムによる検討が繰り返され、目標がクリアされた。

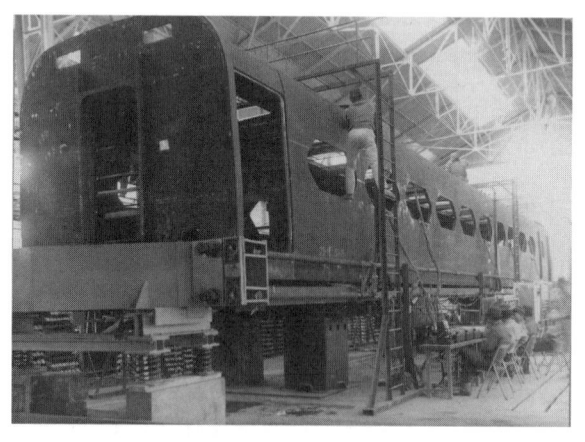

図3.78　各種荷重を加えての車体各部のひずみ測定試験
（1961年10月9日）〔公益財団法人鉄道総合技術研究所　提供〕

3.6 車体の変遷

　1962年（昭和37年）に6両編成の試作列車が完成し，鴨宮モデル線で走行試験が行われ，1963年（昭和38年）に256 km/hが達成された。これらの試験を通して浮かび上がった課題が，トンネルを通過する際の圧力変化を耳に感ずること（耳つん）であった。この現象は事前に予想されてはいたが，車両の気密構造化が必要であるとまでは認識されておらず，試作車両は気密構造にはなっていなかった。

　車体をどの程度気密にすれば耳つんを解消できるか。車体外部の圧力変化，車体隙間量と車内圧力変化の関係が理論的に検討され，許される隙間の量はわずか百数十平方センチメートル以下であることがわかった。人が感ずる苦痛と圧力変化の関係も調べられた。モデル線での走行試験も繰り返された。換気装置，出入戸，貫通戸，蛍光灯，点検孔など，さらに天上の吸音板にある無数の穴がふさがれ，ようやく耳に感ずる圧力変化が減ってきた。これらの結果により，車体骨組み・外板の連続溶接，シール材の隙間への挿入，出入戸の走行中の押し付け機構など，量産車の車体構体気密構造化の方針が明らかになっていった。

　気密構造化と換気は相反する要求で，開業当初はトンネル内では換気装置の給排気ダクトを締めきる方法がとられた。トンネル区間の多くなった1975年（昭和50年）の博多開業以降は，連続換気方式となった。車外の圧力変化に対して送風量変化の小さい特性を持った送風機を使用して，車内に空気を強制的に取り込み，同量の空気を強制的に排出することにより，車外気圧変動の影響が車内に及ばないようにしている。

　車体が気密構造となり車内が一定の気圧に保たれると，車外気圧変化に応じて車体は繰返しの荷重を受けることになる。この力に対して，車体構体が耐えられるかを調べるための気密強度試験が必要であった。気密構造ではない試験車両を用いて，どのように気密荷重をかけるか。$1\,m^2$当たり500 kgf（4 900 N）程度の力をかけなければならない。空気枕のようなビニール小袋約200個が骨組みのすべてのくぼみに入れられ，その上に中袋，最後に大きなビニール風船が車体に入れられ，空気を送り膨らませていく。このような仕掛けで車体の各

186   3. 鉄道車両の変遷

図中ラベル:
- 小風船に均等に力をかける
- 小風船の上の中風船
- 骨材間の隙間を埋める小風船

図 3.79　気密荷重を均等に車内にかける風船
〔公益財団法人鉄道総合技術研究所　提供〕

部に気密荷重に相当する力が均等に加えられ車体各部のひずみが測定され，気密構造車体の強度が確認された（図 3.79）。

　高速車両である新幹線車体は空気力との戦いでもあった。空気抵抗の低減にも大きな進歩があり，同一走行速度で 700 系新幹線電車では 0 系新幹線電車よりほぼ半減している。0 系設計のときには，前述の三木などの航空機での経験が生かされ，風洞試験で先頭部形状が決められた。現在は，風洞試験に加えて計算機シミュレーション技術も駆使し，先頭部の抵抗の低減に加えて，より影響の大きい長い中間部の摩擦抵抗の低減のために，屋根，側面，底面の凹凸が減らされている。

　このほかの空気力の問題として，トンネルに列車が進入する際に生じる圧力波がトンネル出口から放出され，近隣の民家が振動や音に悩まされる環境問題が列車の速度向上で顕在化した。対策として，車両の先頭部長さを長くし，断面積の変化割合が小さく一様になるよう，最近の新幹線の先頭形状が決定されている。

3.6.4 ステンレス車体

ステンレス鋼は，鉄にクロムあるいはクロムとニッケルを入れたものである。ステンレス鋼は錆びにくいので，普通鋼材を用いる場合に必要となる腐食分を考慮しての板厚の増加をしなくてよいことや，塗装が不要になるなど，軽量化やメンテナンスの軽減が図れる。

わが国では，台枠と骨組みは普通鋼で，外板のみをステンレス鋼とした初のセミステンレス車両が1958年（昭和33年）に東京急行電鉄5200系電車として登場したのに続き，オールステンレス鋼車両が1962年（昭和37年）に同じく東京急行電鉄7000系電車として登場した。東急車輌製造が米国のバッド社と技術提携して製作した。スポット溶接による外板のひずみを完全に取ることが難しかったので，ひずみの目立たない，剛性も高く厚さを薄くできるコルゲーション板（台形などの形にプレス加工された波板状の板）が用いられた。この波板が特徴のステンレス車両の時代が続いた。

1974年（昭和49年）の石油ショック以降，さらなるエネルギー効率の向上が求められるようになり，アルミ車に匹敵する質量と鋼製車なみのコストを目標とした軽量ステンレス車両の開発が行われた。車体構造解析に計算機プログラムを用いて全面的な見直しが行われ，軽量ステンレス車体が登場した。また，外板はそれまでのコルゲーション板に代わりビート付き平板（剛性を増すために，長手方向に線状のかまぼこ形の盛り上がりを付けた平板）が用いられた。ステンレスにも各種あるが，鉄道車両には炭素含有量の比較的少ないSUS301系ステンレスがおもに使われている。SUS301系は製造過程で強さを高めることができ，しかもプレス加工などがしやすい。

その後，1992年（平成4年）のJR東日本の通勤車両の試作車901系の時代から，外板としては完全な平板が用いられるようになり，現在の姿になった。材質自身の重さは普通鋼と変わらないので，アルミニウム合金ほどの軽量化は期待できないが，普通鋼よりも高価ではあるがアルミニウム合金よりも安価なため，現在は通勤車両を中心に多用されている。オールステンレス車両といわれているが，車体と乗客の全荷重を支える台枠枕ばりと，連結器を取り付ける

中ばりは，大きな強度が必要なので現在も従来の車両と同様に，高強度材料の耐候性鋼板を用いた連続溶接構造になっている。

3.6.5 アルミニウム車体

アルミニウム（以下，アルミという）の比重は 2.71 であり，鉄の 7.87 に比べて約3分の1と軽い。純アルミの引張強さは軟鋼の約5分の1で，強いとはいえないが，ほかの金属との合金にすることで軟鋼なみの強さとなる。そのほか，錆びない，加工性が良いなどいくつもの長所があるので，軽量化の切り札として用いられるようになった。

日本で初めてのアルミ車両は，1962年（昭和37年）に川崎車輌（現・川崎重工業）がドイツのWMD社と技術提携して製作した山陽電鉄の電車であった。

新幹線では1982年（昭和57年）の東北新幹線200系が初めてである。この時期には大型形材が普及していなかったので，200系電車では車体を長手方向にいくつかのブロックに分けて製作したのち，溶接で組み立てられていた。

それを大きく発展させたのは，加工性の良いアルミ合金の開発と，9500トンの大容量押出し機械の開発による大型押出し形材の出現である。押出し形材は，表面材・補強材を一体とした断面形状の部材を，ところてんを押し出すような方法で作られる。これによって，幅60cm，長さ25mの大型押出し形材が作れるようになった。長さ25mは，新幹線車両の1両の長さである。

図3.80 に，1992年（平成4年）の 300 系新幹線電車と 1999年（平成11年）

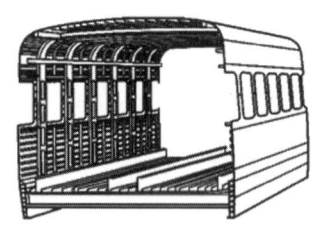

　（a）300系シングルスキン方式　　　（b）700系ダブルスキン方式

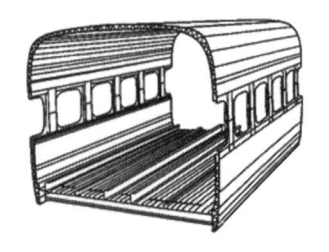

図3.80　新幹線電車アルミ車体構体

の700系新幹線電車の車体構体を示す。図 (a) の300系では，初めて25m長のアルミ大型形材が本格的に採用され，軽量化と溶接の作業量が大幅に減った。鋼製の100系の車体構体質量の10.3トンに対して，300系では6.5トンと軽くなっている。しかし，その構造はそれまでの100系と同じであり，柱と横ばりの骨組みに外板を溶接した骨皮構造である。この骨皮構造は外板が1枚だけなので，シングルスキン方式とも呼ばれている。

図 (b) の700系では，床以外は中空形材を用いたダブルスキン方式が採用されている。相互に接続された2枚の皮からなる部材で，車体全周を構成する方式で，シングルスキン方式での骨組みの柱，横ばり，補強材などが不要となる。ダブルスキンの部材は質量当たりの強度や剛性を大きくできるので，700系では300系より約25％たわみにくくなり，さらに中空形材内に防音材を入れることで，乗心地や静けさが向上している。

1993年（平成5年）～2007年（平成19年）までの15年間に新造した車両は，耐候性鋼材が10.8％，ステンレス鋼材が70.8％，アルミニウム合金材が23.7％になっている。

4

列車の安全運行を目指して

4.1 信号保安装置の変遷

　鉄道の実用化は，必然的にそのための保安技術を必要とした。そして不測の事故などを教訓に改良が重ねられ，同時にソフト的な列車運行/信号運用の方式も経験的に確立されていった。これが信号技術を経験工学と呼ぶゆえんである。初期の信号保安は列車の個別的な管理が中心であったが，近年は輸送量の増大やシステムの高度化に伴い，列車の群管理的な要素が強まっている。

4.1.1 鉄道黎明期の信号保安（人力による保安）
（1）**鉄道発明初期の信号**[1]　　鉄道がわが国に初めて輸入されたのは1872年（明治5年）である。これは鉄道史的にはかなり遅かったが，反面，システムとしてある程度まとまった形で導入されたということもできる。当時，鉄道先進国であった英国と米国では，それぞれの国情からその信号方式には大きな相違があった。したがって，それらを輸入したわが国にもその影響が及んでいる。

a．英国初期の信号　　蒸気機関車が発明された当時，すでに英国国内にはかなり発達した馬車鉄道網が存在していた。したがって，後発の鉄道に対して馬車鉄道の運用方式が引き継がれていったであろうことは容易に想像できる。これが，駅間をひとつの閉そく区間とみなし，駅長が列車の出発を指示するという，駅長中心主義のいわゆる英国式信号方式の始まりとも考えられる。

　もっとも初期の鉄道には信号は存在せず，乗馬した係員が旗を持って列車を

先導し，あるいは線路の要所に見張り人を配置して"危険"と判断される場合は「停止（危害）」の合図を送ったという．その後，運転頻度が増すに従い，塗色した木板を棹に掲げ，また，夜間にはランタンを掲げて「停止」を指示したと伝えられている．いずれにせよ，この時代の信号は「停止」のみであった．

その後1837年には，ボール信号機（図 4.1）が，そして1841年には腕木信号機（図 4.2）が発明されている．例えばボール信号機の場合，それを駅の入り口に（現在の場内信号機のように）設置して，進入可（無難）のときはボール（白布を貼った大きなかご）を信号柱の上部に掲げ，進入不可（危害）のときは下部に降ろしたという．

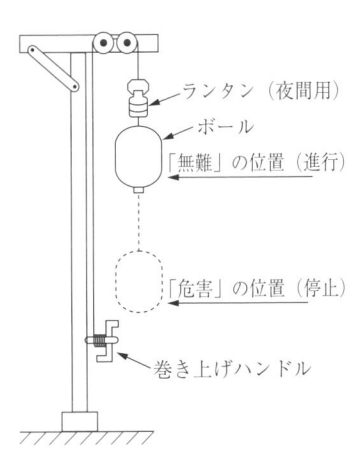

図 4.1 ボール信号機

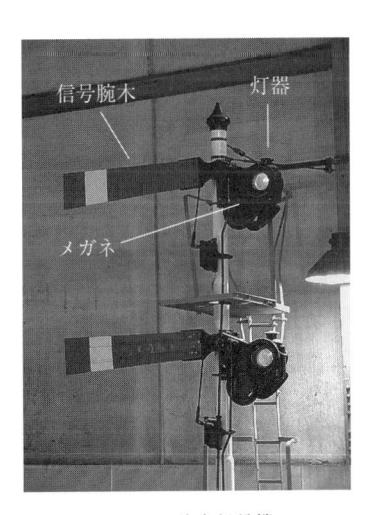

図 4.2 腕木信号機

この英国式信号方式の特徴は，列車の進路ごとに信号機を設置して，時刻表により隣接駅と打ち合わせ，駅長が列車に対し個別に発車を指示する，いわゆる進路信号（ルートシグナル）方式を採用している点である．

b．米国初期の信号　広大な米国では，鉄道の建設計画も英国とは桁違いに大規模なもので，例えば米国のボルティモア・オハイオ鉄道は約 600 km もの長大な路線計画であった．

電信・電話の発明されていなかった当時は，望遠鏡で監視できる距離を置い

て，駅とその中間に大きなボール信号機を設け，それぞれに信号手を配置した。列車が始発駅を出発するときは柱の頂上にボールを掲げ，それをつぎの柱の信号手が望遠鏡で数分ごとに監視して列車の接近を知った。列車進行に支障がない場合は自己の柱の中間位置にボールを掲げて「無難」の信号とし，列車が当該柱を通過（または出発）したときは頂上に掲げて「列車の通過」をつぎの柱に知らせたという。ボールの下位位置は「危害」の信号であった。これは英国式の「無難」，「危害」の2信号のほかに「列車の通過」，つまり「閉そく状況」を知らせることで広域の運転に対応していたものと考えられる。

一説によると，このボールが高く掲げられた状態をハイボールと呼び，その「出発進行」（それ行け！）という意味から炭酸割りウィスキー"ハイボール"の語源になったとも伝えられている。

電信・電話の開通後は，広大な地域を効率よく運転するため，英国のように駅長を各駅には置かず，ある広さの地域を一人の指令者が受け持ち，列車の行き違い地点にはオペレータ（信号伝令者）を配置して，指令者からの指示により列車に運転の指令（列車命令券）を与える方式が行われていた。やがて自動閉そく信号機が開発されると，その信号方式には運転速度を現示する速度信号（スピードシグナル）方式が採用された。そして，1907年の連動閉そく式（controlled manual block system, CMBS），1911年の絶対許容閉そく式（absolute permissive block system, APBS）を経て1927年の列車集中制御（centralized traffic control, CTC）に発展していった。これらはいわば指令中心主義であり，列車の群管理的な方式であったといえる。

（2）　**日本初期の鉄道と信号**[1]　わが国最初の鉄道は，前記のように1872年（明治5年）開通の新橋〜横浜間（29 km）である。当時，技術的にはまったく白紙の状態のわが国が英国からシステムごと鉄道を輸入したので，当然のことながらその信号方式は英国式であった。

この新橋〜横浜間では，駅間に3本の電線を張り，電信で隣接駅と連絡して出発合図を出したという。これは，通信式による閉そくを行っていたことになる。ちなみに当時，電話はまだ発明されていなかった。

a. 信号機　このとき使われた信号機（当時，信号機という名称は存在しなかった）は"セマホヲル合図"と呼ばれた腕木式の合図柱で，同区間に16基建てられたという。図4.3は当時の錦絵から模写した合図柱である。

図4.3　セマホヲル合図柱[2)]

　このセマホヲル合図柱では，昼間は表面（進行方向の正面）を赤，裏面を白に塗った腕木の位置が，柱に対し直角90°で「危害」，下向き45°で「注意」，垂直下方なら「無難」とした。また夜間は，赤色灯で「危害」，緑色灯で「注意」，白色灯で「無難」を示した。当時，白熱電球は存在しなかったので，灯にはランタンを使い，着色レンズを併用したと推定される。

　この「信号の色分け」は，1841年に英国のバーミンガム市で行われた「英国鉄道連合会議」の決定に準拠している。そして1873年（明治6年）には，同じ「色分け」がわが国最初の運転取扱心得である「鉄道寮汽車運輸規定」のなかにも制定されている。これらの信号操作はもちろん手動で行われた。

b. 電信機　当時，閉そく用として駅間の打合せに最初に使われた電信機は単針電信機と呼ばれるもので，現在の電流計と思えばよい。電流の極性によって針が左右に振れ，左なら「点」，右なら「線」を表し，その組合せの符号で意志を伝達した。これを閉そく用に改良したのがブロック電信機（**図4.4**）であり，左振れが「列車あり」，右振れが「線路開通」を示した。

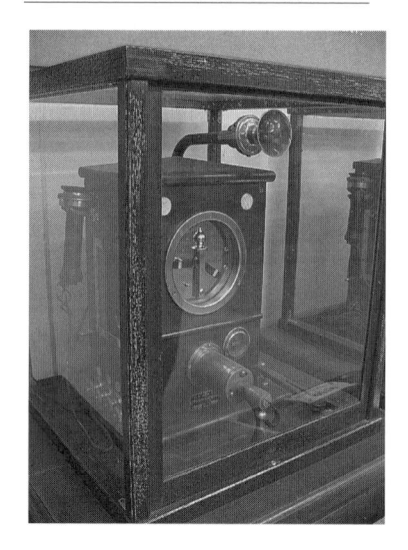

図 4.4　ブロック電信機

（3）　**民鉄と路面電車**　　新橋〜横浜間開通のあと，民間からは鉄道に対する投資熱が高まり，1881 年（明治 14 年），日本鉄道会社が設立されたのを皮切りに，山陽鉄道，九州鉄道，北海道炭礦鉄道などが次々に設立されブームとなった。これらの鉄道はいずれも英国，ドイツ，米国などから輸入した蒸気機関車を中心に運営され，信号は腕木信号機によるものが多かった。これらの私設鉄道のうち，かなりの部分は 1906 年（明治 39 年）の鉄道国有法により国に買収され，他は大手民鉄として現在も存続している。

一方，国内の主要都市では 1870 年（明治 3 年）頃から市内交通の足として人力車が普及し始めていたが，1882 年（明治 15 年），東京に馬車鉄道が出現すると，たちまちこれに主役の座を奪われてしまった[3]。そしてこの馬車鉄道も 1895 年（明治 28 年）に，京都でわが国初の路面電車が開通すると，わずか 20 年ほどで全面的に路面電車に移行していった。これが現在の都市交通の原形である。

路面電車は道路（併用軌道）を走行するのが原則なので，いわゆる"鉄道信号"は存在しない。基本的には自動車などと同じく道路交通信号（交通整理員）に従うか，あるいは専用の軌道（新設軌道）を走行する。運転保安は運転士の

責任に任せられている。

　余談であるが，開業当初の京都の路面電車では，通行人が電車の直前に入り込むことを防ぐため，少年の"先走り"を採用したという。これは，昼間は赤旗，夜間は赤提灯を持ち，電車の前方を走って通行人に電車の接近を知らせる役目で，電車より速く走れるのが採用条件だったとか。ただしこれは，先走りが電車に追突される事故が起きたことから1年ほどで廃止されたという。

4.1.2　輸入技術に依存した時代（人力から機械へ）

　当初，新橋～横浜間の信号保安装置は腕木信号機，電信機（閉そく装置），転てつ器で構成され，保安はすべて人力に依存していた。その後，軌道回路による自動閉そく信号機をはじめ，閉そく装置，転てつ装置，鎖錠装置，連動装置などの開発・改良が相次いだが，それらの技術の大部分は外国からの輸入であった。国産の信号技術が普遍化し始めたのは大正期以降のことである。

　（1）　信　号　機[2)]　　運転士に対し列車の運転に関する指示（信号）を"現示"する装置が信号機である。歴史的には以下のような経過をたどっている。

- 1872年（明治5年）セマホヲル合図柱（英国製）：これは前記のようにわが国で初めての鉄道に採用された腕木信号機である（新橋～横浜間）
- 1904年（明治37年）円板式信号機（**図4.5**，米国：USS社製）：甲武鉄道がわが国初の直流軌道回路による自動閉そく方式を採用したとき，これと組み合わせて使用された自動信号機である。大きな円板の下部にその半径ほどの丸窓をあけ，電磁石で赤色表示を制御した（飯田町～新宿間：のちの中央線）
- 1907年（明治40年）自動閉そく腕木信号機：南海鉄道が採用した下向き二位式自動閉そく腕木信号機（難波～浜寺公園間）
- 1914年（大正3年）自動閉そく腕木信号機（米国製F型）：山手線で採用した二位式自動閉そく腕木信号機（呉服橋～田町間：呉服橋は現在の東京駅）
- 1915年（大正4年）自動閉そく色灯信号機（米国製）：京阪電気鉄道が採用した三位式自動閉そく色灯信号機（大阪天満橋～京都三条大橋間）

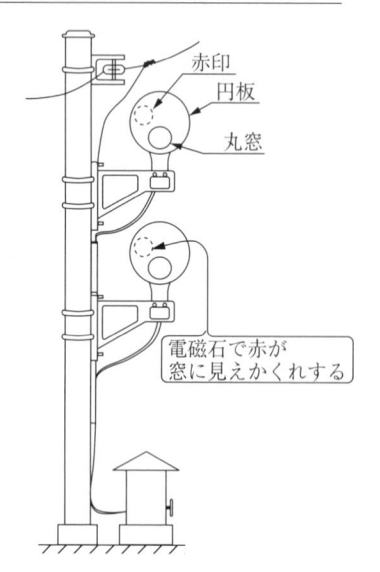

196　4. 列車の安全運行を目指して

[図中ラベル: 赤印、円板、丸窓、電磁石で赤が窓に見えかくれする]

図 4.5　円板式信号機

・1921 年（大正 10 年）自動閉そく上向き三位式腕木信号機：(横浜～大船間)
・1923 年（大正 12 年）誘導信号機：(東京駅)
・1924 年（大正 13 年）自動閉そく三位式色灯および灯列信号機：(東京駅)

このように大正以降，軌道回路の導入による自動閉そく信号化，および運転頻度の増大などに伴い，機械的可動部分の多い腕木信号機の故障が目立つようになり，これを避けるため，視認性がよく保守の手間もかからない色灯信号機を採用するケースが多くなっていった。

（2）**閉そく装置と軌道回路**[2)]　駅間を 1 閉そく区間とする英国式信号方式で運転本数を増やすには，駅間に信号所を設けて閉そく区間数を増やす方法しかなかった。しかし，軌道回路が発明され，列車の存在それ自身で閉そくを行う自動閉そく装置が開発されると，駅間に複数の軌道回路を設けて閉そく区間数を増やし，信号所を設けずに自動閉そく信号で運転密度を上げることが可能となった。軌道回路は，そのフェールセーフ性および鉄道との適合性により，まさに信号保安装置に対する画期的な発明となったのである。

・1871 年（明治 4 年）開電路式軌道回路による自動閉そく装置発明：(米国)
・1872 年（明治 5 年）閉電路式軌道回路発明：(米国：ロビンソン)

・1872年（明治5年）通信閉そく式：電信機使用（新橋～横浜間）
・1877年（明治10年）票券閉そく式（英国製）：ブロック電信機とトレンスタッフチケット（票券）の併用による閉そく（京都～神戸間）
・1900年（明治33年）双信閉そく機：複線用の閉そく機で，英国のサイクス式閉そく機をもとに日本で考案された。票券のような物証や信号機器との直接の連動関係がなく，扱い者の表示確認だけで運行が行われたので保安性に劣り，しだいに自動閉そく式に移行していった（品川～大森間）
・1902年（明治35年）単線用閉そく式：技術的に複線より難しい（横須賀線）
・1904年（明治37年）自動閉そく機（米国：USS社製）：直流軌道回路による自動閉そく機。円板式信号機との組合せ（飯田町～新宿間：甲武鉄道）
・1905年（明治38年）閉そく連動機（英国製）：信号機＋連動機（上野～大宮間）
・1914年（大正3年）連動閉そく機：単線閉そく区間の両端に閉そくてこを設け，これと信号機が連動する閉そく方式である（京都～神戸間）

（3） **転てつ装置**[2]　　当初，転てつ器はレバーなどで人力により直接操作していたが，設置数や転換頻度の増加に伴い，動力転てつ機に移行していった。

・1915年（大正4年）電気転てつ機（ドイツ：ジーメンス社）：直流電動機による動力で転てつ器を転換した（京都駅）
・1929年（昭和4年）電空転てつ機（米国：USS社）：転換動力には圧搾空気の圧力を使い，転換指令と鎖錠は電気で行った（新宿駅）。電空転てつ機はコンプレッサ・配管などの保守管理が必要なので，おもに多数を設備する操車場・車庫などに用いられた。現在はあまり使用されない。
・1931年（昭和6年）発条転てつ機：トングレールをスプリングの力で押さえ，分岐の対向方向には1方向のみに進出，背向方向からはレールを割り出して，どちらからでも進入できる構造の転てつ機（宇都宮駅・小山駅）

（4） **連動装置（連動機）**[2]　　転てつ機の開通方向や信号機の現示に対し，その相互関係および動作順序に一定の制約を加え，一度設定された進路はそれが解除されるまで他の進路と重複して設定されないよう，機器相互間に連携し

た鎖錠（連鎖という）を施し，安全な進路を確保する装置が連動装置である。

- 1887年（明治20年）第二種機械連動機（国産初：新橋鉄道工場製）：機械信号機（腕木信号機）のてこと現場の転てつ機のてこを機械的に連鎖する連動機（品川駅構内：東海道線と山手線の分岐）
- 1897年（明治30年）第一種機械連動機：機械信号機のてこと，転てつ機のてこを1か所に集中し，機械的に連鎖する連動機（新橋駅）
- 1915年（大正4年）電気連動機（米国：GRS社）：信号機と転てつ機を電気的に連鎖する（詳細は不明）連動機（米原駅）
- 1922年（大正11年）第一種電気連動機（米国：GRS社）：信号機と転てつ機の電気てこを1か所に集中し，電気てこ相互の連鎖は機械的に，他の装置との連鎖は，電気てこを経由して電気的に施される連動機（田町駅）
- 1923年（大正12年）国産初の電気機連動機（図4.6）：第一種機械連動機の上に電気てこを設け，てこ相互間の連鎖は機械的に行う（大阪電気軌道：生駒駅）

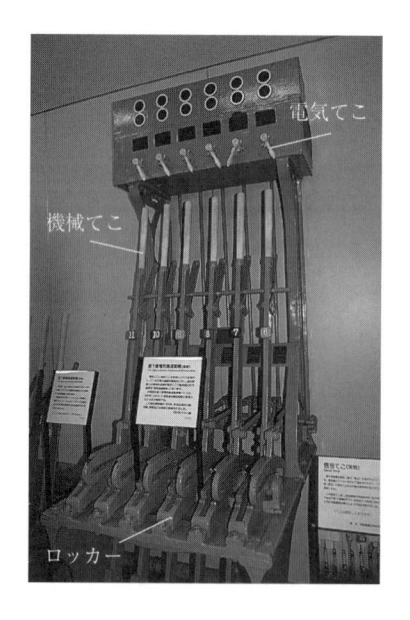

図4.6　電気機連動機

・1931 年（昭和 6 年）進路てこ式継電連動機：信号機，転てつ機，進路選別押ボタンなどを制御盤に集中し，継電器回路で連鎖を電気的に行い，進路上の転てつ機を総括転換して進路を構成する（大阪電気軌道：山本駅）

4.1.3 国産技術開発の時代（機械から電気へ）

（1） 輸入技術から国産技術へ　　明治以降，わが国の産業構造は，それまでの農業中心から工業化・貿易依存へと大きく転換し，大正から昭和にかけて国内に初期的な都市化の波が押し寄せた．人口はしだいに大都市に集中し，その周辺は次々に開発されていった．この結果，市内では路面電車が全盛期を迎え，大都市周辺の鉄道は路線網の充実と運転ラッシュへの対応を迫られた．

そしてこの間のわが国の信号技術は，欧州や米国における電気技術進展の成果を吸収し，機械式から電気式へとしだいに多様化し発展していった．

a．信号機器の国産化　　当時，輸入機器は高価であったので，1920 年（大正 9 年）には交流継電器や交流軌道継電器が，そして 1921 年（大正 10 年）にはインピーダンスボンドが国内メーカ（京三製作所）の手で製造されるようになった[4]．これらはいずれも USS 社，GRS 社など外国製品（この場合は米国製）の模倣に近いものであったが，これを契機に国産技術向上への気運が高まっていった．

b．日本初の地下鉄開通　　1927 年（昭和 2 年）に開通した東京地下鉄・銀座線上野〜浅草間の地下路線は，事故時の避難が困難であることから，衝突事故をより確実に防止するため打子式 ATS（図 4.7）が日本で初めて導入された．これに伴い，閉そく区間に"重複"の考え方も初めて採用された．

図 4.8 は重複区間の考え方を説明したものである．図（a）の信号機 1 は，その内方に先行列車が在線しているので（R）を現示（進入不可）している．その手前の信号機 2 は，後続列車に対し前方に（R）信号区間が存在することを予告するため（Y）（注意）を現示している．図（b）の打子式 ATS は，（R）信号区間の入口に地上側の打子（トリップアーム）を起立させ，進入した車両床下のトリップコックを叩いて自動ブレーキをかけるシステムになっている．

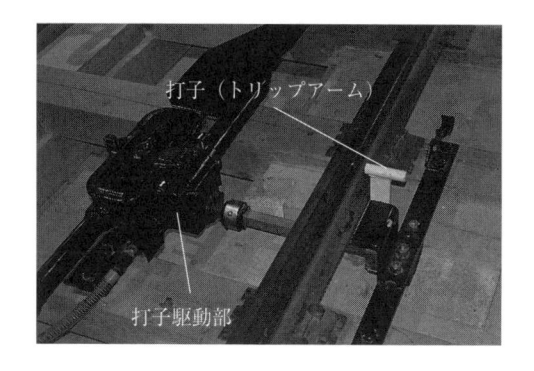

200　　4. 列車の安全運行を目指して

図 4.7　打子式 ATS

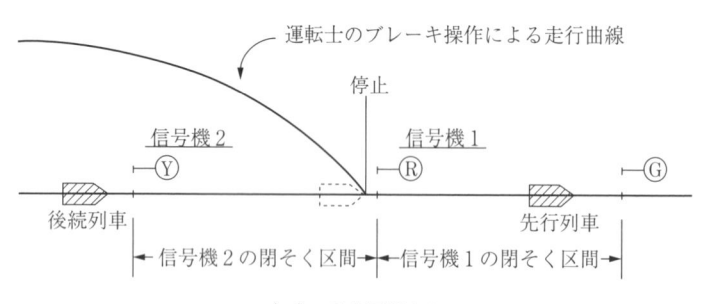

(a)　重複区間なし

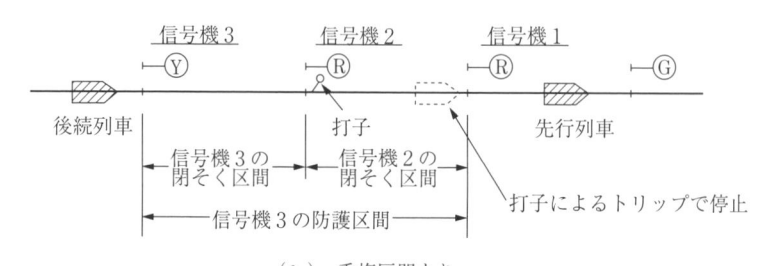

(b)　重複区間あり

図 4.8　重複区間の考え方

しかし追突を避けるためには，先行列車の在線する (R) 区間の直前までに後続列車を停止させなければならない。そのためには，(R) 区間の手前，図 (a) の (Y) 区間の入口に打子が起立していなければならないことになる。この矛盾を解決するため，図 (b) のように (R) 区間を重複して割り当て，後続列車に近いほうの (R) 区間の打子が起立するようにしている。これが重複区間

である．この考え方は，現在でも閉そく区間に進入してから初めて当該区間の信号を受信する（進入前に進路の信号を視認できない）車内信号方式の ATS/ATC などに引き継がれている．

- 上野〜浅草間の打子式 ATS は USS 社製であったが，1932 年（昭和 7 年），神田〜三越間には USS 社製を参考にした同形の国産 ATS が納入されている[4]．
- 1933 年（昭和 8 年）自動連動による，進路てこ式継電連動装置：（帝都電鉄渋谷〜吉祥寺間）
- 1934 年（昭和 9 年）車内信号装置の試験：（横浜線菊名〜小机間）
- 1937 年（昭和 12 年）車内警報装置の試験：ランプ（ramp）式断続形（十日町線）

（2）国産 ATS の開発　1930 年代には，列車編成の長大化，高速化，運転数の増大などの結果，鉄道事故の頻度，被害規模の増加が目立つようになった．そこで，運転士のバックアップとして ATS（自動列車停止装置）がかなり早い時期から研究されていたが，それぞれの理由で中断されている．

- 1921 年（大正 10 年）磁気誘導式 ATS の試験：（品川〜汐留間）
- 1933 年（昭和 8 年）電動駆動打子式国産 ATS の試験：（山手線有楽町駅）
- 1941 年（昭和 16 年）山陽本線網干駅における列車追突事故を契機に ATS の設備が提案され，1943 年（昭和 18 年）には東京〜門司間の一部で着工されていたが，太平洋戦争の影響で中断した．
- 1947 年（昭和 22 年）GHQ（連合国日本占領軍の総司令本部）による ATS 試験中止命令：戦後，幡生〜門司間（9.8 km）で連続コード速度照査式 ATS の試験が行われていた．当時 GHQ に提出された国鉄復旧計画にも ATS 設備計画が盛り込まれていたが，国情から見て時期尚早であると中止命令が出された．

（3）弾丸列車（新幹線）計画　上記の ATS 計画の流れとは別に，わが国の鉄道技術が当時の世界水準を目指していたことを証明するひとつの大きなプロジェクトが存在していた．それは 1938 年（昭和 13 年）鉄道省に設けられた

「鉄道幹線調査会」である．その概要は 1.3 節（5）に述べたが，すでにわが国では 1934 年（昭和 9 年）に車内信号の試験が行われていたことから，これが弾丸列車の信号方式として検討されたであろうことは想像に難くない．

4.1.4 信号システムの多様化

（1）**復興から発展へ**[2]　戦後の荒廃から立ち直ったわが国の鉄道は，単に戦前の技術レベルを取り戻しただけではなく，経済の成長に伴い新たな技術を次々に採り入れていった．信号システムも例外ではない．

- 1951 年（昭和 26 年）遠隔制御装置（RC）：（東海道線五条川信号所）
- 1953 年（昭和 28 年）車内警報装置：交通需要急増の復興期，ラッシュ時に田端，国分寺，鶯谷などで相次いで追突事故が発生した．これがきっかけで，まず，京浜東北線と山手線に真空管式 B 形車内警報装置が取り付けられた．
- 1954 年（昭和 29 年）列車集中制御装置（CTC）使用開始：コード式（京浜急行電鉄：久里浜線）
- 1958 年（昭和 33 年）列車選別信号方式採用：（中央線飯田町〜浅川間）
- 1960 年（昭和 35 年）商用周波数軌道回路式 1 号形（現・都営浅草線形）ATS 使用開始：（都営地下鉄 1 号線（現・都営浅草線）押上〜浅草橋間）
- 1961 年（昭和 36 年）地上信号方式による ATC 使用開始：（交通営団・日比谷線南千住〜仲御徒町間）
- 1964 年（昭和 39 年）電子機器による ATC／CTC 設備：（東海道新幹線）
- 1965 年（昭和 40 年）車内信号方式による ATC 使用開始：（名古屋市営地下鉄 2 号線）
- 1966 年（昭和 41 年）国鉄全線に ATS 設備完了（車内警報から ATS-S へ）：1962 年常磐線三河島駅における列車多重衝突事故などの貴重な教訓から，国鉄では当時全線に設備中であった車内警報装置に非常制動タイマを付加して ATS 化し，運転士に対するバックアップとした．

（2）**交通システムの多様化**　1960 年代以降，わが国は順調に経済成長

4.1 信号保安装置の変遷

を続け,それに伴いモノレール,リニアモータ電車,新交通システムなどが積極的に導入された.また,大都市におけるモータリゼーションのあおりで,正常運行が困難になった路面電車を地下鉄に置き換える大転換も達成され,都市交通網の充実が図られた.これらの結果,つぎのような技術が新たに加わった.

a. ATO 1976年(昭和51年)の札幌市営地下鉄(ゴムタイヤ式)がわが国で最初のATO(automatic train operation,自動列車運転装置)である.蓋をしたATO列車最前部の運転席の例(ゆりかもめ)を**図4.9**に示す.その後,利用客数の比較的少ない新交通システムなどを中心に,無人運転用として,あるいは乗務員の負担軽減などを目的に広く採用されるようになった.

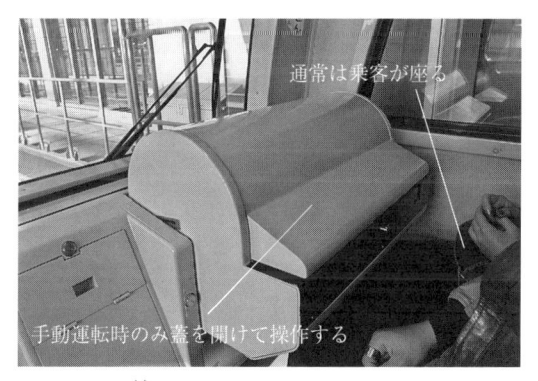

図4.9 蓋をしたATO列車最前部の運転席の例

b. TASC(定点停止装置) 列車を所定の位置に正確かつ自動的に停止させる装置である.一般にATOと組み合わせて使用されるが,ホームドアとの位置合わせ,表定速度向上などの理由で地下鉄そのほかのATCと併用される例もある.

c. 誘導線による列車検知 ゴムタイヤ式地下鉄や新交通システムのように軌道回路を持たないシステムでは,軌道回路以外の方法で列車検知を行う必要がある.地点検知式チェックイン・チェックアウト(沿線にチェックポイントを設ける),連続送受信チェックイン・チェックアウト(線路に沿って連続的に誘導線を張る)などの方式が一般に用いられている.

4.1.5 信号の背景となる技術の変遷[5]

戦後，科学技術は世界規模で多岐にわたりめざましい発展を遂げ，その成果は信号技術に対しても以下のように大きな影響を及ぼした。

(1) 電気回路から電子回路へ　1950～1970年代にかけて電気回路の方式やシステム構成，信号伝送媒体などに大きな進化が見られた。

a. 半導体素子の出現　1948年（昭和23年）にトランジスタが発明され，続いて1960年（昭和35年）にはIC（集積回路）が発明された。トランジスタやICで構成される電子回路は，従来の継電器やスイッチを使った電気回路を一変させた。さらに，1971年（昭和46年）にはマイクロコンピュータが発明され，信号の世界にもソフトウェアという新しい技術の概念がもたらされた。

b. プリント基板の開発と回路部品の超小型化　ICや印刷配線（プリント基板）技術の進歩，およびコイル，コンデンサ，抵抗器など回路部品の超小型化は，かつての個別配線方式に比べて桁違いに小型・高集積度の電子回路の構成を可能にした。

c. 導体ケーブルから光ファイバケーブルへ　光ファイバのアイディアは1900年頃からあったが，米国のコーニング社によって1970年（昭和45年）に初めて実用化された。大量の情報を乗せた光信号を高密度で効率良く伝送し，電磁気的な誘導障害をまったく受けないという大きなメリットがある。

d. 電信・電話から無線へ　従来"無線"は，フェールセーフではないとされ，信号保安の基幹部分に使用されることはなかった。しかし，無線通信技術の高度な発達は，それを鉄道信号システムの情報伝送手段として組込み可能な水準にまで到達させた。わが国では1985年（昭和60年）にCARAT（computer and radio aided train control system），および1995年（平成7年）にはATACS（advanced train administration and communications system）の計画が開始され，2003～2005年（平成15～17年），仙石線において現車走行試験が行われた。また現在，欧州ではGSM-R（鉄道用に特化したGSM：global system of mobile communications通信方式）を使った信号システムが規格化されている。

（2） **アナログ/ハードウェアからディジタル/ソフトウェアへ**　マイコン回路の出現で複雑な情報処理が高信頼かつ低コストで容易に実行できるようになった。その大きな特徴は，ソフトウェアの変更だけで多様な論理処理機能の要求に対応できる点である。従来，ハードウェアとワイヤードロジックのかたまりであったアナログ的信号装置や表示盤が，ディスプレイを介してコンピュータとほぼ同じ感覚で扱えるように変化を遂げた。

（3） **標準結線図から RAMS へ**　信号技術が過去の数々の事故から学んだ貴重な経験は，継電連動回路を中心とするワイヤードロジックのノウハウとして標準結線図のなかに保存蓄積されてきた。しかし，ディジタル化/ソフトウェア化の流れのなかで，これらのノウハウは RAMS (Reliability, Availability, Maintainability, and Safety) の手順に従った保安の確保（例えば，フェールセーフコンピュータや 2 out of 3 の手法のような）という形に移行しつつある。従来の個別的フェールセーフのノウハウがシステムの複雑化に対応して統計確率的なノウハウに変質しつつある，ということもできる。

（4） **運転指令所から運行管理装置へ**　コンピュータによる信号制御が普遍化し，情報が無線や光ケーブルを含めた広域ネットワークを介して伝送されるようになると，列車運転に直接関係しない情報もシステム内で並行して取り扱うことが容易となる。その結果，列車の運行管理という信号設備の直接的な目的に加えて，列車ダイヤの作成/変更提案，乗務員配置，車両の保守運用計画，乗客サービス情報の提供などをはじめ，場合によっては経営管理機能の一部までも含む総合的なシステムとしての運用・管理が可能となってきている。

4.2　列車の運行管理

かつて，列車運行は運転士の判断と責任において行われていた。やがてそれが ATS や ATC でバックアップされるようになり，いまや一部では ATO 装置が運転の主体となり，乗務員はバックアップに位置付けられている。このような流れの変化は，国鉄の場合には 1953 年（昭和 28 年）の車内警報装置，また

4. 列車の安全運行を目指して

公営・民鉄では1967年（昭和42年）の運輸省通達「鉄運第11号：自動列車停止装置の設置について」の頃からのようである。

4.2.1　車内警報装置と ATS（自動列車停止装置）

国鉄から現在のJR各社に至る歴史のなかで，ATSシステム（automatic train stop system）はおよそ，車内警報装置 → ATS-S → ATS-P という流れに沿って進化を遂げてきた。

（1）**車内警報装置**[5]　　走行中の列車前方の信号機が（R）現示のとき，運転士に「警報」を出して注意を喚起する装置である。国鉄時代の1953年（昭和28年），大都市圏の追突事故多発に対応するために導入された。列車が（R）現示の信号機から約600m手前（列車の制動距離相当：例えば，図4.10のS参照）の警報点に達すると，地上から軌道回路または地上子/車上子を経て"前方の信号機が（R）現示である"という情報が車上に伝送され警報が発せられる。これらの装置には情報伝送方法の相違により，A形，B形，またはC形車内警報装置などの種別があったが，現在はすべて使用されていない。

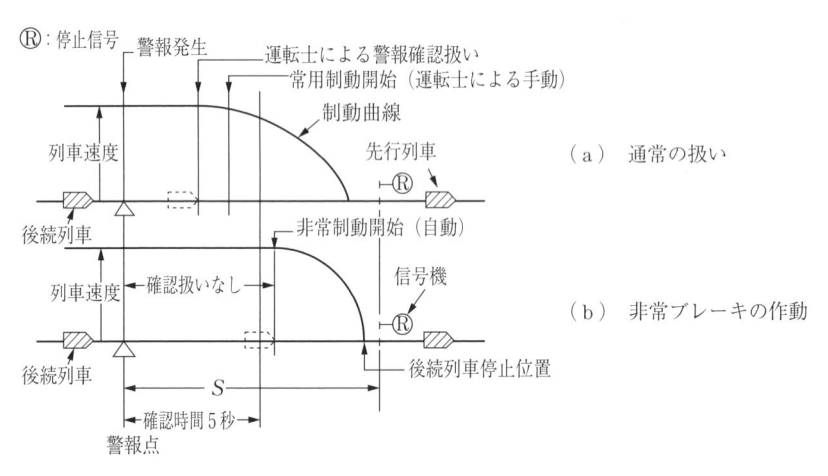

S＝制動距離＋余裕距離（一般的に600m程度）

図4.10　ATS-Sのはたらき

(2) **ATS-S**[5]　車内警報装置が不評だった原因は，高密度運転線区では警報が頻発するので，運転士が慣れて警報の役に立たなかったことである．加えて1962年（昭和37年），三河島多重衝突事故などの反省から緊急にATSを整備する必要に迫られ，急きょ車内警報装置がATS化された．それがATS-Sである．

・1966年（昭和41年）ATS-S：国鉄の全線区にATS-Sの設備完了

図4.10はATS-Sの動作原理図である．

a. **通常の扱い**（図a）　　列車が警報点を通過すると警報が発せられる．そこで，5秒以内に運転士が確認扱いを行うと警報は解除される．このあと常用ブレーキを操作して（R）信号の手前に停車する．

b. **非常ブレーキの作動**（図b）　　警報が発せられたあと，確認扱いを行わないまま5秒以上が経過すると，自動的に非常ブレーキが作動して列車は（R）信号直前の停止点までに強制的に停止させられる．この場合，列車が停止するまでブレーキの緩解はできない．

このATS-Sは，国鉄の分割・民営化のあと，JR各社ごとに独自の改良が加えられ，現在はATS-SN（JR東日本），ATS-ST（JR東海），ATS-SW（JR西日本）などとして使われている．

(3) **ATS-P（パターン制御式ATS）**[5]　　前項のATS-Sでは，警報が発せられたあと運転士が一度確認扱いを行うと，自動的に非常ブレーキが作動する機能が取り消されてしまうので，もしこの確認扱いのあと，運転士がブレーキ操作を忘れると，列車は停止せず，直前の（R）信号区間に進入してしまう欠点があった．また，非常ブレーキが作動した場合は，列車が停止するまでブレーキの緩解ができないので，これが運転士に対する大きなストレスとなった．

これらの経験から，車内警報の確認扱いを廃止し，誤った運転が行われたときだけ自動的にブレーキがかかるように改良が試みられた．それが1980年（昭和55年）から関西線で試験を開始した変周式ATS-Pである．これは1987年（昭和62年），ディジタル式ATS-Pに改良されて，西明石駅，草津駅など4駅で初めて実用化された．

図4.11 は ATS-P の基本的なはたらきを説明した図である．図で，地上には車上との相互間で情報送受信ができる中継用送受信器（トランスポンダ，地上子）が設置されている．車上には車上子，速度パターン発生器などが設備され，列車がこの地上子の上を通過すると，そこから伝送される情報をもとにその地点から先の速度パターン（距離-速度の関係，停止位置などを示す図式パターン）を車上に発生させる．地上子 $T_1 \sim T_3$ は，直近の（R）現示信号機までの距離情報を車上に送信する．したがって，もし後続列車の直前の信号機が（Y）現示で，そのつぎの信号機が（R）現示なら，この（Y）〜（R）間の距離も加算した停止点までの距離情報が車上に送信される．

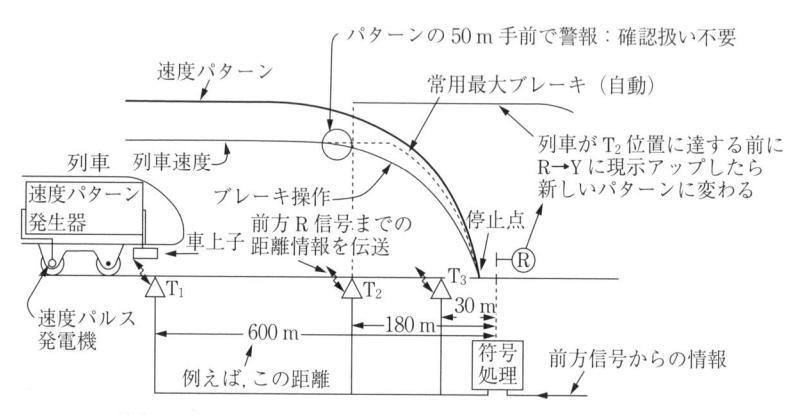

図4.11 ATS-P のはたらき

列車は車軸に取り付けた速度パルス発電機で自列車の速度と移動距離がわかるので，これと速度パターンを常時比較し，列車の速度位置がパターンの50 m 手前に接近すると警報が発せられる．通常は，ここで運転士が常用ブレーキを操作して（R）現示信号の手前までに停止する．もし，このブレーキ操作が行われなかった場合は，列車速度がパターンに到達した時点で常用最大ブレーキが自動的に作動して信号機の手前までに強制的に停止する．ATS-P では警報の確認扱いが不要なので，運転士にとってストレスの少ない良い方法である．また，もし途中で前方信号が現示アップ（R → Y など）した場合は，つ

ぎの地上子の通過時に速度パターンが修正され，再びもとの速度で走行可能となる．

なお，この速度パターンは，それぞれの列車の運転性能をもとに最適なカーブを描けるので，従来のように同じ線路を走行するほかの低い性能の列車に合わせる必要がない．したがって，自列車の能力に応じた能率の良い運転が可能となる．

・1988 年（昭和 63 年）ATS-P 使用開始：JR 東日本京葉緩行線

（4） 公営・民鉄の ATS 　1966 年（昭和 41 年），京阪電気鉄道京阪本線蒲生信号所，近畿日本鉄道大阪線河内国分駅などにおいて，信号冒進による列車衝突事故が続発した．これを受けて 1967 年（昭和 42 年），運輸省は主要民鉄 16 社に対し通達「鉄運第 11 号：自動列車停止装置の設置について」を発し，ATS の設置を促した．その主旨は ① 列車に速度照査機能を持たせること，② 車内警報は必要としない，③ 速度超過でブレーキをかけた場合，できれば常用ブレーキで許容速度まで速度を低下させ，そのあと自動的にブレーキを緩解できること，などであった．

この通達は，ATS の構造を示すものではなく，その機能を示すものであったため，民鉄各社がそれぞれ特色のある異なった方式の民鉄形 ATS を開発し，1969 年（昭和 44 年）までにその設備を完了した．現在，民鉄にさまざまな方式の ATS が混在しているのは，このような経緯があったからである．

a．相互直通運転と ATS 　1960 年（昭和 35 年），都営浅草線～京成電鉄の直通運転を皮切りに，大都市圏の通勤路線を中心に 28 以上の路線（2009 年現在）で JR・公営・民鉄相互間の直通運転が実施されている．欧州では，共通規格に基づく全域の自由運行（いわゆるインターオペラビリティ）を原則としているが，わが国ではそれぞれの事業者の実情に合わせ，直通路線ごとにゲージ，各種限界，信号方式などを整合させている例が多い．ATS-ATC 線区相互の運行も自動切換えなどで対応し，乗務員も境界駅で交代するのが通例である．

b．設備更新による高機能化 　ATS の更新時期を迎えた路線では，更新に

際し新たな機能を追加する例が近年では多い．例えば，前記の都営浅草線～京成線の場合，直通運転開始後50年が経過し，京浜急行・京成・都営浅草線・北総・芝山の5社直通に延伸されているが，共通仕様の1号形ATSは，① 絶対停止機能がない，② ATS情報が3現示のみ，という悩みがあった．そこで，現在MSK変調によるディジタルATS（通称C-ATS）に更新工事中である．合意された更新条件は，① 絶対停止機能を備えること，② 直通各社の制御方式に制約を与えずに切換えができること，③ 新旧切換え工事中，現行1号形ATSと自動切換えが可能なこと，④ パターン制御を採り入れること，などとなっている[5]．

4.2.2 ATC（自動列車制御装置）

ATSが，"地上信号機と運転士による列車運転"に対するバックアップであるのに対し，"保安のためのブレーキ操作は原則として装置に任せよう"というのがATC（automatic train control system，自動列車制御装置）の基本的な考え方である．

・1961年（昭和36年）地上信号方式ATC：交通営団・日比谷線で初めて導入
・1964年（昭和39年）電子機器による車内信号方式ATC：東海道新幹線
・1965年（昭和40年）車内信号方式ATC：名古屋市営地下鉄2号線

これら初期のATCは，多段ブレーキ制御方式であったが，最近はしだいに運転効率などに優れた1段ブレーキ制御方式に移行しつつある．また，将来指向の車上主体形（パターン制御方式）ATCも，新幹線の最近の線区，在来設備の更新時（例えばJR東日本・山手線，京浜東北線）などに採用され始めている．

（1） 多段ブレーキ制御 ATC　先行列車～後続列車間の全閉そく区間（車内信号方式では進路と呼ぶ）に対し，先行列車が停車したままという最もリスクの高い状態であっても後続列車が追突しないように，先行列車との間隔（進路数）に応じて進路ごとに許容最大速度を割り当て，それぞれの進路内はその最大速度（速度コード）以下で走行させるシステムである．もし，各進路内で列車

4.2 列車の運行管理

がこの最大速度を超えれば，それ以下になるまで自動的にブレーキが作動する。

図4.12は車内信号方式による多段ブレーキ制御ATCの説明である。いま，後続列車が速度コード90進路から65進路に進入すると，ATCブレーキが作動して列車速度は65 km/h以下を目標に減速していく。65進路の末端までに列車速度は65 km/h以下になるが，そのあとすぐに45進路に進入するので再びATCブレーキで速度は45 km/h以下に低下する。これを繰り返して，後続列車は先行列車直後の進路で停止する。

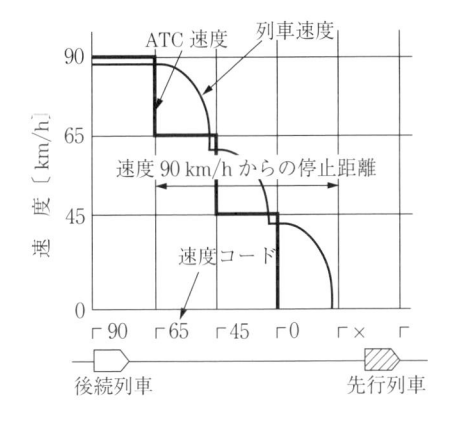

図4.12 多段ブレーキ制御ATCのはたらき

なお，この多段式ブレーキ制御ATCの速度コード信号としては，一般的に初期タイプのアナログ2周波数組合せ（コード数を多くとるため）信号が用いられていて，軌道回路から車上に対し連続的に伝送される。

（2） 1段ブレーキ制御ATC[5]　前項の多段ブレーキ制御ATCは，先行列車と後続列車の距離的位置関係に基づき，中間の各閉そく区間（進路）に許容される最大速度を割り当てる方式であった。したがって，それぞれの進路ごとに制動−緩解を繰り返し，乗心地が悪いだけではなく，列車にも良い影響を与えない。

そこで**図4.13**のように，各進路（閉そく区間）の位置から先行列車後尾の停止点までの距離に対し，後続列車のブレーキ性能により停止可能な速度を計算し，その「速度コード」を進路ごとに送信する方式が開発された。もし，後

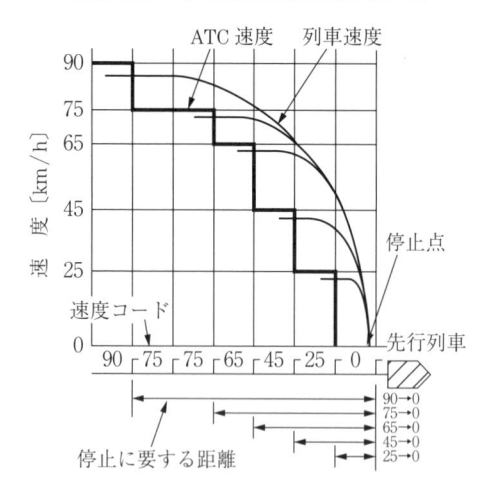

212   4. 列車の安全運行を目指して

図 4.13　1 段ブレーキ制御 ATC のはたらき

続列車がその進路の速度コードを超過したら，そこから停止点まで連続してブレーキをかけて停止させる。それが 1 段ブレーキ制御 ATC である。言い換えれば，この速度コードは速度情報というよりは，むしろ距離情報の意味を持っている。

1 段ブレーキ制御 ATC の場合，一般的に速度コードは軌道回路を経由してアナログ変調波または MSK（minimum phase shift keying）ディジタル変調波などで連続的に車上に伝送される。

図 4.13 を図 4.12 と比べてみれば，速度が階段状にならない分，停止距離が短いことがわかる。したがって運転密度を高めることが可能であり，多段ブレーキ制御方式のように進路ごとに制動‐緩解の繰返しがないので，乗心地も改善される。

・1991 年（平成 3 年）1 段ブレーキ制御 ATC：東京急行電鉄田園都市線・新玉川線
・1993 年（平成 5 年）1 段ブレーキ制御 ATC：東京地下鉄・銀座線

以降，次々に 1 段ブレーキ制御方式が採用されている。

（3）車上主体形（パターン制御方式）ATC[5]　　前項の 1 段ブレーキ制御 ATC では，① 先行列車と後続列車の現在位置（在線進路）の検知，② それに

基づき各進路に割り当てる速度コードの算出，③速度コード信号の送信，などは全部地上側で行っている．しかし，もし，後続列車が自身の現在位置と先行列車までの距離を車上で知ることができれば，ATS-Pの場合と同様，それをもとに車上に速度パターンを生成して自列車の速度と常時比較しながら走行し，もし，パターン速度を超過したら，1段ブレーキをかけて停止させ，追突から防護することが可能である．そこで，①自列車の現在位置は，地上に設置した位置補正トランスポンダからの絶対距離情報と，自列車車軸の速度パルス発電機（**図4.14**）による走行距離の加算によって検知し，②先行列車の位置は軌道回路からのディジタル信号などで得られようにすれば，パターン制御方式の1段ブレーキ制御ATCが実現する．これが車上主体形（パターン制御方式）ATCである．この場合もATS-Pと同様，自列車の能力に応じた速度パターンを描くことができるので，能率の良い運転が可能となる．

・2002年 DS-ATC（JR名称）：JR東日本・東北新幹線盛岡〜八戸間
・2003年 D-ATC（JR名称）：JR東日本・京浜東北線南浦和〜鶴見間

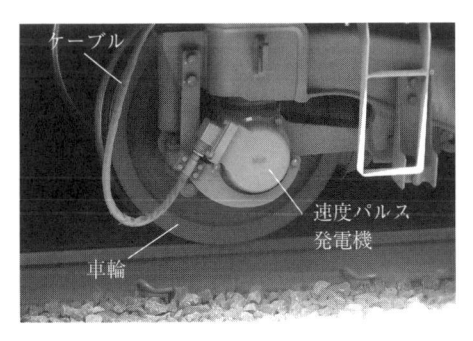

図4.14 車軸に取り付けられた速度パルス発電機

4.2.3 ATO[5]（自動列車運転装置）

ATO（automatic train operating system，自動列車運転装置）は，基本的にATCとTASC（train automatic stop position control，定点停止装置）を組み合わせたものと考えればよい．

- 1960 年（昭和 35 年）東海道新幹線用 ATC：東海道線で行われた現車試験は，実際に力行ノッチを入れたまま走行したので，これがわが国最初の実質的 ATO 実験ということもできる．
- 1962 年（昭和 37 年）ATO 装置公開試験：交通営団・日比谷線南千住〜上野間
- 1976 年（昭和 51 年）札幌市営地下鉄 ATO（ゴムタイヤ式）：自動回送（東西線）
- 1981 年（昭和 56 年）神戸新交通・完全無人運転 ATO：ポートアイランド線

図 4.15 は ATO の基本的なはたらきを説明した図である．力行ノッチが入ると，乗心地の良い加速に配慮した力行制御を行って，目標の ATC 速度に達し，定速制御運転に移行する．図では目標速度 ±2 km/h の精度で制御されることを示している．ここでもし，前方にカーブなど減速を要する区間があれば，その区間の入り口に減速地上子を置き，減速制御を開始する．この地上子からは減速終了地点の位置情報も送られてくるので，車上でその地点への到達を判断して，そこで減速走行を終了して再びもとの ATC 目標速度まで加速する．停止準備地点の地上子 P_1 の通過でノッチオフして惰行運転に移り，あらかじめ

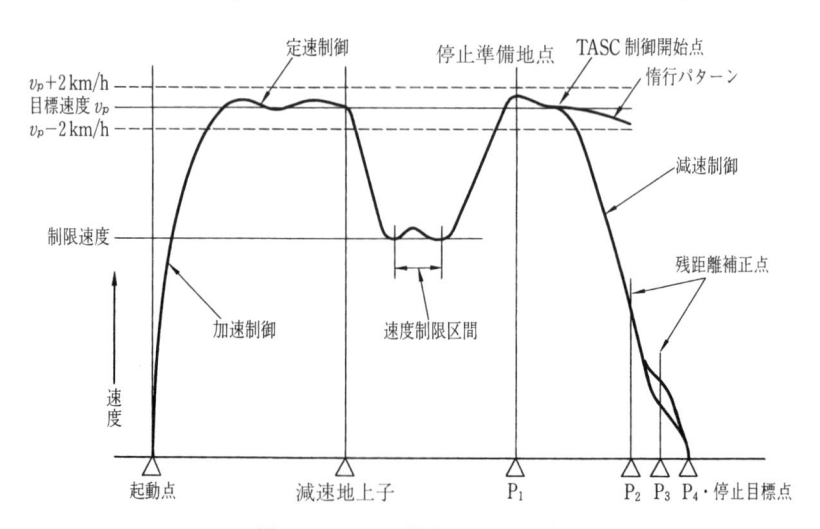

図 4.15　ATO の基本的なはたらき

車上に用意してある停止パターンに従って減速制御を行い，次駅ホームに進入し停止する。$P_2 \sim P_4$ は，停止位置に正確に停車するための補正用地上子である。

ATO は無人運転が可能であるが，立地条件，列車種別，鉄道企業者の運用方針などによって，完全無人から2人乗務までさまざまな方法で行われている。

a. 地下鉄　16路線で ATO 運行が行われている。大部分がワンマン乗務であるが，一部，2人乗務の路線もある（2009年現在）。

b. 新交通システム（案内軌条式）　11路線すべてが ATO で，うち6路線が無人運転，1路線が添乗員あり運転である（2012年現在）。

c. モノレール　10路線すべてが ATO で，うち2路線がワンマンの自動運転，1路線が添乗員ありの自動運転である（2012年現在）。

4.2.4 総合運行管理

初期の運行管理は，駅員相互の打合せで行われていた。その後，専門の信号員が配置されるようになり，やがて運行規模の拡大に伴い RC から CTC，PRC に，そして総合的な運行管理システムへと発展していった。ATS，ATC，ATO

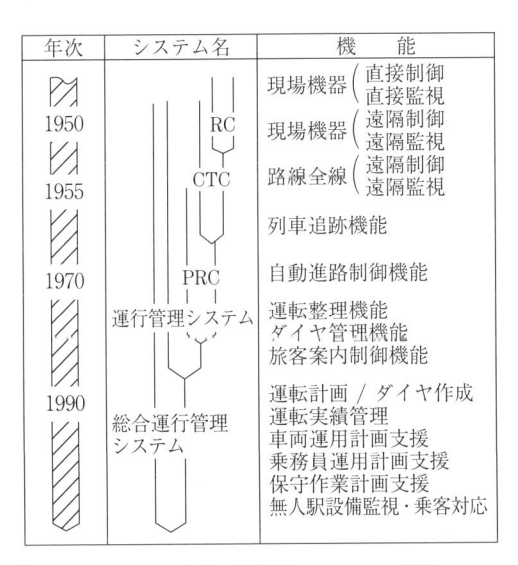

年次	システム名	機能
1950	RC	現場機器（直接制御／直接監視） 現場機器（遠隔制御／遠隔監視）
1955	CTC	路線全線（遠隔制御／遠隔監視）
1970	PRC 運行管理システム	列車追跡機能 自動進路制御機能 運転整理機能 ダイヤ管理機能 旅客案内制御機能
1990	総合運行管理システム	運転計画／ダイヤ作成 運転実績管理 車両運用計画支援 乗務員運用計画支援 保守作業計画支援 無人駅設備監視・乗客対応

図 4.16　列車運行管理システムの変遷

216　4. 列車の安全運行を目指して

などが列車の安全を個別的に管理するツールであるのに対し，運行管理システムは列車の群管理的なシステムであるということもできる。図 4.16 に列車運行管理システムとその機能の変遷を示す。

（1）　RC と CTC　　RC（remote control system, 遠隔制御装置）は，対応する機器・装置を個別に遠隔地から通信回線経由で制御する装置である。また CTC（centralized traffic control system, 列車集中制御装置）は，ひとつのコントロールセンタから通信回線経由で，広範囲な線区内の信号設備を遠隔操作し，列車運行を集中して制御する装置である。

・1927 年（昭和 2 年）CTC 使用開始：ニューヨークセントラル鉄道
・1951 年（昭和 26 年）RC 設備：東海道線五条川信号場
・1954 年（昭和 29 年）CTC 設備：京浜急行電鉄久里浜線（コード式）

わが国における CTC の 27 年の遅れは，必ずしも技術力の差によるものではない。当時の米国では，一部区間における時刻表と列車命令券による能率の悪い運転方式を改善するために CTC が導入された。英国式に近いわが国では，各駅に信号員を配置し，通票などで保安が十分確保されていたので CTC 導入の必要性がなかったともいえる。しかし 1960 年代以降，駅における運転関連要員の省力化を目的として CTC が広く導入されるようになった。

・1956 年（昭和 31 年）CTC 設備：名古屋鉄道小牧線
・1958 年（昭和 33 年）CTC 設備：伊東線
・1964 年（昭和 39 年）電子（半導体）機器による CTC 設備：東海道新幹線；これが 500 km にわたる本格的かつ大規模な線区への CTC 導入の始まりである。

（2）　PRC　　1960 年（昭和 35 年）頃，当時の国鉄鉄道技術研究所において，横浜線を対象に駅の進路制御を自動化する方式について，制御システムの構成，使用コンピュータに要求される性能，CTC とのインタフェースなどの検討が開始された。PRC（programmed route control system, 自動進路制御装置）の機能は，狭義には，① 列車位置を追跡しダイヤと比較して時間乱れを監視する，② 列車の在線情報および列車ダイヤに基づいて自動的に進路設定

を行う，という機能であるが，そのほか広義には，③ 運転整理機能，④ ダイヤ管理機能，⑤ 乗客案内情報機能などを含めて PRC ということもある。

PRC は民鉄では PTC (programmed traffic control), TTC (total traffic control) ともいわれ，1966 年（昭和 41 年）京浜急行電鉄浦賀駅の PTC が最初である[4]。

・1972 年（昭和 47 年）PRC＋CTC 設備（新幹線運行管理システム：通称 COMTRAC：computer aided traffic control）：東海道・山陽新幹線（岡山開業時）[5]

・1976 年（昭和 51 年）PRC＋CTC 設備：武蔵野線

(3) 総合運行管理システム 一般に，前記の PRC と CTC 機能を組み合わせた運行管理システムに対し，各種の支援機能を追加した装置を総合運行管理システムと呼んでいる。従来は路線全駅の制御機能を中央に集中化することが多かったが，近年は機器および通信網の信頼性や性能の向上により，システムダウン時のバックアップに対応する分散配置方式が多く見られるようになった。

a. 中央集中方式 前項，1972 年（昭和 47 年）東海道・山陽新幹線の COMTRAC に代表される方式である。この場合は，災害時などに備えて単一線区でありながら東京と関西の 2 か所に同じ機能の総合指令所（JR の呼び方）を設置している。

b. 分散配置方式 1995 年（平成 7 年），東北・上越新幹線で使用が開始された COSMOS は，駅分散方式の総合運行管理システムである。また，同じ分散方式として，東京圏輸送管理システム（ATOS, autonomous decentralized transport operation system）も 1996 年（平成 8 年）から稼働している[5]。

c. 相互直通運転に伴う運行管理 大都市圏の地下鉄を中心に，数社にまたがる大量輸送の直通運転が行われているため，1990 年代以降，自社の PRC 中央装置と他社の PRC との間で異なるシステム間の情報授受を行う例が増加している。

(4) 運行管理支援システム 1990 年代以降，運行管理システムにはさまざまな支援機能が組み込まれるようになった。それらが鉄道の経営管理機能と今後どのような関係に落ち着くかは未知数であるが，現時点では以下のよう

な支援システムが存在する。

i）列車運転計画と列車ダイヤ作成：年間／季節輸送需要の予測に基づく運転基本計画の作成，および平日，土曜，休日別基本ダイヤの作成など。

ii）運行実績の管理：運行結果の実績ダイヤの記録と管理。

iii）車両運用計画：通称A計画と呼ばれる，ダイヤに基づく列車・車両運用計画の作成。

iv）乗務員運用計画：ダイヤに基づく乗務員運用（運転士：通称B運用，車掌：通称C運用）計画の作成。

v）保守運用計画：前記，運行実績の記録，列車・車両運用実績の記録などに基づき，車両検査，各種設備の保守点検計画などの作成。

vi）運転整理と乗客案内：ダイヤ乱れ時の運転整理提案，乗客案内情報の管理・制御，新交通などの無人駅における駅設備監視や乗客対応の管理など。

vii）訓練シミュレータ機能：複雑な運行管理システムの取扱い訓練のため，過去の運転実績データなどをもとに，オフラインのシミュレーションが可能。

4.2.5 列車ダイヤ

列車ダイヤ（列車運行図表）とは，路線に運行されるすべての列車の運行状況を時刻を横軸（1分目，2分目，10分目，1時間目などあり），距離（駅位置）を縦軸にして列車ごとに線図（通称スジという）で表し，各駅の到着／発車時刻，通過時刻などを示す列車運転の具体的な計画図である。その一例を図4.17に示す。

（1）**列車ダイヤの始まり**[6)]　1872年（明治5年），わが国初の鉄道が新橋〜横浜間に開通したとき，運転本数は1日2往復であった。その後，運転本数の増加に伴い時刻表が使用されるようになり，1894年（明治27年）頃からは線図の列車ダイヤが併用されるようになった。

列車ダイヤの起源は英国とされている。1874年（明治7年）〜1899年（明治33年）まで，英国人技師ページ（W. F. Page）が招へいされ，時刻表による列車ダイヤ改正，臨時列車の運転計画などを個室にこもって一手に行っていた

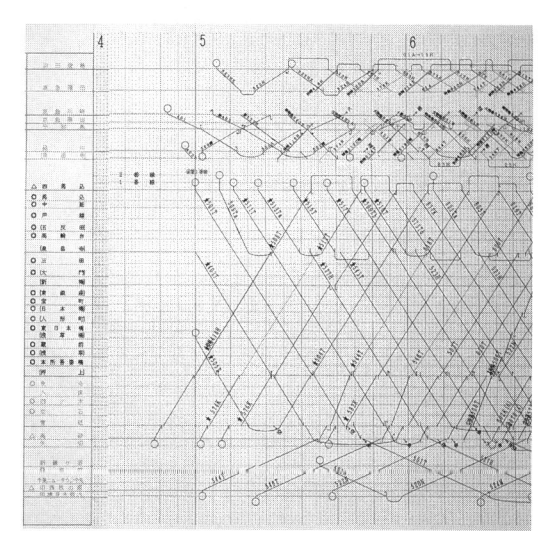

図 4.17 線図列車ダイヤの例

という。その後，1894年頃に日本の鉄道関係者が線図列車ダイヤの技術を発見し，その使用を開始したといわれている。

（2） **列車ダイヤと運転曲線図**　列車ダイヤの作成には運転所要時分の算出が必要である。初期には実測などの経験からこれを割り出していたが，大正末期頃から運転曲線図が用いられ始めた。これは，例えば前節の図 4.15（ATOの例）のように，列車の運転性能，線路条件などを勘案して，走行速度と距離/時間の関係を曲線で示したもので，その使用目的によりいろいろな種類の運転曲線図が存在する。

かつてはスジ屋と呼ばれる熟達の技術者が，予測される輸送需要量に対し，運転曲線図による所要時分をもとに必要な運転本数をはじき出し，手作業で列車ダイヤを作成していた。その後，コンピュータによるダイヤ作成システムが 1980 年代後半から検討され，1990 年代後半頃からコンピュータを用いて作成されることが多くなっている。

（3） **列車ダイヤと運行管理支援システム**　輸送量/規模の増大，運転形態の複雑化に伴い，ダイヤ改訂，事故時の対応などは，もはやスジ屋の職人芸

4. 列車の安全運行を目指して

では対応しきれなくなり，コンピュータによる支援システムが検討され始めた．

- 1963年（昭和38年）頃，鉄道技術研究所で運転曲線図の作成にコンピュータを応用する研究を開始
- 1973年（昭和48年）運転曲線図計算システムが完成，静電プロッタによる作成が可能となる
- 1975年（昭和50年）新幹線電車列車用運転曲線プログラムが完成

このようにして得られた運転曲線図をもとに列車ダイヤが作成され，さらにそのダイヤをもとに，前項で述べた支援システムを援用して列車運用計画，乗務員運用計画などが作成される．

なお，国鉄・JRグループによる上記の流れと並行して，公営・民鉄においても運行管理システムの導入・更新の際には各種の支援システムが組み込まれ，現在に至っている．

図4.18の写真は，新交通ゆりかもめの運行管理センタの例である．左端に見える指令員は，CATVで無人駅の監視をするとともに，自動券売機の乗客に音声で対応することもできる．正面スクリーン中央の運行監視盤には列車の現在位置，および入・出庫の状況が表示される．写真には見えないが，画面の左側には変電所の運転・き電状態の監視・操作盤も設置されている．

図4.18 運行管理センタの例（ゆりかもめ）

5 進化する鉄道施設

5.1 線路のあゆみ

5.1.1 軌道構造の発達[1)~3)]

（1）双頭レールから平底レールへ　レールの原形についてはさまざまな説があり，古代ローマ時代の道路の轍（わだち）の跡にその源流を求める説もあるが，16世紀頃のヨーロッパでは，木材で梯子（はしご）状の軌道を組み立て，木製の車輪付きのトロッコを鉱山の鉱石運搬に利用しており，これが原形となったとする説が一般的である（**図5.1**）。

木製の軌道構造は腐食などの問題があったが，18世紀半ばには木製の軌道に鉄材をはめたレールが登場し，従来よりも走行抵抗が少なく耐久性に優れた

図5.1　木製の軌道と車輪によるトロッコ
〔ベルリン科学技術博物館〕

5. 進化する鉄道施設

方法として広まった。1789年には英国のウィリアム・ジェソップによりフランジ付きの鉄製レールが発明され，構造的にも合理的であることが理解されるようになった。

ほぼ同時期には蒸気機関車が発明され，1825年に開業したストックトン・ダーリントン鉄道などでの実用化を経て，継目を用いたフランジ付きレールと鉄車輪の組合せによる鉄道システムの基礎が確立された。また，製鉄技術の発達によって錬鉄製の圧延レールが使用されるようになったが，レールの断面は試行錯誤が繰り返され，19世紀初頭には平底レールと双頭レールの2種類にほぼ収束した。その後の鉄道では平底レールが主流となったが，英国では20世紀半ばまで双頭レールを使い続けた（**図5.2**）。

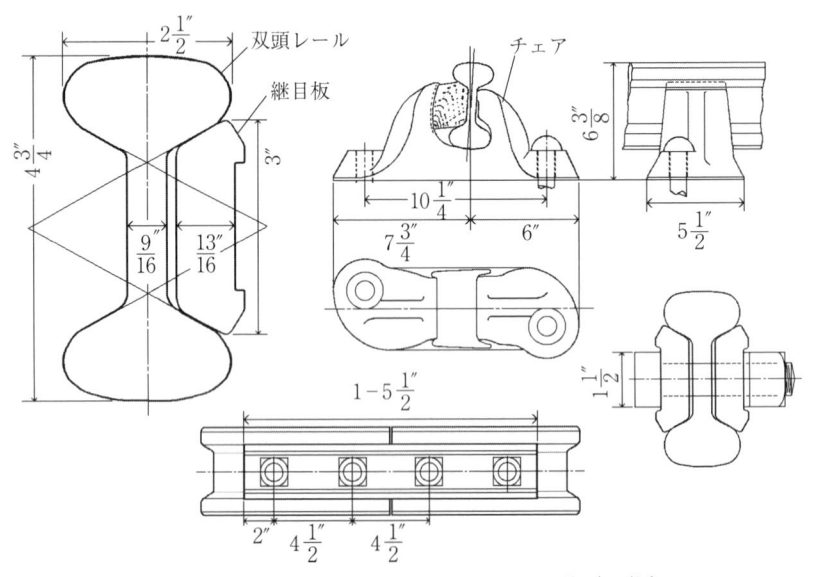

図5.2 双頭レールの例および付属品〔単位：呎ﾌｨｰﾄ － 吋ｲﾝﾁ〕

1872年（明治5年）に日本最初の鉄道が新橋〜横浜間で開業したが，この際に用いられたのは，1本の長さが24フィート（7.3 m），重さが約30 kg/mの英国製の錬鉄製双頭レールであった。双頭レールは上下を逆にしても転用できる利点があったが，チェアと呼ばれる特殊な金具を用いてまくらぎに固定し

なければならないため使い勝手が悪く，軌道構造も複雑になった。鋼鉄製のレールは1880年（明治13年）に開業した京都〜大津間の鉄道から使用したとされ，さらに1883年（明治16年）に一部が開業した長浜〜敦賀間の鉄道からは平底レールが全面的に採用された。

（2） レールの国産化　レールの製造は国産化が難しく，しばらく輸入の時代が続いたが，1900年（明治33年）に官営の八幡製鐵所が設立され，翌年11月からレールの生産が開始された。製造にあたっては，ドイツより職工長としてウィルヘルム・ナールバッハが招へいされ，さらにアルベルト・ストルンゲンがこれを継いだが，日本人の習得が予想以上に早く進んだため1904年（明治37年）3月には両名とも解約された。

この際に製造されたのは60ポンドレール（30キロレール相当）で，生産設備も十分ではなく，製造にも習熟していなかったため，初年度（明治34年）の生産量は1 086トンにとどまった。良質なレールを製造する技術は国産化が難しかったが，大正〜昭和初期にかけて輸入レールの時代から国産化の時代へとしだいに移行し，1927年度（昭和2年度）の自給率は約6割程度であったが，1930年度（昭和5年度）にはほぼすべてが国産となった。

鉄道の輸送量の増加とともにレールの重軌条化も進み，鉄道省では1922年（大正11年）から50キロレールを採用し，1925年（大正14年）には八幡製鐵所で国産の50キロレールが生産されるようになった。なお，初期のレールの重さは，1ヤード（約0.91 m）当りのポンド（1ポンド＝約0.45 kg）単位で表されたが，1929年（昭和4年）以降は長さ1 m当りのキログラム単位で表すこととなり，60ポンド→30キロ，75ポンド→37キロとそれぞれ読み替えた。**図5.3**は海外で設計・制定されたASCE（American society of civil engineers，米国土木学会標準規格）形およびPS（Pennsylvania railroad standard）形平底レールの断面形状である。

その後，1961年（昭和36年）にわが国の実情に合わせて形状を改良した40Nレールと50Nレールが設計・制定された。また，東海道新幹線が開業した当初は50 T（東海道新幹線用，53 kg）レールが使用されたが，輸送量が増え

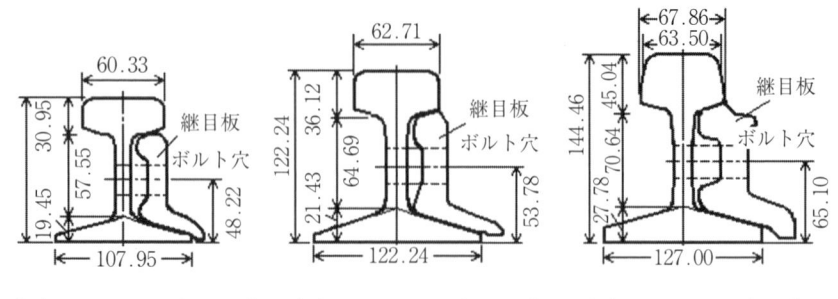

(a) 30キロレール（ASCE形）　（b）37キロレール（ASCE形）　（c）50キロレール（PS形）

図5.3　平底レールの断面形状の例〔単位：mm〕

てレールの寿命が短くなったため，山陽新幹線以降は断面積の大きな60キロレールが使用された。この60キロレールは，のちに在来線でも用いられた。

なお60キロレールは，1933年（昭和14年）に南満洲鉄道向けとして昭和製鋼所（鞍山）で量産され，約120kmにわたって敷設されたことがあるほか，わが国では1941年（昭和16年）に弾丸列車用60キロレールが試作され，蒲田〜川崎間に試験敷設されたが普及には至らなかった。

（3）**ロングレールの登場と溶接技術**　レールの1本当たりの長さは各国により異なるが，わが国では1933年（昭和8年）に標準長を，50キロレールと37キロレールについては25m，30キロレールについては20mを定尺レールとして使用することを定めた。こうした経緯から一般に，① 短尺レール：5m以上〜25m未満，② 定尺レール：25m（30キロレールは20m），③ 長尺レール：25〜200m未満，④ ロングレール：200m以上として区分している。初期の定尺レールは長さ33フィート（約10m）が一般的であったが，1932年（昭和7年）頃から定尺を25mとした製品が流通するようになった。

定尺レールを溶接で接続することによって，これをロングレールとして使用し乗心地の良好な線路を実現する技術は，溶接技術の発達を待たなければならなかった。鉄道省では1927年（昭和2年）に，下河原線と田端操車場でテルミット溶接を用いたレールの接続を試みたほか，1934年（昭和9年）に東海道線茅ヶ崎〜平塚間に電気溶接による延長250mのレールを試験的に敷設し

た。また，1937年（昭和12年）には仙山トンネル内のレールでテルミット溶接と電気溶接の比較が行われた。ロングレールはその後も長大トンネルを中心に適用されたが，これはトンネル内の温度変化が少ないことがその理由のひとつであった。また，同じ年には主要な保線区に線路溶接班が組織され，ガス溶接，電気溶接，テルミット溶接，フラッシュバット溶接の使用を基本とした。

レールの溶接はロングレールの敷設を目的とする場合以外にも，損傷部分の補修や材質の異なるレールとの接合，レールボンドの接続などに用いられるが，両レール端を高温に熱して軸方向に加圧しながら接続する圧接と，溶接材を両レールの間に溶かし込んで凝固させる融接に大別される。わが国のロングレールに用いられる圧接法には，電気溶接の一種であるフラッシュバット溶接と，突合せ部をガス炎で熱しながら圧接するガス圧接の2種類があり，融接では接続部に当金をはめて高電流で溶接棒を溶かしながら流し込むエンクローズアーク溶接と，化学反応で高温を発生させて溶融鉄を型枠内に流し込むテルミット溶接がある。

圧接は圧力を加えるために大規模な設備を要し，工場内での作業となり，完成したレールも接合部が膨らむため短くなり，成形を必要とする。これに対して融接は現場で施工することが可能で，接続部でレールが短くならないという特徴があるが，接合部が母材よりも強度が落ちるため，やや信頼性に欠けるという欠点があった。

このうち，テルミット溶接は，明治末期に東京市電で試用されるなど最も古い歴史があり，東海道新幹線のレールでも使用されたが，信頼性に乏しかったためにすべて撤去された。その後，ドイツでテルミット溶接の溶剤や注入方法を改良し，作業性や信頼性を向上させたゴールドサミット溶接が開発され，1979年（昭和54年）にはわが国でも使用されるようになった。

また，ガス圧接は信頼性も高く多用され，1953年（昭和28年）頃からは現場でも使用できる定置式のガス圧接機の開発が進められた。そして，1970年（昭和45年）代の山陽新幹線の工事でポータブル式のガス圧接機が使用され，1975年（昭和50年）には圧接部の膨らみを簡単に除去できる機能を備えたト

リマ付きガス圧接機が開発され、現場でもガス圧接が可能となった。

現在のロングレールは、定尺レールをレールセンターなどの工場や現場近傍の仮設基地で圧接して長さ 100 ～ 200 m 程度とし（一次溶接）、これを現地に運搬して小型装置によるガス圧接で二次溶接して所定の長さとし、伸縮継目部分を第三次溶接としてエンクローズアーク溶接またはテルミット溶接で接合することが一般的に行われている。

（4）　**コンクリートまくらぎとコンクリート道床**　まくらぎは、漢字で「枕木」と書かれるように、木材を用いることが基本であったが、その後、鉄製まくらぎやコンクリート製のまくらぎが登場したため、今日では木製のものを特に「木まくらぎ」と呼んで区別している。ひとつの用語の中に同じ意味の言葉が重なってしまっているが、これは、木製からコンクリート製へと変化したという、まくらぎの歴史を背負っているためでもある。

わが国の鉄道の開業の頃は、木製のまくらぎが基本で、一部に鋳鉄製のポットスリーパと呼ばれる鉄製まくらぎが使用された。鉄製まくらぎは、まくらぎの厚さを薄くすることができるためトンネルの断面を節約でき、また第三軌条が取り付けやすいなどの理由によって、1893 年（明治 26 年）に開業した直江津線（現・信越線）横川～軽井沢間でも使用され、東海道線（現・御殿場線）の山岳区間でも用いられた。

1918 年（大正 7 年）頃、木材資源の枯渇などを背景として、欧米で実用化されつつあった鉄筋コンクリート（reinforced concrete, RC）まくらぎの開発が進められ、1926 年（大正 15 年）に関西線湊町駅構内に石浜式（のちに宮下式とも）と呼ばれる鉄筋コンクリートまくらぎを敷設した。その後、外山式、阿部式、深川式、熊本式、細梅式などさまざまな鉄筋コンクリートまくらぎが全国に敷設されたが、戦争の激化による鋼材統制などで開発は中断した（**図 5.4**）。

軌道の路盤部をコンクリートとしたコンクリート道床は、排水が容易で保守管理を軽減でき、断面を広く確保できるため主としてトンネル区間で用いられ、海外では 20 世紀初頭から米国の地下鉄道の軌道構造として用いられていた。日本では 1922 年（大正 11 年）に室蘭線・伏古別トンネルで用いられたの

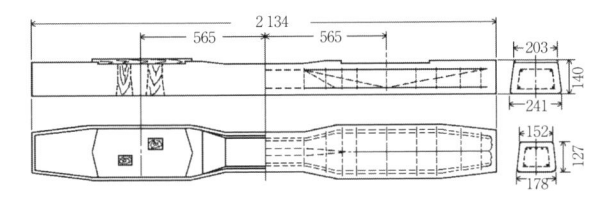

図5.4 鉄筋コンクリート（RC）まくらぎの例〔単位：mm〕

が最初とされ，その後も清水トンネルなどの長大トンネルやトンネルの電化工事の際に用いられた。

（5） プレストレストコンクリート（PC）まくらぎの普及　プレストレストコンクリートは，コンクリートの内部の鋼材（鉄筋またはケーブル）にあらかじめ引っ張る力を与えておくことにより，引張強度を高めたコンクリート構造で，鉄筋コンクリート（RC）に対して「プレストレストコンクリート（prestressed concrete, PC）」または「PSコンクリート」と呼ばれる。

このプレストレストコンクリートの技術を用いたまくらぎがPCまくらぎで，薄肉で高強度の製品が可能であり，耐久性が期待できる新しいまくらぎとして開発された。最初の試作品は1951年（昭和26年）に国鉄鉄道技術研究所で製造され，東海道線大森〜蒲田間の列車線に敷設された。翌年からは，本線にPCまくらぎ，側線にRCまくらぎを使用する方針として徐々にその適用が広がった（図5.5）。PCまくらぎの製造方法も，あらかじめプレストレスを与えるプレテンション方式と，コンクリートの硬化後にプレストレスを与えるポストテンション方式が開発された。

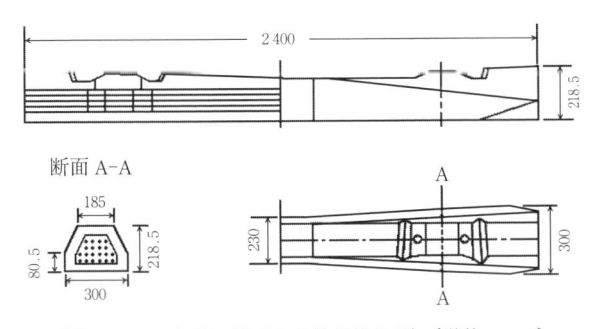

図5.5 PCまくらぎ（在来線用第3号）〔単位：mm〕

PCまくらぎは東海道新幹線でも全面的に採用されることとなり，鴨宮モデル線での試用を経て，1962年度（昭和37年度）から量産が始まった。

また，1979年（昭和54年）にはガラス繊維と硬質発泡ウレタンの複合材料を用いた合成まくらぎも開発され，主として使用環境が厳しく，耐久性が求められる橋梁部分のまくらぎ（橋まくらぎ）として用いられている。

（6） スラブ軌道から省力化軌道へ　スラブ軌道は従来のバラスト軌道に比べて保守管理の手間が軽減でき，乗心地の良い新しい軌道構造として開発され，現在では新幹線をはじめとして在来線などの軌道構造として普及している。

スラブ軌道の開発は1965年（昭和40年）に国鉄の技術課題として，「新軌道構造の研究」が取り上げられたことに始まる。この課題では，将来の新幹線網の建設にあたって，高速鉄道にふさわしい新しい軌道構造を提案するという趣旨で，コストを低減しバラスト軌道と同程度の弾性と強度を有すること，施工が容易であること，軌道の整正が容易な構造であることなどの条件のもとに検討が進められた。その結果，プレキャスト（工場生産）のコンクリート・スラブ（床版）を使用して，下部構造との間に緩衝材を設け，これにレールを固定することにより実現可能であることが予想された。

国鉄では形態や構造の異なる数種類の試作タイプを設計し，1966年（昭和41年）に鉄道技術研究所津田沼土木実験所で試験敷設を実施し，1967年（昭和42年）には紀勢線有田川橋梁，東海道新幹線名古屋駅構内，東海道新幹線岐阜羽島駅通過線などの営業線でも試験敷設を開始した。こうした試験敷設は全国の新幹線，在来線，鉄道技術研究所の実験所などで実施されて改良を繰り返し，1970年（昭和45年）には建設が進められていた山陽新幹線新大阪〜岡山間の神戸トンネル，中井高架橋など一部の区間でも採用された（開業は1972年（昭和47年））。これらの試験で用いられたスラブ軌道は基本的にA形（セメントアスファルト充てん式），M形（マット調節式），L形（ロングチューブ式）に大別され，さらに土路盤に敷設する方式としてRA形（セメントモルタル充てん式）が開発された。

こうした試験敷設の成果を踏まえて，山陽新幹線岡山〜博多間の工事ではスラブ軌道を全面的に採用することとなり，A形を基本とし，レールの固定方法によってレール座面方式軌道スラブ（A-51形）と，タイプレート式軌道スラブ（A-55形）の2種類を使用した．A形スラブ軌道の基本構造はコンクリート路盤の上にセメントアスファルト（CAモルタル）を介して軌道スラブを載せるもので，軌道の縦方向と横方向に発生する荷重を支えるための突起コンクリートによって固定する．その後，スラブ軌道の騒音がバラスト軌道よりも高くなることが確認されたため，ゴムマットを挟んだ防振スラブが開発され，武蔵野線などでの試用ののち，1974年（昭和49年）に姫路駅構内と西明石付近に試験敷設された（**図5.6**）．

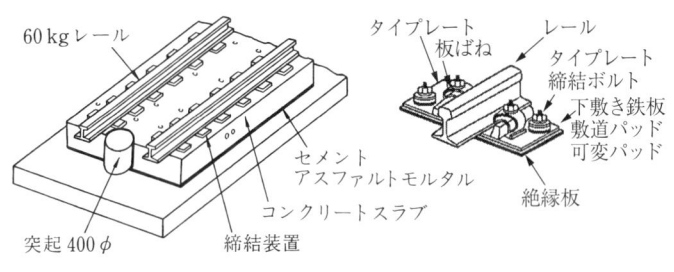

図5.6 スラブ軌道の例

スラブ軌道は東北・上越新幹線でも全面的に採用され，在来線でも新設されるトンネルや高架橋の軌道構造として普及し，メンテナンスを大幅に軽減することに寄与したが，より簡易でメンテナンスフリーが実現でき，騒音の少ない軌道構造として省力化軌道が開発されるようになった．その先駆けとして登場したのが弾性まくらぎ直結軌道で，大判のPCまくらぎの底面と側面を弾性材（充てん材）で被覆して周囲に砕石を敷設した．最初の弾性まくらぎ直結軌道は鉄道技術研究所の実験所での試作を経て，1977年（昭和52年）3月に大阪環状線野田〜西九条間に試験敷設され，1979年（昭和54年）には東北新幹線小山総合試験線にも敷設され，防音，防振性能に優れた軌道構造として全国に広まった．

5.1.2 分岐器の発達[2),4)]

（1） 分岐器の構造　分岐器は一次元の交通機関として機能する鉄道にとって，ひとつの軌道から他の複数の軌道に振り分けるための装置で，これを組み合わせることによって停車場構内が構成される。軌道が単に交差するのみのダイヤモンドクロッシングは厳密な意味では分岐器ではないが，構造が類似するため特殊分岐器の一種として広義の岐器に含める場合があり，分岐器類と総称されることもある。

分岐器で最も一般的な片開き分岐器の各部の名称は**図 5.7** のように示され，それぞれポイント部（転轍部），リード部，クロッシング部（轍叉部），ガード部（護輪軌条）と呼ばれている。分岐器を操作する装置は転轍器と呼ばれ，手動式，電気式が用いられる。

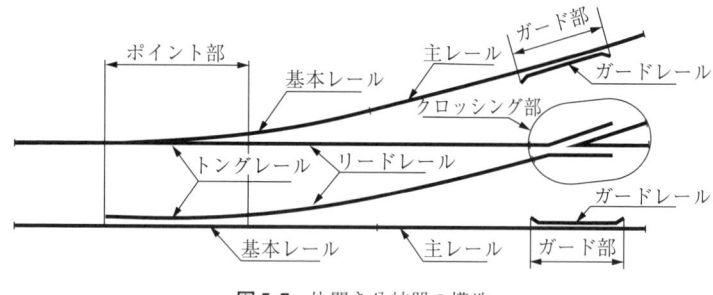

図 5.7　片開き分岐器の構造

なお，分岐器はその分岐角度を示す単位として番数（N）を用いており，クロッシング部の水平距離と開いた側の垂直距離の比率で表している。

12番分岐器のクロッシング角 θ は 4 度 46 分，16 番分岐器のクロッシング角 θ は 3 度 34.5 分となり，番数が大きくなるほど低角度の分岐器となる。一般には 8〜16 番（偶数番）程度が用いられる。

（2） 分岐器の発達　わが国における分岐器の歴史は鉄道の開業とともに始まり，初期の分岐器は外国製の部品を国内で組み立てるなどしていたが，当時の分岐器の一部（旧長浜駅 29 号分岐器ポイント部）が滋賀県長浜市の長浜鉄道スクエアに保存・展示され，鉄道記念物に指定されている（**図 5.8**）。

5.1 線路のあゆみ　　231

図 5.8 旧長浜駅 29 号分岐器ポイント部

　1906 年（明治 39 年）の鉄道国有化を契機として，「旧形定規」と呼ばれる標準設計の 30 キロレールおよび 37 キロレール用などの分岐器が設計されるようになり，標準図として全国で用いられるようになった。しかし，この設計は欠点が多かったため，これを改良した「大正 14 年形」と呼ばれる新設計の分岐器（50 キロレール用を含む）が 1919 年（大正 8 年）～ 1925 年（大正 14 年）にかけて登場し，1962 年（昭和 37 年）に 40 N レールおよび 50 N レール用分岐器が登場するまで，戦前の標準形分岐器として全国各地で広範に使用された。

　分岐器は欠線部と呼ばれるレールが途切れている部分があり，構造上の弱点となって車両の動揺や保守管理上においても好ましくなかった。このため，可動機構により欠線部を改良した可動クロッシングが 1921 年（大正 10 年）に計画され，1939 年（昭和 4 年）に田端駅構内に試験敷設されたが成績は芳しくなかった。そこで，わが国独自の設計による鈍端形可動クロッシングが考案され，帽子形レールと組み合わせて使用され，主要幹線を中心として多数が敷設された。しかし，1950 年（昭和 25 年）に密着調整桿（かん）の折損による脱線事故が生じるなどしたため，のちに 1951 年（昭和 26 年）から主要線区では全体を一体として鋳造したマンガンクロッシングが敷設されるようになった。

　その後，継ぎ目箇所の衝撃を少なくした溶接クロッシングが 1968 年（昭和 43 年）頃に東北線で試験が行われて開発されている。また，摩耗の激しい箇所での部材の交換が容易な圧接クロッシングが，昭和 60 年代に開発されて用いられている。

(3) **新幹線用分岐器の開発**　新幹線用の分岐器は基準線側を高速列車が通過することを必要としたため,新幹線用のノーズ可動形分岐器が新たに設計された.分岐器の検討にあたっては,そのプロトタイプとなる分岐器が1959年(昭和34年)に在来線の大森駅構内に敷設され,さらに1960年(昭和35年)9月に東海道新幹線の鴨宮モデル線に数組が敷設された.こうした試用を経てマンガン鋳鋼製の弾性式ノーズ可動クロッシングが開発されたが,これはトングレールを弾性部で変形させることにより滑らかに転換する構造のもので,ノーズ可動クロッシングの採用とともに高速運転にふさわしい構造の分岐器として(**図5.9**),1964年(昭和39年)に開業した東海道新幹線で用いられた.

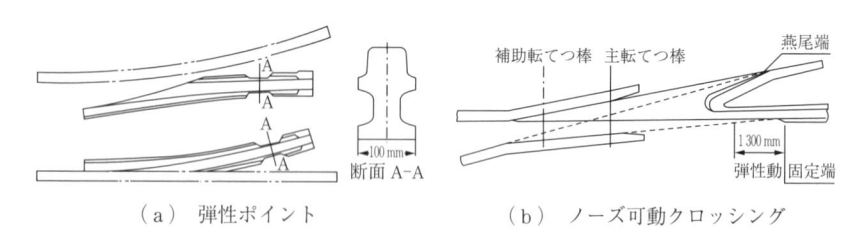

図5.9　新幹線用弾性分岐器

(a) 弾性ポイント　　(b) ノーズ可動クロッシング

こうした技術は在来線における高速分岐の開発にも反映され,1969年(昭和44年)の東北線石橋駅,雀宮(すずめのみや)駅などでの試験敷設を経て,1971年(昭和46年)に直線側通過速度130 km/h 運転が可能な高速形301形と称する50 Nレールおよび60キロレール用高速分岐器の規格が制定された.

(4) **分岐速度の向上と38番分岐器の開発**　高速分岐器は基準線側の速度向上(それぞれの線区の最高速度で通過することが求められた)を目的としていたが,これに対して分岐線側の速度向上を目的とした分岐器の開発は,そのようなニーズに乏しかったため例が少なかった.わが国の戦前までの分岐器は16番が最大で,分岐側の速度は60 km/h に制限されていたが,1954年(昭和29年)に20番分岐器の設計が国鉄施設局特殊設計室によって開始され,1957年(昭和32年)7月に,50キロレールを用いた4組の20番片開き分岐

器が岩沼駅構内に敷設された。

岩沼駅は東北線と常磐線が分岐するため，構内を横断して本線の列車が進入出していたが，分岐器通過に伴う列車動揺が激しく，軟弱な地盤であったために分岐線側の通過速度は 50 km/h に制限されていたが，20 番という高番数分岐器の採用によって分岐線側の最高速度は 70 km/h となった。

その後の分岐器は基準線側の速度向上に主眼が置かれたため，高番数分岐器の開発はしばらく途絶えたが，1997 年（平成 9 年）に上越新幹線と北陸（長野）新幹線の分岐箇所（高崎駅の新潟方約 3.3 km）に全長 135 m の 38 番分岐器が敷設され，分岐側の最高速度を 160 km/h とした。

さらに在来鉄道では，2010 年（平成 22 年）に成田高速鉄道アクセス線成田湯川駅構内で，160 km/h 運転区間の複線と単線の分岐に，38 番分岐器が敷設された。

5.1.3 軌道検測車の発達

従来の保線作業は，一般に徒歩巡回によりレールの状態を把握するなど，その多くを人力に依存しており，水糸，スケール，軌間ゲージ，水準器などの簡易な機器を用いて検査していた。これには多くの人員と手間が必要であったため，機械的にこれを測定しようとする試みがなされるようになり，いわゆる軌道検測車として実現した。

（1） **機械式の時代** 線路の状態を走行車両によって把握しようとする試みは，欧米でも 19 世紀末からしばしば試みられていたが，日本でも 1926 年（大正 15 年）に大井工場でヤ 9000 形試験車が製造され，3 軸を用いて軌道の継目落ち，軌間，水準などを機械式で測定した。また，1941 年（昭和 16 年）には，3 軸ボギーの木造客車を改造してオヤ 19950（のちにオヤ 19820 に改番）が登場した。

軌道検測車の開発が本格化するのは戦後間もなくで，国鉄鉄道技術研究所では 1947 年（昭和 22 年）11 月 6 日～8 日にかけて，ヤ 9000 形に改良形の測定装置を搭載して，東海道線大船～藤沢間（貨物線）で走行試験を実施し，走行速度も 20～65 km/h の範囲で設定された。翌年 12 月 17 日～21 日には，大

船〜茅ヶ崎間（貨物線）で水準測定用にジャイロを用いた装置が試作され，オヤ19820形に搭載して試験が行われた．こうした実績に基づいて，1954年（昭和29年）にオヤ19820形を改造してジャイロ安定装置を用いた測定機器が搭載され，同年3月に三島〜沼津間で走行試験が実施されたが，速度100 km/h 程度までは良好な精度を保つことが確認されたものの，車体が老朽化した木製車であったため，車体振動の影響を受けやすかった．

なお，オヤ19820形は3.5 m弦を用い，静的測定誤差は10％であった．ちなみに「弦」は，レールの変位を測定する際の単位のひとつで，レール方向に弓矢の「弦」にあたる部分を張り，その中央位置での垂直距離を「正矢(せいや)」として表す測定法で，従来の手検測では「弦」の長さ（弦長）を10 mとしていた．

また，1948年（昭和23年）5月に東京駅構内で開催された保線機械展示会では，5 m弦を用いた高低，通り，軌間，水準をモーターカーけん引により25 km/h程度の低速度で測定する吉池式軌道検測車が出品された．吉池式は低コストで簡易な方法で軌道の状態を把握でき，機械式で構造も単純であったため，その後も多くの保線区や民鉄で用いられた．

（2）**マヤ34形の登場**　従来の手検測は，10 m弦が一般に用いられていたが，これを機械式で実現するためには5 m間隔で3台車を用いる必要があり，機構が複雑となり，測定誤差も大きくなると予測された．そこで，電気的に変位を測定し，演算装置や記録装置を一新した新しいコンセプトの軌道検測車の開発に取り組むこととなり，1959年（昭和34年）に10 m弦を基本とした3台車方式のマヤ34形を新製した（**図5.10**）．

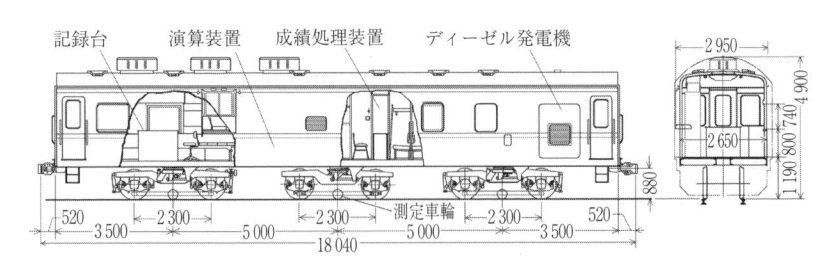

図5.10　在来線用マヤ34形〔単位：mm〕

5.1 線路のあゆみ

マヤ34形による測定方式は，電気式による軌道検測車の基本となり，1965年（昭和40年）から量産されて全国に10両が配置された．マヤ34形の普及により，軌道検測車を用いた軌道管理が一般化され，軌道検測車を表す一般用語として「マヤ車」という言葉が用いられるようになった．

（3） 総合試験車の登場　新幹線の軌道検測車は，マヤ34形を基本として高速走行にも耐えるように改良が加えられ，1962年（昭和37年）に東海道新幹線鴨宮モデル線の開設に合わせて4001が新製された．

新幹線用の軌道検測車は，4001と1964年（昭和39年）に一部を簡略化した4002（のちの921-2）により行われていたが，接触式による測定であったため測定速度は160 km/h以下とされ，夜間でなければ測定作業ができなかった．このため，光学式により非接触の測定が可能な新しい軌道検測車が求められ，1974年（昭和49年）に，ほかの機能を含めた総合試験車として新製された．

当時，信号や通信，電力設備などの検測車はすでに別にあったが，これと軌道検測車と合体させて総合試験車（新幹線電気軌道総合試験車：922形10番台）としたもので，1編成で設備の状態をチェックできる機能を備え，営業列車と同じ最高速度210 km/hで測定することができ，昼間の営業ダイヤに組み込んで効率良く運用することが可能となった．この総合試験車は7両編成で，軌道検測車として5号車に921-11を組み込んだが，これは，10 m弦を用いた3台車方式によるものであった（**図5.11**）．この総合試験車は，黄色い車体色にちなんで一般に「ドクターイエロー」と呼ばれるようになった．

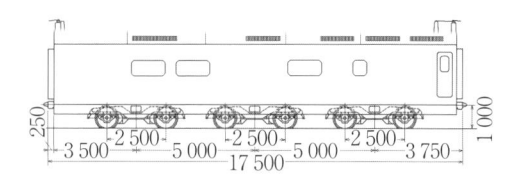

（a）　922形外観　　　　　　　　（b）　軌道検測車921-11

図 5.11　新幹線総合試験車（ドクターイエロー）〔単位：mm〕

（4）2台車方式の開発　　従来の軌道検測車は3台車方式で，測定精度を高めるために車体の剛性も増していたが，新幹線の速度向上が進んで270 km/h運転が開始されると，従来の速度であった総合試験車では昼間のダイヤに対応できなくなった．特に軌道検測車は車体長が短く，3台車方式で自重も重いため，走行安定性や設計荷重に対して条件が厳しく，通常の営業列車と同等の車両が求められた．

3台車方式を2台車方式（2軸ボギー）とするための方法として，通常の2台車のうちの3車輪を用いて偏心した弦を構成し，これを補正して通常の正矢法に変換する偏心矢法が開発され，1997年（平成9年）に改造された東北・上越新幹線用の921-32にレーザを用いた測定システムとともに用いられ，その後の検測車もこの方式を踏襲した．

東海道新幹線の電気軌道総合試験車も，2000年（平成12年）に登場した700系新幹線電車をベースとした933形電気軌道総合試験車から，2台車方式による軌道検測車が使用され，270 km/h走行による測定を可能とした．

その後，ジャイロ・加速度計などを組み合わせた慣性矢測定法なども実用化されつつあり，軌道の測定技術は列車の高速化や測定技術の進歩とともに進化を続けている．

5.2　構造物のあゆみ

5.2.1　鋼鉄道橋の発達

（1）お雇い外国人から日本人へ　　橋梁の技術は鉄道以前にも石橋や木橋の技術があったが，鉄製の重い機関車を支えるためには，より頑丈な鉄材料を用いた橋梁が架設された．1872年（明治5年）に開業した新橋〜横浜間では，六郷川橋梁などに木製トラスや木製桁を架けたが，1874年（明治7年）に開業した大阪〜神戸間では鉄製の鉄道橋梁が初めて架設された．これは，支間70フィート（約21 m）の錬鉄製のワーレントラスを用いたもので，材料は英国から輸入された．

5.2 構造物のあゆみ　　237

　新橋～横浜間の六郷川橋梁は，木製のため腐朽が激しく，1877年（明治10年）に錬鉄製のポニーワーレントラスが英国から輸入され，架け替えられた（現在，博物館明治村とJR東海総合研修センター（三島）に各1連が保存されている）．

　当時はまだ，日本人が単独で鉄道橋梁の設計を行うほどの力量はなかったため，英国人技師によって1885年（明治18年）～1889年（明治22年）にかけてわが国最初の標準設計桁（いわゆる鈑桁定規）となった作錬式と呼ばれる錬鉄製の上路プレートガーダが設計された．また，これをベースとして1893年（明治26年）に鋼鉄製に改良した作30年式も登場し，材料もしだいに錬鉄製から鋼鉄製へと移行した．このほか，わが国における最大径間の煉瓦アーチ橋として，横川～軽井沢間の碓氷第三橋梁（国指定重要文化財）が1893年（明治26年）に完成した．

　（2）　**英国流から米国，ドイツ流へ**　　わが国の鉄道橋梁技術の基盤となった英国流の橋梁技術も，1886年（明治19年）に英字新聞紙上で展開されたいわゆる米英橋梁論争をきっかけとして，しだいにかげりを見せ始め，英国人技術者の帰国とともに，より合理的な米国流の橋梁技術へと移行した．

　米国の示方書に基づく最初の標準設計桁は，1902年（明治35年）に登場した作35年式の上路プレートガーダで，以後の鋼鉄道橋の基本的スタイルを確立した．この時期，英国，米国に次いでドイツの橋梁技術が導入されるようになり，主流を占めるには至らなかったものの，わが国の鉄道橋梁技術に少なからず影響を与えた．その契機のひとつとなったのが，1887年（明治20年）に九州鉄道（現在の鹿児島線の一部など）で導入されたボウストリングトラスと呼ばれるドイツ製のピントラスで，甲武鉄道（現在の中央線の一部）の建設にあたってもドイツ製のプレートガーダやトラス橋が輸入された．

　1906年（明治39年）から翌年にかけて実施された鉄道国有化によって，新たに帝国鉄道庁（のちに鉄道院に改称）が発足し，これを機会に会社ごとにまちまちであった鉄道の規格を統一することとなり，工形桁として1906年（明治39年）から翌年にかけて，達第10号，達第65号の標準設計が完成した．

5. 進化する鉄道施設

さらに，1909 年（明治 42 年）には，橋梁の設計荷重として米国鉄道技術協会（AREA）で用いられていたクーパー荷重を正式に採用することとなり，標準設計桁が次々と登場した。

（3） 設計・製造技術の国産化　橋梁を含めた鉄道構造物の設計を専門に行う組織として，1907 年（明治 40 年）に帝国鉄道庁に建設部技術課が設置されたが，組織はその後幾多の変遷を経て 1915 年（大正 4 年）には鉄道院工務局設計課となり，多くの橋梁技術者たちが在籍した。1913 年（明治 45 年）には，鋼製の山陰線・余部（餘部）橋梁が完成し，明治期における鉄道橋梁技術の集大成となった（**図 5.12**）。

図 5.12　余部橋梁（2010 年，コンクリート橋梁へ架け替え工事中）

ほぼ同時期には，外国製（英国，米国，ドイツ）に頼っていた鉄道橋梁の製造技術もしだいに国産化され，ようやく自らの技術で鉄道橋梁の設計・施工を行う体制が整えられた。また，この時期には橋梁の架設技術も新しい方式が開発され，1919 年（大正 8 年）にわが国最初の橋梁架設用操重車が完成した。

（4） 新技術への挑戦　1923 年（大正 12 年）の関東大震災に伴う震災復興にあたって，政府は帝都復興院（のちに復興局）を設置したが，実務にあたる技術者の多くは鉄道省からの出向者でかためられ，震災復興橋梁の設計にあたった。震災復興橋梁は道路橋であったが，異なるデザインの橋梁を採用するなどして，わが国の橋梁技術に新たな時代をもたらす契機となった。また，基

5.2 構造物のあゆみ

礎工事では，永代橋の工事でニューマチックケーソン工法が採用され，都市部の軟弱な地盤に大規模な基礎や地下室を構築する施工法として普及した．

鉄道橋でも新しい構造による橋梁が次々と完成するようになり，1932年（昭和7年）に完成した御茶ノ水～両国間高架線では，タイドアーチによる松住町架道橋，ランガーによる隅田川橋梁などが架設された（**図5.13**）．また，電気溶接技術の鉄道橋梁への適用も取組みが始まり，1935年（昭和10年）に全溶接橋梁として，東北線をまたぐ跨線道路橋として田端大橋が完成した．このほか，1935年（昭和10年）に完成した高徳線・吉野川橋梁では連続トラス橋が実現し，同年には佐賀線・筑後川橋梁（国指定重要文化財，**図5.14**），同・花宗川橋梁などの可動橋が架設された．

こうして鉄道橋梁の技術は戦前の絶頂期を迎えたが，戦火の拡大とともに鋼材の入手がしだいに困難となり，無筋コンクリートアーチ橋の設計や代用材である竹筋コンクリートの研究などに従事せざるを得なかった．

図5.13 隅田川橋梁　　　**図5.14** 筑後川橋梁（昇開中）

（5）**リベットから溶接へ**　太平洋戦争後の橋梁技術の発展は，戦災によって被災した橋梁の復旧が優先されたため，しばらく停滞を余儀なくされたが，やがて従来のリベット構造に代わって溶接構造が普及するようになり，1957年（昭和32年）には溶接鋼鉄道橋設計示方書が作成された．

戦後の復興とともに土木工事の需要は急速に拡大し，鉄道橋梁の種類は多種多様になった．国鉄では，1949年（昭和24年）に大臣官房研究所第四科の流れをくむ鉄道技術研究所の設計部門を施設局に編入して特殊設計課とし，さら

に1952年（昭和27年）には特殊設計室に改称し，1957年（昭和32年）には本社付属機関として構造物設計事務所が設立された。構造物設計事務所の設立により，設計部門の専門家が組織的にその機能を果たす体制が整えられた。特に，新幹線の建設が本格化するなかで，設計の標準化や新技術の開発などに果たした役割は大きく，同じ本社付属機関であった鉄道技術研究所とともに，国鉄のみにとどまらず，わが国の橋梁技術の発展に貢献した。

（6） つり橋の鉄道橋への適用　つり橋は，荷重や風によるたわみや揺れなどの変形量が大きいことから，鉄道用の橋梁としては適さず，適用例はほとんどない。1988年（昭和63年）に完成した本四備讃線（瀬戸大橋線）は，橋梁と陸上部の接続レールに特殊な伸縮装置を用いることで，下津井瀬戸大橋（橋長1 447 m），北備讃瀬戸大橋（橋長1 611 m），南備讃瀬戸大橋（橋長1 723 m）の三つのつり橋が，道路・鉄道併用橋として完成した（**図 5.15**）。

図 5.15　架設工事中の北備讃瀬戸大橋と南備讃瀬戸大橋

つり橋における列車走行時の問題点としては，橋梁のたわみによって生じる桁端の角折れと温度変化による桁の伸縮があり，緩衝桁を用いた伸縮装置が開発された。角折れは角折れ緩衝桁で，桁の伸縮は差込桁（可動桁）と側桁（固定桁）によって吸収され，伸縮量として±1.5 mまで対応が可能である。

5.2.2 鉄筋コンクリート橋梁の発達[2]

（1） 鉄筋コンクリート技術の導入 初期の鉄道橋梁は，鉄または煉瓦といった材料を用いたが，ほどなく鉄道橋梁の材料として鉄筋コンクリートが導入された。

わが国における最初の鉄筋コンクリート橋梁は，1903年（明治36年），京都の琵琶湖疏水に架設されたメラン（Melan）式鉄筋コンクリート橋梁であった。鉄道橋梁では，1907（明治40）年に山陰線に建設された径間わずか1.8mの島田川暗渠がその最初で，鉄筋コンクリートアーチ構造で完成した。その後，宇野線・田井橋梁，日豊線・青柳川橋梁などのコンクリートアーチ橋が完成し，煉瓦や石積みに代わる新たな構造としてしだいに普及した。

また，1910年（明治43年）には，海外の設計示方書を参考として，鉄筋コンクリート標準示方書が作成され，1914年（大正3年）には最初の鉄筋コンクリート橋梁の設計基準となった鉄筋混凝土橋梁設計心得が完成するなど，技術基準の整備も進んだ。1919年（大正8年）に外濠に架けられた外濠橋梁は，当時最大径間（38.1m）の鉄筋コンクリートアーチ橋として完成したほか，1925年（大正14年）には，東京～上野間市街線高架橋に径間32.9mの鉄筋コンクリートアーチ橋として神田川橋梁が完成し，変形懸垂曲線を用いたより合理的な設計を実現した。

（2） 鉄筋コンクリート橋梁の普及 鉄筋コンクリート橋梁は，従来の鉄桁に代わるものとして，より大規模なものが登場した。1920年（大正9年）に完成した内房線・山生橋梁は，海岸沿いに位置するため，鉄桁では塩害の影響が懸念されたため，鉄筋コンクリート橋梁として設計され，径間30フィート（9.1m）のT形断面の桁を16径間にわたって架設した。また，1932年（昭和7年）に完成した山陰線・惣郷川橋梁（山口県阿武町）も，海岸沿いの塩害を避けるため，鉄筋コンクリートラーメン橋梁として完成した（**図5.16**）。

一方，アーチ橋では，1937年（昭和12年）には高千穂線・綱の瀬橋梁と1939年（昭和14年）に完成した只見線・入谷川橋梁で径間45.0mに達し，戦前の最大径間となった。このほか，1936年（昭和11年）には深名線・ウツ

図 5.16 惣郷川橋梁

ナイ川橋梁が鉄筋コンクリート構造では初めてのゲルバー桁として架設された。

こうした鉄筋コンクリート橋梁は，戦時体制による鋼材統制で鉄桁に代わる代用材として検討されたケースもあり，一部では無筋によるアーチ橋なども建設された。

（3） **プレストレストコンクリート技術の導入**　プレストレストコンクリート（PC）の技術は，戦前から鉄道技術研究所で基礎的研究が進められていたが実用化には至らず，戦後になってまくらぎや橋梁，鉄道建築などへの適用が本格化した。そして，1954 年（昭和 29 年），仁杉 巖 などの研究成果に基づき，信楽線（現・信楽高原鉄道）・第一大戸川橋梁（国登録有形文化財）がポストテンション方式により製作・架設され，鉄道橋梁の新たな構造形式の出発点となった。

第一大戸川橋梁は，支間 30 m で完成したが，PC 技術の導入によってコンクリート橋梁は従来のトラス橋の領域にも進出できる可能性が示された。1957 年（昭和 32 年）に架設された東京都専用線・晴海橋梁では，3 径間連続の PC 桁が架設され，1960 年（昭和 35 年）に架設された日豊線・小丸川橋梁では，PC 箱形桁が採用されるなど，PC 橋梁は急速に普及し，東海道新幹線の工事でも広範に用いられた。

コンクリート橋梁は構造的に上路橋を基本として設計されたが，PC を用いた下路式のコンクリート桁も設計されるようになり，1960 年（昭和 35 年）に

神奈川臨海鉄道・浮島橋梁が完成し,翌年には七尾線・羽咋川橋梁が完成した。また,1973年（昭和48年）に完成した山陽新幹線広島市内入出庫線の岩鼻架道橋梁は,珍しいPCトラス橋として完成した。

PCを含むコンクリート橋梁は,鉄桁に比べて塗装の塗り替えが不要で,騒音が少ないという利点があるが,同じ支間で比較すると質量が重く,施工も時間がかかる。このため,両者の中間的な構造として鋼材とコンクリートを組み合わせた合成構造と呼ばれる構造も登場し（一般に鋼構造の一種として扱われる）,1954年（昭和29年）に大垣駅構内に架設された高屋川橋梁で初めて用いられ,しだいに普及した。

また,鉄筋コンクリートとPCの中間的な構造として,部分的にプレストレスを導入したパーシャルプレストレストコンクリート構造（PRC）も開発され,1984年（昭和59年）に桜井線・ボケラ橋梁で初めて用いられた。

5.2.3 山岳トンネルの発達[2),6),7)]

(1) 鉄道トンネルの登場　わが国では,江戸時代にも辰巳用水（石川県）や,箱根用水（神奈川県）などの用水路や,青の洞門（大分県）などのトンネルが掘削されていたが,鉄道技術とともに西洋から近代土木技術がもたらされ,同時に煉瓦やモルタルといった新たな材料が普及した。

わが国で最初の鉄道トンネルは,1874年（明治7年）に開業した大阪－神戸間で初めて建設された。この区間では六甲山麓から流れる天井川をくぐらなければならず,英国人技師の指導のもとに3本の短いトンネルが設けられた（大正時代にすべて跨線水路橋に改築されたため現存せず）。続いて,1878年（明治11年）〜1880年（明治13年）に,京都〜大津間に延長665mの逢坂山トンネルが建設されたが,鉄道技術の国産化をめざした井上勝の強い意志により,外国人技師を顧問の地位に退け,日本人のみの手によって工事が行われた。工事にあたっては,生野銀山から鉱夫を派遣するなど,日本の伝統的な鉱山技術や石工の技術が生かされ,トンネル技術は早い段階で外国人の手から離れた。そして1884年（明治17年）に,初の延長1kmを超えるトンネルとし

て北陸線・柳ヶ瀬トンネル（延長1 352 m）が完成し，1900年（明治33年）には2 kmを突破する篠ノ井線・冠着（かむりき）トンネル（延長2 656 m）が完成し，1904年（明治36年）には延長4 656 mの中央線・笹子トンネルが完成して，明治期における鉄道トンネル技術の集大成となった。

（2） **大正期～昭和戦前期のトンネル**　鉄道分野における長大トンネルの建設は，多くの建設費や工事期間を要し，また完成後も蒸気機関車による煤煙の問題があったため忌避される傾向にあった。しかし，大正時代になると電気鉄道による無煙化が可能となり，鉄道建設も幹線の整備から脊梁（せきりょう）山脈を横断する路線や短絡線の建設が主流となったため，これまで以上に長いトンネルが計画されるようになった。このため，施工法も従来の日本式堀削（頂設導坑先進工法の一種）では切羽の数が1か所に制約されたため，より急速施工が可能な掘削工法が求められるようになり，1914年（大正3年）に東海道線・新逢坂山トンネルで底設導坑先進方式の一種である，新オーストリア工法が適用されて，その後の長大トンネルの建設でさかんに用いられるようになった。

また，明治期のトンネルは，ほとんどが単線断面のトンネルであったが，大正時代になると延長の長い複線断面トンネルが建設されるようになり，1914年（大正3年）に完成した延長3 388 mの大阪電気軌道（現・近畿日本鉄道）・生駒（いこま）トンネルがその端緒となった（図5.17）。

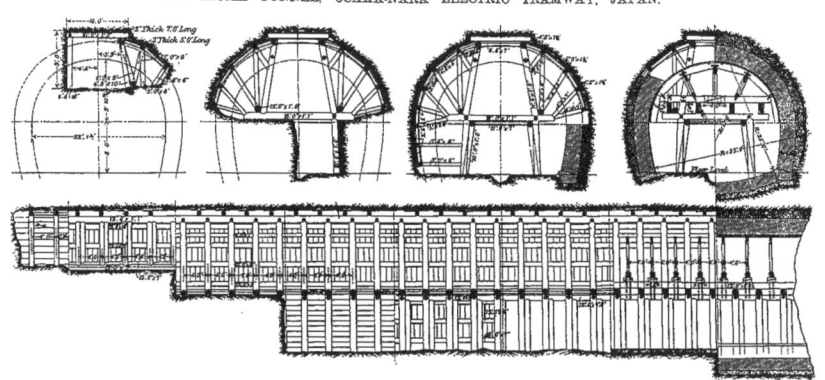

図5.17　生駒トンネルの日本式掘削による断面図

1918年(大正7年)に建設を開始した延長7804mの丹那トンネルは,膨張性の地質と大量の湧水に阻まれて17年間にわたる難工事となり,その後の補助工法の原点となる注入工や水平ボーリングなどの技術を駆使して1934年(昭和9年)に完成した。さらに,1922年(大正11年)に着工した延長9702mの清水トンネルは,硬い地山を克服し,1931年(昭和6年)に完成した。

1936年(昭和11年)に着工した関門トンネルは,世界最初の海底トンネルとして建設された。**図5.18**は下関側海底部(山岳工法)で用いられた木製支保工(しほこう)で,門司側は地盤が悪く,潜函工法,圧気工法,シールド工法などを適用して1942年(昭和17年)に完成した。こうした難工事を通じてトンネル技術は急速に進歩し,戦後のトンネル工事へとつながる基礎的な技術が確立されたが,関門トンネルを最後として,戦争のためにトンネル工事は途絶し,その技術は地下壕や地下軍需工場の建設に転用された。

(3) 鋼製支保工の導入と長大化する鉄道トンネル　1953年(昭和28年),天竜川水系の佐久間ダムの建設工事による水没に伴って,路線変更工事を行った飯田線のトンネル工事では,初めて古レールを用いた鋼製支保工が導入され,これと合わせて米国から輸入した最新の掘削機械による全断面掘削が試みられて,峯トンネル,大原トンネルが完成した。これらのトンネルは,機械化施工によって工期を大幅に短縮したほか,木製支保工に比べて施工が容易で,大きな作業空間を確保できる鋼製支保工の特長が発揮された。

また,1962年(昭和37年)に完成した北陸線・北陸トンネルは,延長13870mの長大トンネルとして完成し,複線断面トンネルの機械化施工や,斜坑や立坑を用いた工期の短縮,底設導坑先進上部半断面工法の確立など,のちの新幹線のトンネルや青函トンネルの建設にも大きな影響を与える存在となった(**図5.19**)。

国鉄では新技術の習熟と開発を行うために,戦前から直轄によるトンネル工事部隊が組織され,飯田線をはじめとして,紀勢線,北陸線,只見線などの建設で活躍したが,のちに青函トンネルの着工とともにその先進導坑の工事にあたった。

図 5.18　関門トンネルの下関側海底部の工事（木製支保工）

図 5.19　北陸トンネルの鋼製支保工と底設導坑先進方式による掘削

　昭和40年代は，新幹線や在来線の複線化工事などでトンネルの建設需要が一挙に拡大した時代で，トンネルの急速施工や機械化に対する関心が高まった。トンネルボーリングマシンの実用化は，1963年（昭和38年）頃から工業技術院資源技術試験所で開発が進められ，水力発電所の工事で試用されていたが，国鉄ではこれを改造して1967年（昭和42年）には北陸線・木ノ浦トンネルの導坑の掘削に用いた。また，1966年（昭和41年）にはウォールマイヤー製の機械が青函トンネルの渡島福島の試験坑で使用されたほか，山陽新幹線・高塚山トンネルで，米国のメムコ社からビックジョンと呼ばれる堀削機が導入され急速施工に威力を発揮した。

　しかし，こうしたトンネル掘削機は掘進速度の向上に貢献したものの，わが国の複雑な地質に適応させることが難しく，のちに発電所の水圧管路の斜坑や，小口径のトンネルなどで用いられ，鉄道分野では普及しなかった。

　新幹線の建設では目的地を最短距離で結ぶ路線選定が重視され，長大トンネルが各地で建設される契機となった。そして，山陽新幹線では延長 16 250 m の六甲トンネルや延長 18 713 m の新関門トンネルが完成し，続く上越新幹線では，陸上トンネルとしては世界最長（当時）となった延長 22 221 m の大清水トンネルや延長 15 350 m の榛名トンネル，のちにNATMを最初に適用した延長 14 357 m の中山トンネルなど，延長 10 km を超えるトンネルが次々と完成するようになった。

一方,在来線では電化や複線化,防災などによる路線の付け替え,既設路線の短絡,山岳部の地方交通線などで長大トンネルが多数掘削された。1971年(昭和46年)に完成した延長6 359 mの只見線・六十里越トンネル,延長6 173 mの長崎線・長崎トンネル,1975年(昭和50年)に完成した延長10 285 mの武蔵野線・生田トンネルなどがこの時期に建設されたおもな在来線の長大トンネルである。

1964年(昭和39年)に調査坑の建設に着手した青函トンネルは,延長53 850 mに及ぶ世界最長の鉄道トンネルで,1972年(昭和47年)には本坑の掘削に着手し,1983年(昭和58年)に先進導坑が開通,1988年(昭和63年)に開業した。青函トンネルでは,切羽前方の地質状況の把握のための先進ボーリング,トンネル周辺地山の改良と止水のための薬液注入工法,地山の緩みを早期に抑制するための吹付けコンクリートなどの新しい技術が用いられた(図5.20)。

こうした長大トンネルが誕生した背景には,①トンネル技術の進歩(特に機械化施工の普及や斜坑・立坑などを用いた工期短縮技術の進歩)により,長大トンネルの合理的な設計・施工が可能となったこと,②動力近代化の進展によって蒸気機関車の煤煙の問題が解消されたこと,③鉄道の高速化(特に

(a) 先端部と支保工　　　(b) 覆工コンクリート

図5.20　青函トンネルの掘削(1980年,吉岡方海底)

新幹線の登場）により，目的地を緩勾配かつ最短距離で結ぶ路線選定が優先されるようになったこと，などが挙げられる。

（4） **他分野にさきがけた NATM の導入**　新幹線などの高速鉄道の出現で路線選定に直線性が求められるようになると，地形や地質条件の難しい地山であっても，あえてこれを掘削するようになり，こうしたニーズに臨機応変に対応できる新しいトンネルの施工法が求められた。NATM（ナトム）は，1950年代にオーストリアやドイツで発達した地下空間の施工法で，1964 年（昭和 39 年）にオーストリア・グラーツ工科大学教授のラディスラウス・フォン・ラブセビッツが「New Austrian Tunneling Method」と題した論文を「Water Power」誌上に発表して理論化された。NATM は，鋼製支保工，吹付けコンクリート，ロックボルトを主たる支保材料として，計測や解析によって地山の挙動を把握しつつ掘削するトンネルの施工法で，従来の工法に比べて地質に応じた支保材料の選択が容易に可能で，日本の複雑な地質にもフレキシブルに対応できる合理的な山岳トンネルの施工法として急速に普及した。吹付けコンクリートやロックボルトは，すでに在来線のトンネル工事など個別に用いられていたが，これを組み合わせながらより合理的なトンネル工事を可能とした点に NATM の特徴があった（図 5.21）。

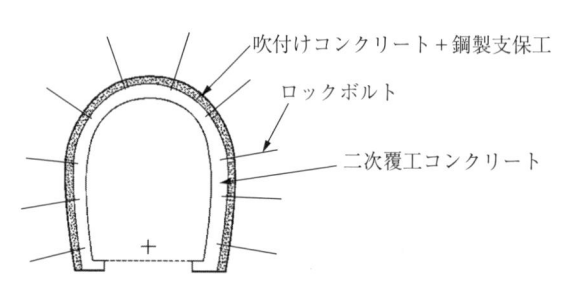

図 5.21　NATM の標準的な設計断面

NATMは，すでにヨーロッパの水力発電所や地下鉄の工事などで適用されていたが，わが国に紹介されたのは1974年（昭和49年），京都大学の岡行俊によるものが最初といわれ，さらにオーストリアやスイスで施工現場を視察した調査団などによって，その概要が知られるようになった。こうした背景のもとに，国鉄と鉄道公団（現・鉄道・運輸機構）では，それぞれNATMを実施するための機運が高まり，1976年（昭和51年），鉄道公団によって工事が進められていた上越新幹線・中山トンネルの難工事区間でその最初の適用が試みられた。また，国鉄では1978年（昭和53年）に東北新幹線の第一平石トンネルほか，4トンネルをNATMの試験施工現場に選び，土かぶりの薄い未固結地山という困難な条件を克服して完成させた。

これらの試験施工によってNATMの適用に自信を深めた国鉄では，1977年（昭和52年）より，本社技術課題として「NATM工法によるトンネルの設計・施工法に関する研究」を，また，翌年には「土砂トンネルへのNATM工法の適用に関する研究」を取り上げ，本社，鉄道技術研究所，構造物設計事務所，各現業機関などが一体となって，その技術開発に取り組むこととなった。そして，外房線・新勝浦トンネル，篠ノ井線・第三白坂トンネル，中央線・塩嶺トンネル，日豊線・大崎山トンネルなどでも試験施工が行われ，1979年（昭和54年）の段階ですべてのトンネルに対してNATMが適用されるに至った。さらに1982年（昭和57年）には，技術基準として「NATM設計・施工指針（案）」が制定されて，トンネルの標準工法として位置付けられた。

NATMの導入によって掘削工法に対する自由度も増し，トンネル周辺地山が本来持っている支保機能を最大限に生かし，周辺地山をできる限り緩めない掘削工法が選択できるようになった。また，掘削断面を分割する加背割は，基本的に鋼製支保工時代のものが踏襲され，上部半断面先進工法はベンチカット工法として，側壁導坑先進上部半断面工法はサイロット工法として継承された。このうち，ベンチカット工法は縦断面方向のベンチ長に応じて，ロングベンチカット，ショートベンチカット，ミニベンチカットなどが工夫され，地質の変化（特に切羽の自立性）に対してフレキシブルな施工が可能となった。また，

切羽の自立する地山では全断面工法が採用されたほか，都市部などで地表面沈下を抑制する施工法として，側壁導坑先進工法，中壁分割工法（CD工法，CRD工法）なども用いられた。

NATMはほどなく，道路トンネルや水力発電所のトンネルなどにも用いられるようになり，1986年（昭和61年）改訂の土木学会「トンネル標準示方書（山岳編）・同解説」で，山岳トンネルの標準工法として位置付けられて現在に至っている。

（5）**NATMの展開**　国鉄では，NATMのいち早い普及を目指すために，その技術基準の作成を開始し，1984年（昭和59年）には「NATM設計・施工指針（案）」を完成させた。特に設計では，地山等級に応じて各種の支保工をシステマティックに組み合わせるというNATMの特長が生かされた。また，設計の手段としては，コンピュータの発達とともに膨大な計算を必要とするFEM（有限要素法）などの数値解析技術がトンネルの力学的挙動に対しても適用されるようになり，地山をモデル化することによってトンネルの変形挙動を事前にシミュレーションすることが可能となった。数値解析は，計測データと比較検証され，さらに改良が加えられた。このほか，計測による施工管理の考え方や，岩盤力学などの知識が取り入れられるなど，それまで経験に頼っていたトンネル工事に対して，ようやく定量的な考え方が導入されるようになった。

NATMの普及期における代表的な施工例としては，膨張性地山を克服した篠ノ井線・第一白坂トンネル，第二白坂トンネル，中央線・塩嶺トンネル，土かぶりの小さい未固結地山を掘削した鹿島線・大貫トンネル，仙台市営地下鉄南北線・夕日が丘トンネル，駅部大断面を掘削した福知山線・名塩（なじお）トンネル西宮名塩駅，横浜市営地下鉄3号線・三ツ沢下町駅，三ツ沢上町駅，超近接による四つ目トンネルとして施工された本四備讃線鷲羽（わしう）トンネルなどがある。また，トンネルの電化改築や補強・補修，耐震補強の手段として，吹付けコンクリートやロックボルトなどが用いられるようになり，東海道線・品濃（しなの）トンネル，中央線・小渕第一トンネル，田沢湖線・松倉トンネルなどで適用された。

このほか，海外への技術協力としては，1983年（昭和58年）に，韓国・ソ

ウル市地下鉄工事のNATM施工にあたって，また，1985年（昭和60年）に中国鉄道部・大揺山トンネルのNATM施工にあたって，それぞれ国鉄，鉄道公団から技術者が派遣されて指導にあたり，東アジア地域におけるNATMの普及に貢献した．

NATM以降のトンネル工事としては，国鉄から継承したJR東日本信濃川水力発電所のトンネル工事で，吹付けコンクリートの代わりに，TSL工法と呼ばれるベルト式型枠を用いたコンクリート塗付け工法が採用されたほか，ECLと称するシールド機械を用いた直打ちコンクリートライニング工法が適用され，1990年（平成2年）に完成した．

都市トンネルでは，京葉線東京駅東端部の72 m区間でNATMが採用されたが，複線トンネルから2面4線の地下駅に接続するアプローチ部分に適用されたもので，サイロット工法と垂直縫地ボルト，薬液注入工法などの補助工法を併用して1990年（平成2年）に完成した．また，東葉高速鉄道・習志野台トンネルでは，習志野台駅（1面2線・島式ホーム）を含む区間でCRD工法と呼ばれる分割施工を実施して，地表面沈下の抑制に効果を発揮した．このほか，東葉高速鉄道・勝田台トンネルでは，土かぶりの薄い未周結地山に対してプレライニング工法が適用され，良好な成績を収めた．

北陸（長野）新幹線では，延長15 175 mの五里ケ峯トンネルをはじめ，24本のトンネルが建設され，高崎-長野間全線の51％をトンネルが占めた．このうち，五里ヶ峯トンネルでは，急速施工を行うために，長孔発破工法やコンテナ輸送によるずり運搬が採用され，最大月進281 mを記録するに至り，1997年（平成9年）に開業した．

5.2.4 シールドトンネルの発達[8]

（1）戦前のシールドトンネル　シールド工法によるトンネルの掘削は，英国の技師（フランス人），アイザムバード・ブルネル親子によって1818年に特許が出願され，1843年にテムズ川の河底トンネルを完成させたものが最初である．当時は，人道用であったが，のちに地下鉄用に転用され，現在もイー

ストロンドン線の一部として使用され続けている。その後，1869年にはジェームズ・ヘンリー・グレートヘッドにより改良されたシールド掘削機が，テムズ川の河底のトンネルで用いられ，1886年には圧気による止水を併用した地下鉄トンネルが完成し，都市部にトンネルを掘削する施工法としてしだいに普及した。

わが国では，1921年（大正10年）に膨張性の地質によって難工事となっていた羽越線折渡トンネルの膨圧区間で，わが国最初のシールド工法が適用されたが（**図5.22**），機械の姿勢制御などに手間取り，十分な能力を発揮するには至らなかった。その後1926年（大正15年）には丹那トンネルの水抜坑を掘削するために，小断面のシールド掘削機が用いられたが，これらの事例は，いずれも山岳トンネルの不良地質区間を克服するために一部区間に用いられたものであった。

図5.22　折渡トンネルで用いられた日本最初のシールド掘削機

1942年（昭和17年）に世界最初の海底トンネルとして完成した関門トンネルでは，海底部の本坑を掘削するためにシールド掘削機が開発され，ニューヨーク地下鉄のハドソン川河底トンネルの視察を終えた技術者たちによって外径7mの掘削機が適用された。日本における戦前のシールドトンネルの適用例は，折渡，丹那，関門の三つのトンネルのみであったが，すでに外国の文献などを参考としながらも国産技術で機械を開発し，これを適用するレベルにあった。

（2）**ルーフシールドと円形シールド**　　戦後の地下鉄工事の拡大ととも

に，わが国のシールドトンネルの適用例は急速に進み，都市の軟弱な地盤の深部を掘削でき，地表面に対する影響も少ないトンネル施工法として用いられた．

1957年（昭和32年）には，交通営団・丸ノ内線の首相官邸付近の掘削工事でルーフシールド工法が採用され（**図5.23**），1961年（昭和36年）の名古屋市営地下鉄東山線・覚王山付近で，外径6.6mの円筒形シールド掘削機が用いられ，圧気を併用した．

図5.23 交通営団・丸ノ内線のルーフシールド

1970年（昭和45年）に開業した近畿日本鉄道の難波線では，外径10.0mの複線断面シールド掘削機が用いられ，さらに1985年（昭和60年）に開業した東北新幹線・第二上野トンネルでは，外径12.7mの複線シールド掘削機が用いられた．

初期のシールドの掘削方法は，手掘りによる人力施工によるものが大半であったが，半機械掘式，機械掘式などの掘削機も開発された．これらはいずれも開放形シールドと呼ばれ，地山の掘削面が前方に露出するため，山留や薬液注入工法，圧気などを併用しながら掘削面（切羽）の安定を保ちつつ掘削する必要があり，軟弱な地盤や大断面での施工が難しかった．

こうした問題を解決するため，密閉式シールドが開発され，ビットを取りつけたカッターを回転させながら掘削する方式が一般的となった．密閉式シールドでは，掘削面を安定させるために泥水などを掘削面に充てんし，撹拌しなが

ら掘削土砂を排出する方法が採用され，掘削面を安定させる方式によって，泥水式，土圧式，泥土圧式などの種類に区分されている。

　シールドトンネルは掘削機の断面形状によって支配されるため，複線鉄道で円形断面を用いるとむだな空間が多くなるが，1990年（平成2年）に開業したJR東日本・京葉線の工事では，世界で最初の試みとして，円形の単線トンネルを2本同時に掘削できるMF（multi face）シールドと呼ばれる掘削機が開発され，その後の特殊断面を掘削できるシールド掘削機の開発の先がけとなった。

付　　　　録

1. 車両諸元

付表1　内燃（ディーゼル）機関車の諸元例

形　式	DF 50 形	DD 13 形	DD 51 形	DE 10 形	DE 15 形	DF 200 形
用　途	亜幹線用	入換え用	本線用	両用	除雪兼用	本線用
軸配置	B-B-B	B-B	B-2-B	AAA-B	AAA-B	B-B-B
運転整備質量〔トン〕	85.7	56.1	84.0	65.0	65.0	96.0
機関形式	8LDA25A	DMF31S	DML61S	DML61ZA	DML61ZA	12V396
機関出力〔ps〕	1 060	370×2	1 000×2	1 250	1 250	1 700×2
動力伝達方式	電気式	液体式				電気式
最高速度〔km/h〕	90	70	95	85	85	110
ブレーキ方式	自動空気ブレーキ					*1
製造初年〔年〕	1956	1958	1962	1966	1968	1992
製造両数	138	416	649	708	58	15 *2

注）*1　電気指令式自動空気ブレーキ，発電ブレーキ併用
　　*2　2010 年現在

付表2　内燃（ディーゼル）動車の諸元例

形　式	キハ 17 系（国鉄）	キハ 181 系（国鉄）	キハ 65 系（国鉄）	2000 系（JR 四国）	200 系（JR 九州）	キハ 283 系（JR 北海道）
用　途	一般	特急	急行	特急	一般	特急
空車質量〔トン〕	30.4	44.2	42.9	39.0	34.6	254.3/6 両
機関形式	DMH17B	DML30 HSC	DML30 HSD	SA6D 125-H 直噴式	DMF13 HZA 直噴式	N-DMF11 HZA 直噴式
機関出力〔ps〕	160	500	500	330×2	450	355×2
動力伝達方式	液体式					
最高速度〔km/h〕	95	120	95	120	110	130
ブレーキ方式	自動空気ブレーキ	電磁自動・機関ブレーキ	電磁自動空気ブレーキ	電気指令式空気ブレーキ 機関・排気ブレーキ	排気ブレーキ	
台車	揺枕つり式	リンク式ボルスタレス式，枕ばね（空気ばね）*		ボルスタレス式，制御付き振子	ボルスタレス式	ダイレクトマウント式，自己操舵・制御付き振子
製造初年〔年〕	1953	1968	1969	1989	1991	1995
製造両数	402	158		—	—	—

注）*1 台車 2 軸駆動のため，枕ばりと心皿を用いず，引張力伝達にリンクを使用

付表3 通勤形直流電車の諸元例

形式	103系	205系	209系	E231系0番台	321系
M/T比	6M4T	6M4T	4M6T	4M6T	6M1T[*1]
編成質量（自重）〔トン〕	363.1	294.5	240.7	255	232.8
車体	鋼製	ステンレス製			
最高速度〔km/h〕	100	110		120	
加速度〔km/h/s〕	2.3	2.5			
常用減速度〔km/h/s〕	3.5			4.2	3.5
歯数比	6.07		7.07		6.53
主電動機	直流電動機			誘導電動機	
定格出力〔kW〕	110	120	95		270
力行制御方式	抵抗制御（多段式電動カム軸制御器）	界磁添加励磁制御・抵抗制御	3レベルインバータ制御（GTO）1C4M	3レベルインバータ制御（IGBT）1C4M	2レベルインバータ制御（IGBT）1C2M[*1]
ブレーキ方式	発電ブレーキ併用電磁直通ブレーキ	回生ブレーキ併用電気指令式空気ブレーキ[*2]			純電気ブレーキ（制御）
台車	揺枕つり式	ボルスタレス式			
製造初年	1964	1985	1991	2000	2005

注）*1 0.5M方式（2台車のうち，1台車のみ電動台車）
　　*2 E231系500, 800番台は純電気ブレーキ（制御）

付表4 交流・交直流電車（在来線）の諸元例

形式	485系	721系(1～5次車)	783系	883系	E531系
	DC1500V/AC20kV 50/60Hz	AC20kV 50Hz	AC20kV 60Hz	AC20kV 60Hz	DC1500V/AC20kV 50Hz
M/T比	8M5T	2M1T	3M2T	3M4T	4M6T
編成質量〔トン〕（自重）	533.8	134.9	180.0	264.3	347.0
車体	鋼製	ステンレス製			
最高速度〔km/h〕	120（基本値）	120	130		
歯数比	3.5	4.82	3.95	4.83	6.06
主電動機	直流電動機			誘導電動機	
定格出力〔kW〕	120	150	150	190	140
力行制御方式	シリコン整流器・抵抗・直並列制御	混合ブリッジ整流器	純ブリッジ整流器	混合ブリッジ・VVVFインバータ制御	PWMコンバータ・VVVFインバータ制御
ブレーキ方式	発電ブレーキ併用電磁直通空気ブレーキ	電気指令式空気ブレーキ			
		発電ブレーキ併用	回生ブレーキ併用	発電ブレーキ併用	回生ブレーキ併用
台車	インダイレクトマウント式	ボルスタレス式		ボルスタレス式,制御付振子	ボルスタレス式
製造初年	1968	1988	1987	1994	2005
備考	北陸～奥羽（白鳥）	千歳線・函館線（近郊）	長崎線（かもめ）	日豊線（にちりん）	常磐線（近郊）

1. 車両諸元

付表5 新幹線電車の諸元例

形式	0系	100系	300系	E4系	N700系	E5系
M/T比	16M	12M4T	10M6T	4M4T	14M2T	8M2T
編成質量(自重)〔トン〕	895	848	642	428	700（定員）	455
車体	鋼製	鋼製	アルミ製	アルミ製 総2階建て	アルミ製	アルミ製
定員〔名〕	1 285	1 285	1 323	817	1 323	731
最高速度〔km/h〕	220	東海道 220 山陽 230	270	240	東海道 270 山陽 300	300 (320)
主電動機	直流直巻電動機	直流直巻電動機	誘導電動機	誘導電動機	誘導電動機	誘導電動機
定格出力〔kW〕	185	230	300	420	305	300
歯数比	2.17	2.41	2.96	3.62	2.79	2.645
車輪径〔mm〕	910	910	860	910	860	860
力行制御方式	低圧タップ制御，シリコン整流器	サイリスタ位相制御整流器	PWMコンバータ・VVVFインバータ GTO[*1]	PWMコンバータ・VVVFインバータ GTO[*1]	PWMコンバータ・VVVFインバータ IGBT[*2]	PWMコンバータ・VVVFインバータ IGBT[*2]
ブレーキ方式	電磁直通ブレーキ	電気指令式空気ブレーキ	電気指令式空気ブレーキ	電気指令式空気ブレーキ	電気指令式空気ブレーキ	電気指令式空気ブレーキ
	発電ブレーキ併用	発電ブレーキ併用	回生ブレーキ併用	回生ブレーキ併用	回生ブレーキ併用	回生ブレーキ併用
台車	ダイレクトマウント式	ダイレクトマウント式	ボルスタレス式	ボルスタレス式	ボルスタレス式・車体傾斜式	ボルスタレス式・車体傾斜式
製造初年〔年〕	1964	1985	1990	1997	2005	2011

注）[*1] GTO 2レベル PWMコンバータ＋GTO 2レベル PWMインバータ
　　[*2] IGBT 3レベル PWMコンバータ＋IGBT 3レベル PWMインバータ

付表6 直流電気機関車の諸元例

形式	EF 53形	EF 10形	EF 65形 (1 000番台)	EF 210形	EH 200形
種類	旅客用	貨物用	客貨両用	貨物用	貨物用
軸配置	2C＋C2	1C＋C1	B-B-B	B-B-B	(B-B)-(B-B)
全長〔m〕	19.92	18.38	16.5	18.2	25.0
運転整備質量〔トン〕（動輪上）	98.9 (73.3)	97.5 (81.5)	96.0	100.8	134.4
最高速度〔km/h〕	95	75	110	110	110
歯数比	2.63	4.15	3.83	5.13	5.13
主電動機 定格出力〔kW〕	直流電動機 230	直流電動機 230	直流電動機 425	誘導電動機 565	誘導電動機 565
力行制御方式	抵抗制御	抵抗制御	抵抗制御	インバータ・ベクトル制御	インバータ・ベクトル制御
	電空単位スイッチ式制御器	電空単位スイッチ式制御器	電動カム軸制御器	1C2M，1C1M (100番台)	1C1M
ブレーキ方式	自動空気ブレーキ	自動空気ブレーキ	自動空気ブレーキ	電気指令式自動空気ブレーキ (発電ブレーキ併用)	電気指令式自動空気ブレーキ (発電ブレーキ併用)
製造初年〔年〕	1932	1934	1964	1996	2001
備考	電気方式：DC1 500 V，車輪径：1 120，けん引装置：心皿式，駆動装置：つり掛式				

付表7 交流・交直流電気機関車の諸元例

形 式	ED 72形 (3-22)	ED 75形	EF 81形	EH 500形	EF 510形
電気方式	AC 20 kV　60 Hz	AC 20 kV　50 Hz	DC 1 500 V/AC 20 kV　50/60 Hz		
種 類	客貨両用			貨物用	
軸配置	B-2-B	B-B	B-B-B	(B-B)-(B-B)	B-B-B
全 長〔m〕	17.4	14.3	18.6	25.0	19.8
運転整備質量 (動輪重)〔トン〕	87.0 (16.0)	67.2 (16.8)	100.8 (16.8)	134.4 (16.8)	100.8 (16.8)
最高速度〔km/h〕	100	100	110	110	110
けん引装置	逆ハリンク式	Zリンク式	心皿式	心皿式	心皿式
歯数比	4.44	4.44	3.83	5.13	5.13
主電動機 定格出力〔kW〕	直流電動機 475	直流電動機 475	直流電動機 425	誘導電動機 565	誘導電動機 565
力行制御方式	高圧タップ制御・ 弱め界磁・ 水銀整流器	低圧タップ制御・ タップ間電圧連 続位相・弱め界磁	シリコン整流器・ 抵抗制御(電動 カム軸制御器)	PWMコンバータ・ インバータ制御	
ブレーキ方式	自動空気ブレーキ			電気指令式自動空気ブレーキ (発電ブレーキ併用)	
製造初年〔年〕	1962	1963	1968	1997	2001
備 考	動輪径：1 120 mm　駆動装置：つり掛式				

2. 蒸気機関車・内燃車・電気機関車の構造図

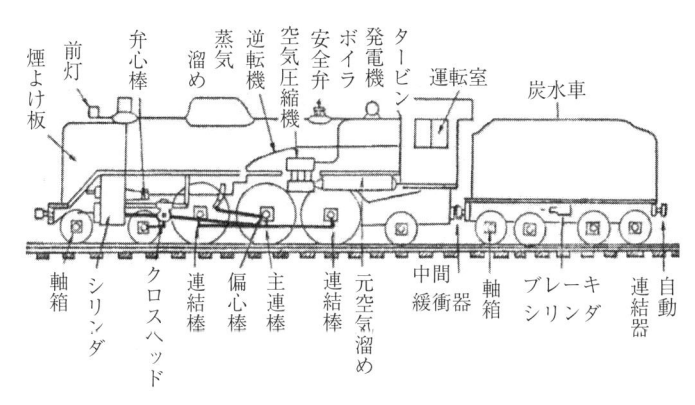

付図1 テンダ式 C57 形蒸気機関車〔われらの国鉄（1966）〕

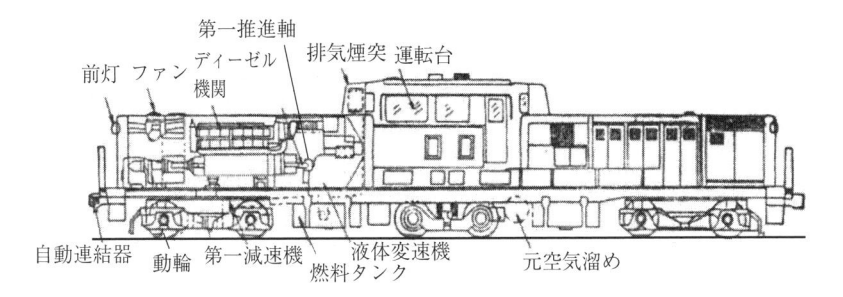

付図2 DD51 形ディーゼル機関車〔われらの国鉄（1966）〕

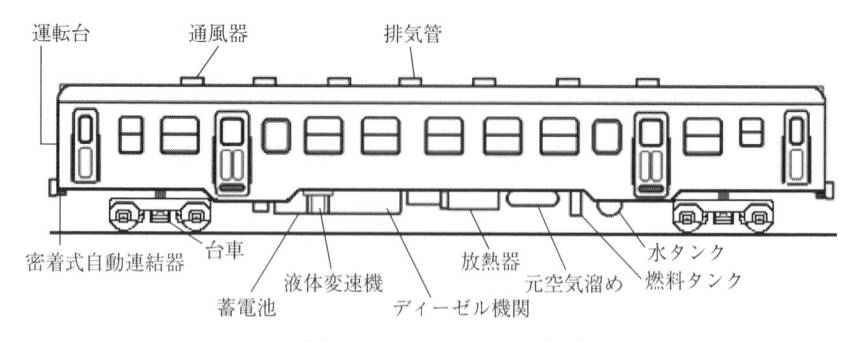

付図3 キハ20系ディーゼル動車

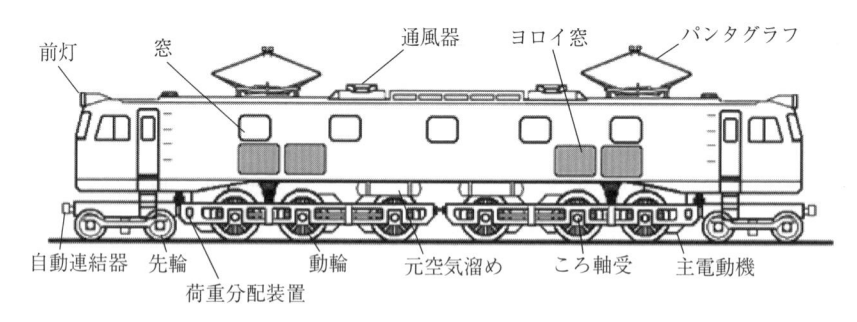

付図4 EF58形電気機関車

3. 年　表

付表 8　鉄道に関するおもな出来事

西暦	和暦	月	一般事項・法律・海外の鉄道	月	日本の鉄道
1825	文政 8	9	スチーブンソンによる世界最初の蒸気鉄道が開業（英国）		
1855	安政 2	10	薩摩藩が日本初の蒸気船の試運転に成功	8	佐賀藩で中村奇輔，田中久重，石黒寛次が日本初の蒸気車模型を製作
1872	明治 5	7	日本全国に郵便施行	10	新橋〜横浜間（29 km）鉄道開業
1876	明治 9	3	アレキサンダー・グラハム・ベルが電話の実験に成功（米国）	9	大阪〜京都間が開通 初めて鍛鉄製平底レールを採用
1879	明治 12	5	ジーメンス・ハルスケ社がベルリン勧業博覧会に電気鉄道を出展	7	新橋の作業場（新橋工場）で下等級客車を製作
1880	明治 13	-	ニュージャージ州メンロパーク研究所でエジソンが考案した電気機関車を運転（米国）	10	官営幌内鉄道手宮〜札幌間開業
1882	明治 15	3	上野公園に農商務省博物館新館が開館・付属施設として上野動物園が開園	6	東京馬車鉄道が日本初の馬車鉄道を運行（軌間 1 372 mm・1903 年に路面電車化して東京電車鉄道になる）
1889	明治 22	5	第 4 回パリ万国博覧会（エッフェル塔完成）	7	東海道線新橋〜神戸間全通
1890	明治 23	8	藤岡市助（白熱舎）による炭素線電球の製造開始	5	第 3 回内国勧業博覧会で東京電燈（藤岡市助）が米国製電車を公開
1891	明治 24	3	度量衡法公布（1951 年計量法公布で廃止）	9	日本鉄道・東北線上野〜青森間全通
1892	明治 25	6	鉄道敷設法を公布	7	逓信省鉄道庁となる
1893	明治 26	10	日本郵船会社が青森〜函館〜室蘭間に定期航路を開設	4	直江津線（1906 年に信越線）全通・横川〜軽井沢間の碓氷峠でアプト式とドイツ製蒸気機関車 3900 形を採用
				6	官鉄神戸工場で国産初のタンク式 860 形機関車を製作
1895	明治 28	夏	M.G.マルコーニによる無線通信の発明（イタリア）	1	京都電気鉄道・日本初の電車運行開始
1900	明治 33	3 5	鉄道営業法・私設鉄道法を公布 大阪の三木書店から「鉄道唱歌」第一集発売	4	山陽鉄道・日本初の寝台車（定員 16 名）の誕生
1906	明治 39	3	鉄道国有法公布	3	日本・山陽・九州など大手私設鉄道 17 社を国が買収
1908	明治 41	5	南満洲鉄道（満鉄）全線広軌（1 435 mm）鉄道で開通	3	青函航路の直営開始・比羅夫丸就航
				12	帝国鉄道庁が鉄道院に改組
1909	明治 42	9	山田式第一号飛行船が大崎〜駒場間を初飛行（最初の国産飛行船）	4	関西線で蒸気動車の運行開始
				12	鹿児島線門司〜鹿児島間全通

西暦	和暦	月	一般事項・法律・海外の鉄道	月	日本の鉄道
1910	明治43	3	電気事業法公布	6	宇高連絡船（宇野〜高松）の就航
		4	軽便鉄道法の公布（私設鉄道法に比し規制緩和）		
		-	スイスで単相交流 16⅔ Hz・15 kV 電化開発		
1911	明治44	4	日本初の所沢飛行場の開場	5	中央線御茶ノ水〜名古屋間が全通
1912	明治45	-	ニューヨークで交流 25 Hz・22 kV・AT き電方式電化	5	信越線横川〜軽井沢間を直流 600 V 下面接触第三軌条で電化
1914	大正3	7	第一次世界大戦勃発（1918年11月終結）	12	東京駅開業
1919	大正8	4	地方鉄道法公布（私設鉄道法と軽便鉄道法が統合）	7	鉄道院に鉄道電化調査会発足
1923	大正12	9	関東大震災（M7.9）	4	大阪鉄道・大阪天王寺〜布忍間で初の直流 1 500 V 電化
1925	大正14	3	東京放送局ラジオ試験放送開始	7	客車・機関車・貨車の自動連結器取替工事の施工
				10	神田〜上野間が開通し，山手線が環状運転になる
1927	昭和2	9	改正電気事業法施行	12	東京地下鉄道・浅草〜上野間が開業（直流 600 V 上面接触第三軌条）
1928	昭和3	3	世界初のテレビジョン実験成功（浜松高等工業・高柳健次郎）	6	高野山鉄道が日本初の電力回生（直流 1 500 V）運転
1930	昭和5	8	東京〜大阪間の写真電送が朝日新聞社で開始	2	東海道線大垣〜美濃赤坂間で国産ガソリン動車の運転開始
				10	東京〜神戸間に特急列車「燕」号の運転開始
1931	昭和6	8	東京飛行場（現・羽田空港）開場	9	全長 9 702 m の清水トンネルが開通・上越線が全通
1933	昭和8	7	山形で気象観測史上初の 40.8℃ を観測	5	大阪市地下鉄・梅田〜心斎橋間が開業（直流 750 V 上面接触第三軌条）
1934	昭和9	11	南満洲鉄道に「あじあ」号がデビュー	12	1918 年に着工した丹那トンネル（7 804 m）が開通
1939	昭和14	5	NHK 無線テレビ実験放送公開	1	東京高速鉄道・新橋〜渋谷間が開業（直流 600 V 上面接触第三軌条）
				9	東京地下鉄道と東京高速鉄道が相互乗入れ・銀座線が実現
1941	昭和16	8	配電統制令・電鉄業と電力業が分離	7	帝都高速交通営団法が公布され，東京地下鉄道と東京高速鉄道が交通営団に吸収
		12	太平洋戦争勃発		
1942	昭和17	4	配電統制令により配電会社 9 社が発足	6	関門トンネル直流 1 500 V 電化工事完成（下り線開通）

3. 年表

西暦	和暦	月	一般事項・法律・海外の鉄道	月	日本の鉄道
1945	昭和20	8	太平洋戦争（第二次世界大戦）終戦	8	八高線で列車衝突事故（死者104名・負傷者67名）
1948	昭和23	6	ベル研究所・トランジスタの発明を発表	8	武蔵境変電区に鉄道技研の高速度遮断器実験所を設置
1949	昭和24	5	日本国有鉄道法施行	6	公共企業体「日本国有鉄道」の誕生
1951	昭和26	-	フランス国鉄・商用周波交流電化の実用試験成功	4	桜木町事故（電車焼損：死者106名・重軽傷者92名）
1953	昭和28	2	NHKテレビ放送開始	9	国鉄に交流電化調査委員会を設置
1954	昭和29	9	青函連絡船洞爺丸が台風15号により遭難	1	丸ノ内線池袋～お茶ノ水間直流600V上面接触第三軌条で開業
1956	昭和31	10	高さ155.5mの佐久間ダムが完成	11	東海道線全線直流1500V電化完成
1957	昭和32	8	東海村の原子力研究所で「原子の火」	7	小田急3000系SE車運行開始
				9	仙山線仙台～作並間交流50Hz・20kV・BTき電で電化
		10	ソ連が世界初の人工衛星「スプートニク1号」の打上げに成功	10	北陸線田村～敦賀間交流60Hz・20kV・BTき電で電化
1958	昭和33	12	東京タワー（日本電波塔・高さ332.6m・海抜351m）が完成	4	山陽線明石～姫路間の変電所および，東北線大宮～宇都宮間の変電所を完全無人化し，初の集中監視制御
				11	東京～大阪・神戸間，151系特急電車「こだま」運転開始
1959	昭和34	6	メートル法完全実施・尺貫法廃止	11	汐留～梅田間にコンテナ特急「たから」運転開始
1960	昭和35	9	カラーテレビ放送開始	2	座席予約装置（MARS-1）が東京駅に設置され使用開始
				5	都営1号線・直流1500Vカテナリ方式で京成電鉄と相互乗入れ
1961	昭和36	4	ソ連が世界初の有人宇宙船「ウォストーク1号」打上げに成功	3	日比谷線南千住～仲御徒町間直流1500V剛体電車線で開通
1962	昭和37	7	戦後初の国産旅客機YS-11完成	5	三河島列車多重衝突事故（死者160名・負傷者296名）
				5	日比谷線・人形町延伸 東武伊勢崎線と北千住で相互乗入れ
1964	昭和39	10	東京オリンピック	10	東海道新幹線交流25kV・BTき電方式で開業・0系新幹線電車
1967	昭和42	8	公害対策基本法公布	6	(社)日本民営鉄道協会発足・私鉄経営者協会解散
1968	昭和43	5	十勝沖地震（M7.9）	8	東北線全線電化（交流20kV・BTき電）および複線化完成
				10	国鉄白紙ダイヤ改正（ヨンサントオ）
1969	昭和44	7	米国のアポロ11号月着陸	4	フレートライナー運転開始
				5	等級制の廃止・グリーン車の誕生

西暦	和暦	月	一般事項・法律・海外の鉄道	月	日本の鉄道
1970	昭和45	2	日本初の人工衛星「おおすみ」打ち上げ成功	9	鹿児島線全線電化完成・特急「有明」が485系電車化（八代～鹿児島間・初の交流20 kV・AT き電方式の採用）
		3	日本初の万国博覧会（大阪万博）開催		
		5	全国新幹線鉄道整備法公布	9	北陸線全線電化（交流20 kV・BT き電）および複線化完成
1971	昭和46	4	ビジコン社（日本）・インテル社（米）がマイクロコンピュータを共同発明	9	ディスカバージャパンのキャンペーンを展開
				10	札幌市交通局, ゴムタイヤ地下鉄開業（直流750 V 上面接触第三軌条）
1972	昭和47	10	鉄道開業100周年	12	山陽新幹線新大阪～岡山間開業（交流25 kV・AT き電方式の採用）
				3	鉄道技研内で超電導磁気浮上式ML100走行公開テスト
1973	昭和48	10	江崎玲於奈がノーベル物理学賞受賞	7	中央線全線電化（直流1 500 V）完成
				7	日本初の381系振子式電車「しなの」が中央線に投入
1975	昭和50	7	沖縄海洋博覧会・新交通システムの実用化試験	3	山陽新幹線岡山～博多間開業（交流25 kV・AT き電）
1976	昭和51	10	日本ビクターが家庭用VHSビデオを発売	3	国鉄の蒸気機関車全廃
1978	昭和53	5	新東京国際空港（現・成田国際空港）開港・国鉄と京成が乗入れ	10	ダイヤ改正で貨物列車が大幅に削減
		6	宮城県沖地震（M7.4）	10	下り列車が奇数番号・上り列車が偶数番号を使用確定
1981	昭和56	9	フランス・TGV 南東線で260 km/h で営業運転	2	神戸新交通ポートライナー・大阪市交通局ニュートラム開業
1982	昭和57	2	日本航空・羽田空港着陸直前で海中に墜落		東北新幹線大宮～盛岡間開業・200系新幹線電車
		10	国鉄非常事態宣言が政府から発表	6	上越新幹線大宮～新潟間開業
1985	昭和60	4	専売公社・電電公社が民営化	3	東北・上越新幹線上野～大宮間開業
				10	100系新幹線電車（サイリスタ位相制御車）デビュー
1987	昭和62	2	超新星 SN1987A が観測される	10	国鉄分割民営化・JR の発足
1988	昭和63	3	東京ドーム完成	4	青函トンネル（津軽海峡線）の開業と青函連絡船の廃止
		9	日本初パソコンへのコンピュータウイルス感染	3	瀬戸大橋（本四備讃線）の開業と宇高連絡船の廃止
1990	平成2	4	大阪で国際花と緑の博覧会（花の万博）	4	車輪支持式リニア地下鉄開業（大阪市交通局長堀鶴見緑地線）
1991	平成3	6	ドイツ・ICE1 が280 km/h で営業運転	3	JR東日本・奥羽線福島～山形間を狭軌から標準軌へ

3. 年表　　265

西暦	和暦	月	一般事項・法律・海外の鉄道	月	日本の鉄道
1992	平成4	4	スペイン AVE セビリア～マドリード間 300 km/h で開業	11	300系新幹線電車（インバータ車）「のぞみ」270 km/h でデビュー
1994	平成6	9	関西空港開港・JR 西日本と南海電鉄が乗入れ	3	オール2階建新幹線「Max」誕生
1995	平成7	1	阪神・淡路大震災（M7.2）	7	交通営団・地下鉄サリン事件
1997	平成9	12	地球温暖化防止京都会議（COP3）	3	秋田新幹線営業開始・「こまち」デビュー
				10	北陸（長野）新幹線長野開業・「あさま」デビュー
2002	平成14	10	小柴昌俊がノーベル物理学賞受賞・田中耕一がノーベル化学賞受賞	12	東北新幹線盛岡～八戸間開業
2004	平成16	4	韓国高速鉄道 KTX が 300 km/h で開業	3	九州新幹線新八代～鹿児島中央間開業
				4	帝都高速度交通営団の民営化 東京地下鉄株式会社（東京メトロ）の設立
2005	平成17	2	気候変動枠組に関する京都議定書（COP3）発効	3	愛知高速交通・東部丘陵線「リニモ」開業（常電導磁気浮上式リニア）
		3	名古屋で愛知万博（愛・地球博）	4	福知山線脱線事故（死者107名，負傷者562名）
				8	つくばエクスプレス開業
2007	平成19	3	台湾高速鉄道・台北～高雄間 340 km 開業	10	東京神田の交通博物館が大宮に移転・鉄道博物館としてオープン
		10	郵政民営化		
2008	平成20	8	中国高速鉄道・北京～天津間が 350 km/h で開業	3	JR 西日本・0系新幹線電車が引退
2010	平成22	6	高速道路無料化社会実験開始（2011年6月凍結）	12	東北新幹線八戸～新青森間開業
2011	平成23	3	東日本大震災（M9.0）と巨大津波による災害	3	九州新幹線博多～新八代間開業
				3	JR 東海リニア・鉄道館が名古屋にオープン
2012	平成24	5	東京スカイツリー完成（高さ634 m）	3	JR 西日本・100系新幹線電車が引退
				3	東海道・山陽新幹線から300系新幹線電車が引退

参 考 文 献

2章
1) 鎌原今朝雄:電気鉄道の歩み,新電気,オーム社(1975.1-1976.3)
2) 柴川久光:電気運転統計,鉄道と電気技術,Vol. 23, No.6, pp. 42-44,日本鉄道電気技術協会(2012)
3) 鉄道電化と電気鉄道のあゆみ,鉄道電化協会(1978)
4) 小林輝雄:電気鉄道の技術・研究開発の歩み,鉄道現業社(1996)
5) 電気鉄道技術発達史,鉄道電化協会(1983)
6) 主査・持永芳文:電気鉄道におけるパワーエレクトロニクス,日本鉄道電気技術協会(1998)
7) 新井浩一,伊藤二朗,榎本龍幸,濱寄正一郎,三浦 梓,持永芳文:高速運転に適した交流き電システムの開発,日本鉄道電気技術協会(2010)
8) Hans, G.Wagli:Schienennetz Schweiz-Ein technisch-historischer Atlas, SBB CFF FFS
9) 電気学会調査専門委員会(委員長・持永芳文):静止形無効電力補償装置の現状と動向,電気学会技術報告,第874号(2002)
10) 久野村健:東海道新幹線における電力変換装置の導入事例,平成19年電気学会産業応用部門大会,3-S9-3(2007)
11) 電気学会調査専門委員会(委員長・新井浩一):交流電気鉄道における保護技術,電気学会技術報告,第601号(1996)
12) 森口真一,管野博一:パンタグラフの歴史,日本機械学会誌,第85巻,第766号(1982)
13) 小野寺正之,新井博之:日本におけるパンタグラフの歴史と東洋電機Ⅰ,東洋電機技報,第108号(2001)
14) 島田健夫三:新しいき電ちょう架式電車線,RRR(2005)
15) 東京地下鉄道史,乾・坤,東京地下鉄道(1934)
16) 東京地下鉄道丸ノ内線建設史,上巻,下巻,帝都高速交通営団(1960)(以下,荻窪線(1967),日比谷線(1969),東西線(1978),千代田線(1983),有楽町線(1996),半蔵門線(1997),南北線(2002),続 半蔵門線(2004)

17) 地下鉄架線構造委員会：剛体架線の研究，鉄道電化協会（1960）
18) 小山　徹：剛体電車線要説（1）～（3），電気車の科学，Vol. 49, No. 10-12，電気車研究会（1976）
19) 小山　徹：電気鉄道における集電技術と電車線方式のシステム的確立過程，鉄道史学，Vol. 6，鉄道史学会（1988）
20) 特集　地下鉄と電気設備，電設工業 3-1993，日本電設工業協会（1993）

3章
1) 堤　一郎：近代化の旗手，鉄道，pp. 3-4, pp. 32-33, pp. 40-41, pp. 59-60, pp. 94-96，山川出版社（2001）
2) 日本国有鉄道百年史 第3巻，日本国有鉄道，pp. 65-76（1971）
3) 宮本源之助：明治運輸史，運輸日報社，pp. 204-206（1913）（原書房による復刻版，1991）
4) 沢　和哉：［日本の鉄道］100年の話，pp. 126-128，築地書館（1972）
5) 日本国有鉄道百年史 第6巻，日本国有鉄道，p. 303（1972）
6) 日本国有鉄道百年史 第5巻，日本国有鉄道，p. 123（1972）
7) 堤　一郎：日本における初期の鉱山用電気機関車の製造と日本人技術者，日本機械学会論文集 C 編，Vol. 74, No. 746, pp. 2396-2404（2008）
8) ドイツ国有鉄道の1200馬力圧搾空気伝達ディーゼル機関車，機械学会誌，Vol. 33, No. 159, pp. 255-258（1930）
9) 堤　一郎：明治期の官設鉄道工場における木製客車の製造と日本人技術者の養成，日本機械学会論文集 C 編，Vol. 74, No. 746, pp. 2387-2395（2008）
10) 福原俊一：日本の電車物語――旧性能電車編，JTBパブリッシング（2007）
11) 久保田博：日本の鉄道車輌史，グランプリ出版（2001）
12) 福原俊一：日本の電車物語――新性能電車編，JTBパブリッシング（2008）
13) 宮田道一，守谷之男：電車のはなし，西山堂書店（2009）
14) 鉄道車両と技術，インバータ制御電車25年，No.127（2007）
15) 電気学会 電気鉄道における教育調査専門委員会（委員長・持永芳文）：最新 電気鉄道工学（改訂版），コロナ社（2012）
16) 電気鉄道ハンドブック編集委員会（監修 持永芳文，曽根　悟，望月　旭）：電気鉄道ハンドブック，コロナ社（2007）
17) 川添雄司：交流電気車両要論，電気車研究会（1971）
18) 近藤昭次：車両用空気ブレーキ発展の歴史と将来，JREA，（社）日本鉄道技術協会（1981, 1982）

19) 齋藤　晃：蒸気機関車 200 年史，NTT 出版（2007）
20) 宮本昌幸：ここまできた！鉄道車両，オーム社（1997）
21) 宮本昌幸：図解　鉄道の科学，講談社（2006）
22) 宮本昌幸 編著：図解　電車のメカニズム，講談社（2009）

4 章

1) 江崎　昭：輸送の安全から見た鉄道史，グランプリ出版（1998）
2) 吉村　寛，吉越三郎：信号，交友社（1977）
3) 東京都交通局 60 年史，東京都交通局（1972）
4) 京三製作所 70 年史，京三製作所（1987）
5) 信号システムの進歩と発展，日本鉄道電気技術協会（2009）
6) 坂田貞之：列車ダイヤの話，中公新書，中央公論社（1964）

5 章

1) 鉄道技術発達史 ― 第 2 編（施設）―，日本国有鉄道（1959）
2) 鉄道施設技術発達史，日本鉄道施設協会（1994）
3) 軌道構造と材料，交通新聞社（2001）
4) 佐藤泰生：分岐器の構造と保守，日本鉄道施設協会（1987）
5) 仁杉　巌：挑戦，交通新聞社（2003）
6) 大塚本夫：トンネル工学，朝倉書店（1970）
7) トンネル技術白書，日本トンネル技術協会（2006）
8) シールドトンネルの新技術研究会：シールドトンネルの新技術，土木工学社（1995）

索引

【あ】

アクティブサスペンション　　180
アーチキュレート式　　101
アーチ橋　　239, 241
アヌシー報告書　　49
アプト式　　96, 102
余部橋梁　　238
アルミニウム車体　　188

【い】

イコライザ（釣合いばり）　　161
一括き電方式　　44
インダイレクトマウント台車　　169
インバータ制御　　143

【う】

碓氷峠　　34, 96
打子式 ATS　　199
腕木信号機　　191
運行管理システム　　215
運転曲線図　　219

【え】

永久磁石同期電動機　　145
液体式ディーゼル機関車　　112
エネルギー効率　　23
円板式信号機　　195

【お】

大清水トンネル　　246
陸蒸気　　1

【か】

オールステンレス鋼車両　　187
お雇い外国人　　2
界磁チョッパ制御　　143
界磁添加励磁制御　　143
回転変流機　　33
架空複線式　　66
架空複線式電車線　　123
貨車　　120
ガソリン動車　　113
可動橋　　239
過熱蒸気式　　97
カム軸制御器　　141
カルダン駆動装置　　127
官設鉄道　　3, 83
関門トンネル　　11, 245, 252

【き】

機関（エンジン）　　109
き電側電力融通方式電圧変動補償装置　　60
き電ちょう架式電車線　　70
き電電圧（交流き電）　　50
き電電圧（直流き電）　　31
き電電圧補償装置　　62
軌道回路　　196
軌道検測車　　233
気密構造　　185
客車　　117
逆相電流補償装置　　59
狭軌　　6, 86
京都電気鉄道　　29, 66
距離継電器　　62

【く】

クイル式　　150

【け】

空気ばね　　169
クロッシング　　230
群管理　　192

【け】

軽便鉄道法　　7
軽量ステンレス車両　　187

【こ】

広軌改築　　6, 87
鋼製車体　　119
高性能電車　　127
高速台車振動研究会　　165
高速度真空遮断器　　42
剛体電車線　　77
交直流電気機関車　　108, 154
交直流電車　　128, 145
甲武鉄道　　30
交流回生ブレーキ　　57, 153
交流整流子電動機　　107
交流 ΔI 形故障選択継電器　　63
交流電気機関車　　107, 152
交流電気鉄道　　47
交流電車　　129, 145
(車両の)国産化　　83
国鉄分割・民営化　　20
故障点標定装置　　63
コンテナ車　　121
コンパウンドカテナリ式電車線　　67

【さ】

サイリスタ　　129, 142
サイリスタインバータ　　44
サイリスタ混合ブリッジ整流器　　146

サイリスタ純ブリッジ整流器	147	
サイリスタ整流器	44	
サイリスタチョッパ抵抗式回生電力吸収装置	44	
先走り	195	
鎖錠	198	
三相V結線SUC	59	
三相交流き電方式	47	

【し】

自営発電所	29
シェッフェル台車	178
磁気浮上式鉄道	21
軸配置（蒸気機関車）	92
軸配置（電気機関車）	101
軸配置（内燃機関車）	109
軸箱支持装置	171
軸ばね式台車	165
私設鉄道	3
自動空気ブレーキ	156
自動進路制御装置	216
自動列車運転装置	203
自動列車停止装置	201
自動連結器	125
自動連結器（交換）	6,86
支保工	245
車体傾斜車両	175
斜ちょう式電車線	68
シュー式ばね支持装置	162
集電靴	74
12パルス変換器	38
周波数変換装置	53
主電動機	144
蒸気機関車	91
蒸気動車	113
商用周波単相交流き電方式	48
省力化軌道	229
シリコン整流器	108
シリコンダイオード整流器	36
シールド工法	251

自励式SVC	59
自励式三相SVC	59
新幹線運行管理システム	217
新幹線電車	132
シングルスキン方式	189
信号機	193,195
新交通システム	17
新性能電車	127
シンプルカテナリ式電車線	67
進路信号	191

【す】

吸上変圧器	50
水銀整流器	34,108
スイベル式	101
スコット結線変圧器	51
スジ屋	219
スチーブンソン式	94
ステンレス車体	187
スラブ軌道	228

【せ】

青函トンネル	20,245
制御付き振子車両	175
静止形周波数変換装置	62
静止形無効電力補償装置	58
整備新幹線	21
正矢	236
絶対許容閉そく式	192
瀬戸大橋	20
セマホヲル合図	193
全鋼製車	125
全国新幹線鉄道整備法	18
仙山線	49
先台車	95,149,161
選択特性	40

【そ】

総括制御	123
操舵台車	178
双頭レール	222

速度照査式ATS	201

【た】

ダイオード整流器	145
第三軌条	73,102
第四軌条	74
ダイレクトマウント台車	170
蛇行動	163,171
ダブルスキン方式	189
他励式SVC	59
ターンオフサイリスタ遮断器	42
弾丸列車計画	15,88,201
タンク式（蒸気機関車）	92
単相SVC	59
単台車	164
単巻変圧器	56

【ち】

地下鉄	8,16
筑後川橋梁	239
地方鉄道法	7
中空軸電動機	127
張殻構造	183
重複区間	200
直接制御	123
直接ちょう架式電車線	65
直通空気ブレーキ	155
直流き電回路	31
直流高速度遮断器	39
直流電気機関車	100,148
直流電気鉄道	28
直流電車	139
直流電動機	144
チョッパ制御	129

【つ】

釣合ばり	99
釣合いばり式台車	165
つり掛式	151,173
つり橋	240

索引

【て】

ディーゼル機関	109
ディーゼル動車	115
抵抗制御	139
抵抗セクション	54
定尺レール	224
低周波交流き電方式	48
定点停止装置	203
鉄筋コンクリート橋梁	241
鉄筋コンクリートまくらぎ	226
鉄道幹線調査会	88
鉄道国有法	5
手ブレーキ	155
手用制動装置	121
ΔI 形故障選択装置	41
テルミット溶接	224
電圧不平衡	58
電圧変動	58
電化キロ	26
電気機関車	100
電気式ディーゼル機関車	110
電機子チョッパ制御	129, 142
電気指令式空気ブレーキ	158
電気二重層キャパシタ	46
電磁自動空気ブレーキ	159
電磁直通空気ブレーキ	156
電信機	193
テンダ式（蒸気機関車）	92
転てつ器	197
転てつ機	197
電力回生ブレーキ（交流）	57, 108, 147, 153
電力回生ブレーキ（直流）	43, 106, 142
電力貯蔵装置	30, 46

【と】

ドアエンジン	125
東海道新幹線（計画）	15, 89
同軸ケーブルき電方式	57
動力近代化	13, 90, 100
動力分散方式	13
ドクターイエロー	235
特別高圧母線	57
トラス橋	237, 242
トロリ線	65
トロリポール	65

【な】

内国勧業博覧会	4, 29
内燃機関車	109
内燃動車	113

【に】

2軸客車	117
2軸車両	162
2軸ボギー式客車	118
2段リンク式ばね支持装置	162
ニッケル水素電池	47

【ね】

ねじ式連結器	6

【は】

排障器	95
ハイボール	192
馬車鉄道	4, 194
パレット式有蓋車	121
半鋼製車	124
パンタグラフ	68

【ひ】

ヒートパイプ冷却	39
ビューゲル	66
（車両の）標準化	85
標準軌	6, 86

【ふ】

複式シリンダ	95
沸騰冷却	38
不平衡補償単相き電装置	60
フライホイール装置	46
フラッシュバット溶接	225
振子電車	130
振子車両	175
ブルートレイン	120
プレストレストコンクリートまくらぎ	227
分岐器	230

【へ】

平行カルダン式	174
閉そく	192
ベクトル制御	144
ベルリン勧業博覧会	28
変位相スコットSVC	59
変形ウッドブリッジ結線変圧器	55
変形Y形シンプルカテナリ式電車線	69
編成電車	124
変速方式	109

【ほ】

ポイント	230
飽和蒸気式	94
ボギー車	124
ボギー台車	164
ボール信号機	191
ボルスタレス台車	170
幌内鉄道	95, 161, 164
本四備讃線	250

【ま】

マヤ車	235

【み】

密着連結器	125
南満洲鉄道	9
耳つん	185

【む】

無蓋車	120

【も】

木製客車	118
モノレール	17, 203

【ゆ】

有蓋車	120
誘導電動機	145
揺れ枕つり台車	166

【よ】

ヨーダンパ	171

【ら】

ラーメン橋	241

【り】

リチウムイオン電池	47
リンク式ばね支持装置	163

【る】

ルーフ・デルタ結線変圧器	56

【れ】

レール	221
列車集中制御装置	216
列車ダイヤ	218
煉瓦アーチ橋	237
連動装置	198

連動閉そく式	192
連絡遮断装置	41

【ろ】

6パルス変換器	37
路面電車	17, 123, 194
ロングレール	224

【わ】

ワーレントラス	236

【A】

ACVR	62
ATO	203
ATS	201
ATき電方式	55

【B】

BT	50
BTき電方式	52

【C】

CSシンプルカテナリ式電車線	72
CTC	216

【G】

GTOサイリスタ遮断器	43

【N】

NATM	250

【P】

PCまくらぎ	227
PHCシンプルカテナリ式電車線	73
PRC	216
PWMコンバータ	147
PWM整流器（直流き電）	45

【R】

RCまくらぎ	226
RPC	61

【S】

SFC	60
SP-SVC	62
SUC	59
SVC	59

【T】

TASC	203
TD継手	130

【V】

VVVFインバータ	130
VVVFインバータ制御	107, 109

【W】

WN継手	127, 174

― 編著者・著者略歴 ―

持永　芳文（もちなが　よしふみ）
- 1967 年　日本国有鉄道入社
- 1980 年　東京理科大学工学部電気工学科卒業
- 1990 年　技術士（電気電子部門）
- 1993 年　東京理科大学講師
- 1994 年　博士（工学）（東京理科大学）
- 1997 年　科学技術庁長官賞（研究功績者）
- 1998 年　財団法人鉄道総合技術研究所 電力技術開発推進部長
- 2007 年　電気学会産業応用特別賞技術開発賞
- 2009 年　株式会社ジェイアール総研電気システム 専務取締役 現在に至る

宮本　昌幸（みやもと　まさゆき）
- 1970 年　東京大学大学院工学系研究科博士課程修了（産業機械工学専攻） 工学博士
- 1970 年　日本国有鉄道入社 鉄道技術研究所車両運動研究室勤務
- 1991 年　財団法人鉄道総合技術研究所 車両研究部長
- 1997 年　明星大学教授 現在に至る
- 2001 ～ 2010 年　運輸安全委員会（航空・鉄道事故調査委員会）委員
- 2011 年　日本機械学会名誉員

油谷　浩助（あぶらや　こうすけ）
- 1964 年　北海道大学工学部電子工学科卒業
- 1964 年　日本国有鉄道入社
- 1969 年　鉄道技術研究所車両性能研究室勤務
- 1990 年　財団法人鉄道総合技術研究所電気車回路研究室長
- 1991 年　富士電機株式会社入社
- 2003 ～ 2005 年　富士電機システムズ株式会社理事

小野田　滋（おのだ　しげる）
- 1979 年　日本大学文理学部応用地学科卒業
- 1979 年　日本国有鉄道入社
- 1998 年　博士（工学）（東京大学）
- 2011 年　公益財団法人鉄道総合技術研究所 情報管理部担当部長 現在に至る 土木学会フェロー

小山　徹（こやま　とおる）
- 1959 年　京都大学大学院工学研究科修士課程修了（電気工学専攻）
- 1959 年　帝都高速度交通営団入団して調査役など
- 1965 ～ 1966 年　スウェーデンに在外研究派遣
- 1976 年　工学博士（京都大学）
- 1990 年　交通営団参事から文部教官教授転出 群馬工業高等専門学校教授を経て
- 1995 年　埼玉大学教授（社会環境設計学科長）
- 2000 年　埼玉大学客員教授
- 2001 ～ 2005 年　産業考古学会会長
- 2012 年　東京産業考古学会会長 現在に至る

島田　健夫三（しまだ　たけふみ）
- 1976 年　早稲田大学大学院理工学研究科修士課程修了（電気工学専攻）
- 1976 年　日本国有鉄道入社
- 1998 年　技術士（電気電子部門）
- 2005 年　財団法人鉄道総合技術研究所電力技術研究部長
- 2006 年　三和テッキ株式会社技術本部技師長 現在に至る
- 2006 年　技術士（総合技術監理部門）
- 2007 年　経済産業大臣表彰（電気保安功労者）

白土	義男	（しらと　よしお）

1950 年　東京都交通局入局
1957 年　早稲田大学大学院工学研究科修士課程
　　　　修了（電気工学専攻）
1963 年　財団法人オリンピック東京大会組織委
　　　　員会事務局技師
1987 年　東京都交通局車輌部長
1991 ～
2004 年　株式会社京三製作所業務企画部部長
2012 年　独立行政法人交通安全環境研究所
　　　　鉄道認証室

三浦	梓	（みうら　あずさ）

1946 ～
1949 年　運輸省鉄道教習所専門部電気科
1951 年　国鉄鉄道技術研究所電力研究室
1954 年　早稲田大学第二理工学部電気工学科卒業
1969 年　日本国有鉄道電気局電化課
1978 年　電気学会電気学術振興賞進歩賞
1984 年　日本国有鉄道電気局電力第二課
　　　　課長補佐・参事
1984 年　電気技術開発株式会社海外部技師長
1992 ～
1999 年　磁石輸送システム開発株式会社取締役
　　　　技術部長

堤	一郎	（つつみ　いちろう）

1974 年　中央大学大学院理工学研究科修士課程
　　　　修了（精密工学専攻）
1974 年　上智大学助手
1988 年　関東職業能力開発大学校教官
1999 年　労働政策研究・研修機構職業能力開発
　　　　研究部門副主任研究員
2002 年　職業能力開発総合大学校能力開発研究
　　　　センター研究員
2008 年　日本機械学会フェロー
2009 年　博士（工学）（足利工業大学）
2010 年　職業能力開発総合大学校キャリアアド
　　　　バイザー
2012 年　産業技術歴史文化研究所専務理事・上席
　　　　研究員，中央大学・玉川大学などの兼任
　　　　講師
　　　　現在に至る

鉄道技術140年のあゆみ
Progress of Railway Technologies for 140 years

　　　　　　　Ⓒ Yoshifumi Mochinaga, Masayuki Miyamoto 2012

2012 年 8 月 23 日　初版第 1 刷発行　　　　　　　　　★
2013 年 1 月 30 日　初版第 2 刷発行

|検印省略| 編 著 者　持　永　芳　文
　　　　　　　　　宮　本　昌　幸
　　　　　発 行 者　株式会社　コ ロ ナ 社
　　　　　　　　　代 表 者　牛来真也
　　　　　印 刷 所　新日本印刷株式会社

112-0011　東京都文京区千石 4-46-10
発行所　株式会社　コ ロ ナ 社
CORONA PUBLISHING CO., LTD.
Tokyo　Japan
振替 00140-8-14844・電話 (03)3941-3131(代)
ホームページ http://www.coronasha.co.jp

ISBN 978-4-339-00832-6　（安達）　（製本：愛千製本所）
Printed in Japan

本書のコピー，スキャン，デジタル化等の
無断複製・転載は著作権法上での例外を除
き禁じられております。購入者以外の第三
者による本書の電子データ化及び電子書籍
化は，いかなる場合も認めておりません。

落丁・乱丁本はお取替えいたします

技術英語・学術論文書き方関連書籍

技術レポート作成と発表の基礎技法
野中謙一郎・渡邉力夫・島邉健仁郎・京相雅樹・白木尚人 共著
A5／160頁／定価2,100円／並製

マスターしておきたい 技術英語の基本
Richard Cowell・佘 錦華 共著
A5／190頁／定価2,520円／並製

科学英語の書き方とプレゼンテーション
日本機械学会 編／石田幸男 編著
A5／184頁／定価2,310円／並製

続 科学英語の書き方とプレゼンテーション
－スライド・スピーチ・メールの実際－
日本機械学会 編／石田幸男 編著
A5／176頁／定価2,310円／並製

いざ国際舞台へ！
理工系英語論文と口頭発表の実際
富山真知子・富山 健 共著
A5／176頁／定価2,310円／並製

知的な科学・技術文章の書き方
－実験リポート作成から学術論文構築まで－
中島利勝・塚本真也 共著
A5／244頁／定価1,995円／並製
日本工学教育協会賞（著作賞）受賞

知的な科学・技術文章の徹底演習
塚本真也 著
工学教育賞（日本工学教育協会）受賞
A5／206頁／定価1,890円／並製

科学技術英語論文の徹底添削
－ライティングレベルに対応した添削指導－
絹川麻理・塚本真也 共著
A5／200頁／定価2,520円／並製

定価は本体価格＋税5％です。
定価は変更されることがありますのでご了承下さい。

図書目録進呈◆

電気・電子系教科書シリーズ

(各巻A5判)

- ■編集委員長　高橋　寛
- ■幹　　　事　湯田幸八
- ■編集委員　　江間　敏・竹下鉄夫・多田泰芳
- 　　　　　　　中澤達夫・西山明彦

配本順			著者	頁	定価
1. (16回)	電気基礎		柴田尚志・皆田新一 共著	252	3150円
2. (14回)	電磁気学		多田泰芳・柴田尚志 共著	304	3780円
3. (21回)	電気回路Ⅰ		柴田　尚志 著	248	3150円
4. (3回)	電気回路Ⅱ		遠藤　勲・鈴木靖純 共著	208	2730円
5.	電気・電子計測工学		西山明彦・吉沢昌二・平木鎮郎 共著		
6. (8回)	制御工学		下西・奥堀青西 共著	216	2730円
7. (18回)	ディジタル制御		青西俊幸 共著	202	2625円
8. (25回)	ロボット工学		白水俊次 著	240	3150円
9. (1回)	電子工学基礎		中澤達夫・藤原勝幸 共著	174	2310円
10. (6回)	半導体工学		渡辺英夫 著	160	2100円
11. (15回)	電気・電子材料		中澤・押山・森田・須田・藤原・服部 共著	208	2625円
12. (13回)	電子回路		須田健二 共著	238	2940円
13. (2回)	ディジタル回路		伊若吉・土海沢・弘昌純・博也厳 共著	240	2940円
14. (11回)	情報リテラシー入門		室山賀下進 共著	176	2310円
15. (19回)	C++プログラミング入門		湯田　幸八 著	256	2940円
16. (22回)	マイクロコンピュータ制御プログラミング入門		柚賀正光・千代谷慶 共著	244	3150円
17. (17回)	計算機システム		春日舘泉雄治・伊幸健博 共著	240	2940円
18. (10回)	アルゴリズムとデータ構造		湯田幸充・伊前田原邦勉弘 共著	252	3150円
19. (7回)	電気機器工学		前新谷江橋間敏勲 共著	222	2835円
20. (9回)	パワーエレクトロニクス		江間敏・高橋章彦 共著	202	2625円
21. (12回)	電力工学		甲斐隆成・三木英鉄・吉川夫機 共著	260	3045円
22. (5回)	情報理論		吉川英夫 共著	216	2730円
23. (26回)	通信工学		竹下鉄夫・田中稔正 共著	198	2625円
24. (24回)	電波工学		松宮南部克久 共著	238	2940円
25. (23回)	情報通信システム(改訂版)		桑原裕孝・岡原月光・植松唯充 共著	206	2625円
26. (20回)	高電圧工学		箕夫史志 共著	216	2940円

定価は本体価格＋税5％です。
定価は変更されることがありますのでご了承下さい。

図書目録進呈◆

リスク工学シリーズ

(各巻A5判)

■編集委員長　岡本栄司
■編集委員　　内山洋司・遠藤靖典・鈴木　勉・古川　宏・村尾　修

配本順			頁	定価
1.(1回)	**リスク工学との出会い**　遠藤靖典・村尾修編著 伊藤　誠・掛谷英紀・岡島敬一・宮本定明　共著		176	2310円
2.(3回)	**リ ス ク 工 学 概 論**　鈴木　勉編著 稲垣敏之・宮本定明・金野秀敏 岡本栄司・内山洋司・糸井川栄一　共著		192	2625円
3.(2回)	**リ ス ク 工 学 の 基 礎**　遠藤靖典編著 村尾　修・岡本　健・掛谷英紀 岡島敬一・庄司　学・伊藤　誠　共著		176	2415円
4.(4回)	**リスク工学の視点とアプローチ** ―現代生活に潜むリスクにどう取り組むか―　古川　宏編著 佐藤美佳・亀山啓輔・谷口綾子 梅本通孝・羽田野祐子　共著		160	2310円
5.	**あ い ま い さ の 数 理**　遠藤靖典著			
6.(5回)	**確率論的リスク解析の数理と方法**　金野秀敏著		188	2625円
7.(6回)	**エネルギーシステムの社会リスク**　内山洋司 羽田野祐子　共著 岡島敬一		208	2940円
8.	**情 報 セ キ ュ リ テ ィ**　岡本栄司 満保雅浩　共著			
9.	**都市のリスクとマネジメント**　糸井川栄一編著 鈴木　勉・村尾　修・梅本通孝・谷口綾子　共著			
10.	**建 築 ・ 空 間 ・ 災 害**　村尾　修著			

定価は本体価格+税5％です。
定価は変更されることがありますのでご了承下さい。

図書目録進呈◆

新コロナシリーズ

（各巻B6判，欠番は品切です）

			頁	定価
2.	ギャンブルの数学	木下 栄 蔵著	174	1223円
3.	音 戯 話	山下 充 康著	122	1050円
4.	ケーブルの中の雷	速水 敏 幸著	180	1223円
5.	自然の中の電気と磁気	高木 相著	172	1223円
6.	おもしろセンサ	國岡 昭 夫著	116	1050円
7.	コ ロ ナ 現 象	室岡 義 廣著	180	1223円
8.	コンピュータ犯罪のからくり	菅野 文 友著	144	1223円
9.	雷 の 科 学	饗庭 貢著	168	1260円
10.	切手で見るテレコミュニケーション史	山田 康 二著	166	1223円
11.	エントロピーの科学	細野 敏 夫著	188	1260円
12.	計測の進歩とハイテク	高田 誠 二著	162	1223円
13.	電波で巡る国ぐに	久保田 博 南著	134	1050円
14.	膜 と は 何 か ―いろいろな膜のはたらき―	大矢 晴 彦著	140	1050円
15.	安 全 の 目 盛	平野 敏 右編	140	1223円
16.	やわらかな機械	木下 源一郎著	186	1223円
17.	切手で見る輸血と献血	河瀬 正 晴著	170	1223円
18.	もの作り不思議百科 ―注射針からアルミ箔まで―	J S T P編	176	1260円
19.	温 度 と は 何 か ―測定の基準と問題点―	櫻井 弘 久著	128	1050円
20.	世 界 を 聴 こ う ―短波放送の楽しみ方―	赤林 隆 仁著	128	1050円
21.	宇宙からの交響楽 ―超高層プラズマ波動―	早川 正 士著	174	1223円
22.	やさしく語る放射線	菅野・関 共著	140	1223円
23.	お も し ろ 力 学 ―ビー玉遊びから地球脱出まで―	橋本 英 文著	164	1260円
24.	絵に秘める暗号の科学	松井 甲子雄著	138	1223円
25.	脳 波 と 夢	石山 陽 事著	148	1223円
26.	情報化社会と映像	樋渡 涓 二著	152	1223円
27.	ヒューマンインタフェースと画像処理	鳥脇 純一郎著	180	1223円
28.	叩いて超音波で見る ―非線形効果を利用した計測―	佐藤 拓 宋著	110	1050円
29.	香りをたずねて	廣瀬 清 一著	158	1260円
30.	新しい植物をつくる ―植物バイオテクノロジーの世界―	山川 祥 秀著	152	1223円

31. 磁石の世界	加藤哲男著	164	1260円
32. 体を測る	木村雄治著	134	1223円
33. 洗剤と洗浄の科学	中西茂子著	208	1470円
34. 電気の不思議 ―エレクトロニクスへの招待―	仙石正和編著	178	1260円
35. 試作への挑戦	石田正明著	142	1223円
36. 地球環境科学 ―滅びゆくわれらの母体―	今木清康著	186	1223円
37. ニューエイジサイエンス入門 ―テレパシー，透視，予知などの超自然現象へのアプローチ―	窪田啓次郎著	152	1223円
38. 科学技術の発展と人のこころ	中村孔治著	172	1223円
39. 体を治す	木村雄治著	158	1260円
40. 夢を追う技術者・技術士	CEネットワーク編	170	1260円
41. 冬季雷の科学	道本光一郎著	130	1050円
42. ほんとに動くおもちゃの工作	加藤孜著	156	1260円
43. 磁石と生き物 ―からだを磁石で診断・治療する―	保坂栄弘著	160	1260円
44. 音の生態学 ―音と人間のかかわり―	岩宮眞一郎著	156	1260円
45. リサイクル社会とシンプルライフ	阿部絢子著	160	1260円
46. 廃棄物とのつきあい方	鹿園直建著	156	1260円
47. 電波の宇宙	前田耕一郎著	160	1260円
48. 住まいと環境の照明デザイン	饗庭貢著	174	1260円
49. ネコと遺伝学	仁川純一著	140	1260円
50. 心を癒す園芸療法	日本園芸療法士協会編	170	1260円
51. 温泉学入門 ―温泉への誘い―	日本温泉科学会編	144	1260円
52. 摩擦への挑戦 ―新幹線からハードディスクまで―	日本トライボロジー学会編	176	1260円
53. 気象予報入門	道本光一郎著	118	1050円
54. 続 もの作り不思議百科 ―ミリ，マイクロ，ナノの世界―	JSTP編	160	1260円
55. 人のことば，機械のことば ―プロトコルとインタフェース―	石山文彦著	118	1050円
56. 磁石のふしぎ	茂吉・早川共著	112	1050円
57. 摩擦との闘い ―家電の中の厳しき世界―	日本トライボロジー学会編	136	1260円
58. 製品開発の心と技 ―設計者をめざす若者へ―	安達瑛二著	176	1260円

定価は本体価格+税5％です。
定価は変更されることがありますのでご了承下さい。

◆図書目録進呈◆

コロナ社創立80周年記念出版〔創立1927年〕

電気鉄道ハンドブック

電気鉄道ハンドブック編集委員会 編　内容見本進呈

B5判／1,002頁／定価31,500円／上製・箱入り

監修代表：持永芳文（(株)ジェイアール総研電気システム）
監　　修：曽根　悟（工学院大学），望月　旭（(株)東芝）
編集委員：油谷浩助（富士電機システムズ（株）），荻原俊夫（東京急行電鉄(株)）
（五十音順）　水間　毅（(独)交通安全環境研究所），渡辺郁夫（(財)鉄道総合技術研究所）
（編集委員会発足時）

21世紀の重要課題である環境問題対策の観点などから，世界的に個別交通から公共交通への重要性が高まっている。本書は電気鉄道の技術発展に寄与するため，電気鉄道技術に関わる「電気鉄道技術全般」をハンドブックにまとめている。

【目　次】

1章　総　論
電気鉄道の歴史と電気方式／電気鉄道の社会的特性／鉄道の安全性と信頼性／電気鉄道と環境／鉄道事業制度と関連法規／鉄道システムにおける境界技術／電気鉄道における今後の動向

2章　線路・構造物
線路一般／軌道構造／曲線／軌道管理／軌道と列車速度／脱線／構造物／停車場・車両基地／列車防護

3章　電気車の性能と制御
鉄道車両の種類と変遷／車両性能と定格／直流電気車の速度制御／交流電気車の制御／ブレーキ制御

4章　電気車の機器と構成
電気車の主回路構成と機器／補助回路と補助電源／車両情報・制御システム／車体／台車と駆動装置／車両の運動／車両と列車編成／高速鉄道／電気機関車／電源搭載式電気車両／車両の保守／環境と車両

5章　列車運転
運転性能／信号システムと運転／運転時隔／運転時間・余裕時間／列車群計画／運転取扱い／運転整理／運行管理システム

6章　集電システム
集電システム一般／カテナリ式電車線の構成／カテナリ式電車線の特性／サードレール・剛体電車線／架線とパンタグラフの相互作用／高速化／集電系騒音／電車線の計測／電車線路の保全

7章　電力供給方式
電気方式／直流き電回路／直流き電用変電所／交流き電回路／交流き電用変電所／帰線と誘導障害／絶縁協調／電源との協調／電灯・電力設備／電力系統制御システム／変電設備の耐震性／変電所の保全

8章　信号保安システム
信号システム一般／列車検知／間隔制御／進路制御／踏切保安装置／信号用電源・信号ケーブル／信号回路のEMC/EMI／信頼性評価／信号設備の保全／新しい列車制御システム

9章　鉄道通信
鉄道と通信網／鉄道における移動無線通信

10章　営業サービス
旅客営業制度／アクセス・乗継ぎ・イグレス／旅客案内／付帯サービス／貨物関係情報システム

11章　都市交通システム
都市交通システムの体系と特徴／路面電車の発展とLRT／ゴムタイヤ都市交通システム／リニアモータ式都市交通システム／ロープ駆動システム・急こう配システム／無軌条交通システム／その他の交通システム・都市交通の今後の動向

12章　磁気浮上式鉄道
磁気浮上式鉄道の種類と特徴／超電導磁気浮上式鉄道／常電導磁気浮上式鉄道

13章　海外の電気鉄道
日本の鉄道の位置づけ／海外の主要鉄道／海外の注目すべき技術とサービス／電気車の特徴／電力供給方式／列車制御システム／貨物鉄道

定価は本体価格+税5%です。
定価は変更されることがありますのでご了承下さい。

図書目録進呈◆